无人机
维修与再制造

王思捷 李长青 黄艳斐 编著

哈尔滨工业大学出版社
HARBIN INSTITUTE OF TECHNOLOGY PRESS

内 容 简 介

本书以常见轻型旋翼和固定翼无人机为主要对象,以无人机基本结构、损伤失效特点、维修策略、损伤检测方法、复合材料损伤胶接修复、增材修复,以及维修与再制造工艺的实践运用为主要内容,是一部理论与实际充分融合的无人机维修与再制造著作。

本书可作为相关专业的大中专院校师生、研究人员的教材和参考书,也适用于相关工程技术人员进行无人机结构件维修与再制造研究中的工艺方法指导,对无人机制造和维修单位亦具有一定的使用价值。

图书在版编目(CIP)数据

无人机维修与再制造/王思捷,李长青,黄艳斐编著. —哈尔滨:哈尔滨工业大学出版社,2023.12
ISBN 978-7-5767-1562-0

Ⅰ.V279

中国国家版本馆 CIP 数据核字 2024DD3665 号

策划编辑	杨　桦
责任编辑	周一曈
封面设计	刘　乐

出版发行　哈尔滨工业大学出版社
社　　址　哈尔滨市南岗区复华四道街 10 号　邮编 150006
传　　真　0451-86414749
网　　址　http://hitpress.hit.edu.cn
印　　刷　黑龙江艺德印刷有限责任公司
开　　本　720 mm×1 000 mm　1/16　印张 19.75　字数 399 千字
版　　次　2023 年 12 月第 1 版　2023 年 12 月第 1 次印刷
书　　号　ISBN 978-7-5767-1562-0
定　　价　99.00 元

(如因印装质量问题影响阅读,我社负责调换)

前　言

　　无人机具有体积小、服役环境要求宽松、造价低、操作便捷等优势,在民用和军用领域备受青睐,如在施肥喷药、电缆除冰、灾情侦测、作战侦察等方面发挥着重要作用。随着无人机相关技术的飞速发展和使用需求的多样化,无人机种类型号层出不穷,在高频次、长航时、重负载的服役状态下,无人机会出现损伤失效情况,这直接影响其持续服役性能,甚至对地面人员、设施产生安全隐患。因此,当前面临的迫切问题就是增强无人机维修能力以提高其使用效能。但无人机装备系统异常复杂,内含大量光学部件、电子元器件和机械零部件,在执行任务过程中,损伤失效的形式比较多样且随机性很大,存在检测手段缺乏的问题,即使发现损伤失效情况,也难以快速确定以什么方式、什么材料来完成修复任务,这对提高无人机维修能力与可靠性水平以及主动预防损伤失效情况出现非常不利,亟须相关资料提供指导。

　　为提高无人机维修与再制造水平,保持其完好率,本书着眼无人机装备损伤分析和维修材料工艺两个方面,围绕无人机及其构造、无人机损伤失效及修复策略、无人机维修模式与策略、无人机结构件损伤检测方法、常用无人机维修工艺、无人机维修固化材料、无人机结构件现场胶固维修技术、纤维增强复合材料结构件增材修复技术、无人机典型结构件维修与再制造等内容进行详细阐述,以期为无人机使用和维修单位及相关人员提供决策支持和技能保障。

　　全书共9章,第1章无人机及其构造,主要介绍常见无人机类型及其构造特征,由王思捷、李媛州撰写;第2章无人机损伤失效及修复策略,分系统介绍无人机损伤失效形式及可选择的修复策略,由黄艳斐、訾皓然撰写;第3章无人机维修模式与策略,介绍了无人机维修保障的特点及最优化维修决策方法,由胡雪松撰写;第4章无人机结构件损伤检测方法,针对无人机装备损伤特点,着重介绍了超声波检测、微波检测、红外热像检测等检测方法,由巴德玛撰写;第5章常用无人机维修工艺,主要针对无人机结构损伤特点,阐述了胶接、贴片等修复技术,由郑万庆、李哲撰写;第6章无人机维修固化材料,主要介绍了高中低温树脂胶固材料及力学性能,由李长青、陈守华撰写;第7章无人机结构件现场胶固维修技术，全面阐述了无人机结构件损伤所用胶固工艺方法，由王思捷、王龙撰写；第8章纤维增强复合材料结构件增材修复技术，重点介绍了增材修复方法在无人机结构件损伤中的工艺方法，由赵阳、王晓明撰写；第9章无人机典型结构件维修与再制造，结合具体损伤失效案例，详细阐述了损伤无人机结构件维修工艺流程，由张洁、候良朋、宋云朋撰写。

  本书可作为相关专业的大中专院校师生、研究人员的教材和参考书，也适用于相关工程技术人员进行无人机结构件维修与再制造研究中的工艺方法指导，对无人机制造和维修单位亦具有一定的使用价值。

  本书在撰写过程中借鉴了部分网络和学术期刊文字、图片资料，在此一并表示感谢。限于作者水平，且书中内容又是发展很快的技术，不妥之处谨祈读者斧正。

编著者
2023年5月

目 录

第1章 无人机及其构造 ……………………………………………… 1
 1.1 无人机的分类 ……………………………………………… 2
 1.2 无人机装备的构造 ………………………………………… 8
 本章参考文献 ………………………………………………… 13

第2章 无人机损伤失效及修复策略 …………………………… 14
 2.1 无人机损伤失效分析方法 ………………………………… 14
 2.2 无人机结构件损伤失效分析与维修策略 ………………… 20
 2.3 无人机附属部组件损伤失效分析与维修策略 …………… 28
 2.4 无人机电子元器件系统失效分析与维修策略 …………… 33
 本章参考文献 ………………………………………………… 41

第3章 无人机维修模式与策略 ………………………………… 43
 3.1 无人机系统维修保障特点分析 …………………………… 43
 3.2 无人机系统与有人机系统的维修模式对比 ……………… 46
 3.3 现行无人机维修保障的策略 ……………………………… 52
 3.4 无人机装备维修决策及其优化 …………………………… 56
 3.5 基于马尔可夫模型的无人机系统最优维修策略 ………… 60
 本章参考文献 ………………………………………………… 64

第4章 无人机结构件损伤检测方法 …………………………… 66
 4.1 超声波检测 ………………………………………………… 66
 4.2 微波检测 …………………………………………………… 79
 4.3 红外热像检测 ……………………………………………… 83
 4.4 射线检测 …………………………………………………… 88
 4.5 其他复合材料损伤检测方法 ……………………………… 95
 本章参考文献 ………………………………………………… 97

第 5 章　常用无人机维修工艺 ··· 99
5.1　常规预处理方法 ··· 99
5.2　高频脉冲激光表面预处理 ··· 103
5.3　复合材料加热固化修复方法 ··· 115
5.4　复合材料补片紫外光固化成型修复 ··· 123
5.5　微波固化修补技术 ··· 127
5.6　复合贴片修补技术 ··· 133
本章参考文献 ··· 137

第 6 章　无人机维修固化材料 ··· 139
6.1　室温快速固化树脂 ··· 139
6.2　中温固化树脂 ··· 168
6.3　耐高温树脂 ··· 180
6.4　树脂基碳纤维增强复合材料的力学性能 ··· 194
本章参考文献 ··· 199

第 7 章　无人机结构件现场胶固维修技术 ··· 202
7.1　超声波辐照对复合抢修贴片性能影响 ··· 202
7.2　碳纤维复合材料激光清洗预处理 ··· 208
7.3　碳纤维复合材料板热补胶接力学性能研究 ··· 212
7.4　蜂窝夹层结构损伤胶工艺 ··· 230
7.5　铝合金板材结构件损伤胶接工艺 ··· 238
本章参考文献 ··· 244

第 8 章　纤维增强复合材料结构件增材修复技术 ··· 246
8.1　增材修复与再制造技术 ··· 246
8.2　国外短纤维增强复合材料增材研究现状 ··· 250
8.3　国外连续纤维增强复合材料增材制造 ··· 252
8.4　我国碳纤维复合材料增材制造发展简况 ··· 256
8.5　无人机结构件增材制造件的性能 ··· 259
本章参考文献 ··· 273

第 9 章　无人机典型结构件维修与再制造 ··· 278
9.1　机头罩损伤胶固修复作业流程 ··· 278

9.2 舵面破损损伤修复作业流程 …………………………………… 284
9.3 蒙皮裂纹胶固修复作业流程 …………………………………… 287
9.4 蜂窝破损胶固修复作业流程 …………………………………… 293
9.5 无人机螺旋桨现场增材修复与再制造 ………………………… 300
本章参考文献 ………………………………………………………… 307

第 1 章　无人机及其构造

无人驾驶飞机简称"无人机"(unmanned aerial vehicle,UAV),是利用无线电遥控设备和自备的程序控制装置操纵的不载人飞行器。实际上,无人机是无人驾驶飞行器的统称,从技术角度定义,可以分为无人固定翼飞机、无人垂直起降飞机、无人飞艇、无人直升机、无人多旋翼飞行器、无人伞翼机等。与载人飞机相比,无人机具有体积小、造价低、使用方便、对作战环境要求低、战场生存能力较强等优点。

《新编美国军事术语词典》中对无人机的解释是:无人机是指不搭载操作人员的一种动力空中飞行器,采用空气动力为飞行器提供所需的升力,能够自动飞行或进行远程引导;既能一次性使用,也能进行回收;能够携带致命性或非致命性有效载荷。魏瑞轩、李学仁撰写的《先进无人机系统及其作战使用》一书中对无人机给出的定义为:一种需要依靠动力装置,能够在空中进行持续、可控的任务飞行,或是在航空航天空间均可实现可控飞行,能携带民用或军用性质的任务载荷执行任务,可一次性使用或重复使用的无人驾驶飞行器。特别地,把能在临近空间持续巡航飞行的无人机称为临近空间无人机;把兼具航空器和航天器飞行能力的无人机称为空天无人机。

事实上,无人机要完成任务,除需要飞机及其携带的任务设备外,还需要有地面控制设备、数据通信设备、维护设备,以及指挥控制和必要的操作、维护人员等,较大型的无人机还需要专门的发射/回收装置。因此,完整意义上的无人机应称为无人机系统(unmanned aerial system,UAS)。美国国防部 2005 年 8 月发布的《2005—2030 无人机系统路线图》中,最直观的变化就是将以往文件中的"无人机"改为"无人机系统"。其概念不仅包括无人机平台、机载传感器系统、机载武器、通信系统、指挥控制、任务、综合保障、可靠性、生存性及作战使用等与无人机系统能力有关的方方面面,而且还扩大了飞行器的类型(如飞艇)、飞行方式(如扑翼飞行)等。在该版无人机系统路线图中,"无人机"一词是指无人机系统中的飞行组件。需要说明的是,从美国空军近两年的部分公开文件中可以看到,他们对中大型无人机系统又给予了一个新的称呼,即远程遥驾飞机(remotely piloted aircraft,RPA)。

1.1　无人机的分类

比起有人驾驶飞机,现在的无人机种类更多,其分类方法也有很多,可以按用途任务分,按航程、活动半径分,按外型特征分,按发射平台分,按动力装置分等。要确切地对各种无人机进行区分是很困难的,本书从飞行平台大小、飞行方式、航程等方面做简要分类介绍。以下分类依据在不同领域或文献中存在差异性。

1.1.1　按空机质量分类

按空机质量分类(民航法规),无人机可分为微型无人机、轻型无人机、小型无人机及大型无人机。微型无人机是指空机质量小于等于 7 kg;轻型无人机是指空机质量大于 7 kg,但小于等于 116 kg 的无人机,且全马力平飞中,校正空速小于 100 km/h(55 nmile/h),升限小于 3 000 m;小型无人机是指空机质量小于等于 5 700 kg 的无人机,微型和轻型无人机除外;大型无人机是指空机质量大于 5 700 kg 的无人机。

1.1.2　按飞行平台的大小质量分类

除以上按民航法规的无人机空机质量分类外,按飞行平台的大小质量分类,还可以将无人机分为大型、中型、小型和微型无人机。其中,起飞质量在 500 kg 以上的称为大型无人机,200~500 kg 的称为中型无人机,小于 200 kg 的称为小型无人机。这种分类的最大局限在于难以适应无人机装备的最新发展。随着现代无人机技术的快速发展,一些大型无人机的起飞质量已达数吨以上,而一些仍被视为中小型战术无人机的起飞质量也突破了 500 kg 的限制。另外,美国国防高级研究计划局(Defence Advanced Research Projects Agency,DARPA)对于微型无人机的定义是翼展在 15 cm 以下的无人机。微型无人机的诞生引发了一系列关于微型无人机飞行机理、自主控制、制导导航、任务载荷、作战使用等方面的新问题。

1.1.3　按飞行方式分类

按无人机的飞行方式或飞行原理分类,可将无人机分为固定翼无人机、扑翼无人机、临近空间无人机、空天无人机等。其中的新概念是扑翼无人机,它是像昆虫和鸟一样通过拍打、扑动机翼来产生升力以进行飞行的一种飞行器,类似于微小型飞行器。这种分类的局限主要在于仅突出了平台的飞行原理,而不能反映使用方面的特性要求。另外,微型的固定翼无人机与稍大一些(如翼展1 m以上)的无人机在飞行机理方面也有较大差别。临近空间无人机是指在临近空间飞行和完成任务的无人机,由于临近空间空气稀薄,因此无人机在其中巡航飞行必须采用新的飞行机理。空天无人机则是可在航空空间与航天空间之间跨越飞行的无人机,其飞行机理体现了航空航天技术的融合创新。

1.1.4 按飞行航程分类

按无人机的飞行航程分类,可将无人机分为近程无人机、短程无人机、中程无人机和远程无人机等。近程无人机一般是指在低空工作,航程在5~50 km的无人机,航时一般为1 h左右;短程无人机航程一般在50~200 km;中程无人机航程一般在200~800 km;远程无人机的航程则要大于800 km。另外,美军把航程在5~15 km的一类低成本无人机称为低成本近程无人机,如Aero Vironment公司的消耗型无人机"指针"(Pointer),由手工发射,使用一部手提式地面控制站,如果不能回收,损失也仅为10 000美元。由于近中程无人机尺寸小、费用低、使用灵便,因此世界各国对此类无人机都比较青睐,发展很快,是各国军用无人侦察机中占比较大的机种,其代表机型主要有"不死鸟""玛尔特""猛犬""侦察兵""先锋"等。按照航程分类,无人机的最大局限在于界限模糊,特别是随着无人机技术的快速发展,无人机的航程在普遍提高,以至于"近程"和"短程"的概念正逐渐变得模糊。

1.1.5 按飞行高度分类

按飞行高度分类,可将无人机分为超低空、低空、中空、高空和超高空无人机。其中,飞行高度在100 m以下的无人机为超低空无人机;飞行高度在100~1 000 m的无人机为低空无人机;飞行高度在1 000~7 000 m的无人机为中空无人机;飞行高度在7 000~18 000 m的无人机为高空无人机;升限达到18 000 m以上的无人机则为超高空无人机。这种分类的局限在于不能较好地反映无人机在使用方面的特性要求。

1.1.6 按任务用途分类

按任务用途分类,无人机可分为军用无人机和民用无人机。

军用无人机可分为靶机、无人侦察机、电子战无人机、无人作战飞机(unmanned combat aerial vehicle,UCAV)、通信中断无人机、科研试验无人机、反潜无人机、多用途无人机等;民用无人机可分为巡查/监视无人机、农用无人机、气象无人机、勘探无人机及测绘无人机等。

无人机在民用领域运用广泛，服务于电力巡检、农业监测、环境保护、影视拍摄、土地确权、街景采集、快递投送、灾后救援等各方面。

(1) 电力巡检。

装配有高清数码摄像机、照相机及 GPS 定位系统的无人机可沿电网进行定位自主巡航，实时传送拍摄影像，监控人员可在电脑上同步收看和操控。无人机实现了电子化、信息化、智能化巡检，提高了电力线路巡检的工作效率、应急抢险水平和供电可靠率。在山洪暴发、地震灾害等紧急情况下，无人机可对线路的潜在危险(如塔基陷落等问题)进行勘测和紧急排查，丝毫不受路面状况影响，既免去了攀爬杆塔之苦，又能勘测到人眼的视觉死角，对于迅速恢复供电很有帮助。

(2) 农业监测。

利用集成了高清数码相机、光谱分析仪、热红外传感器等装置的无人机在农田上飞行，能够准确测算出投保地块的种植面积，所采集的数据可用来评估农作物风险情况和保险费率，并能为受灾农田定损。此外，无人机的巡查还实现了对农作物的监测。例如，无人机在农业保险领域的应用既可确保定损的准确性及理赔的高效率，又能监测农作物的正常生长，帮助农户开展针对性的措施，以减少风险和损失。

(3) 环境保护。

无人机在环保领域的应用大致可分为以下三种类型。

① 环境监测。观测空气、土壤、植被和水质状况，也可以实时快速跟踪和监测突发环境污染事件的发展，如在雾霾严重的地区，方便执法人员及时排查到污染源，在一定程度上减缓雾霾的污染程度。

② 环境执法。环监部门利用搭载了采集与分析设备的无人机在特定区域巡航，监测企业工厂的废气和废水排放，寻找污染源。

③ 环境治理。利用携带催化剂和气象探测设备的柔翼无人机在空中进行喷撒，与无人机播撒农药的工作原理一样，在一定区域内消除雾霾。

(4) 影视拍摄。

无人机搭载高清摄像机，在无线遥控的情况下，根据节目拍摄需求，在遥控操纵下从空中进行拍摄。例如，在俄罗斯索契冬奥会和我国钱塘江大潮等重要事件的报道中，无人机功不可没。

(5) 土地确权。

大到两国的领土之争，小到农村土地的确权，无人机都可上阵进行航拍。例如，在我国农村耕地边界确权中，调派无人机前去采集边界数据，提高了土地确权的可视化、效率和采信性。

(6)街景采集。

利用携带拍摄装置的无人机开展大规模航拍,实现空中俯瞰的效果,可以获得更精确的街景信息用于导航浏览,尤其在常年云遮雾罩的地区,遥感卫星不够灵光时,无人机空中街景采集具有独特的优势。

(7)快递投送。

无人机已逐步用于快递货物的配送,只需将收件人的地图位置录入系统,无人机即可起飞前往。美国亚马逊和我国顺丰、京东都在紧锣密鼓地测试这项业务,亚马逊宣称无人机会在 30 min 内将货物送到 1.6 km 范围内的客户手中。

(8)灾后救援。

利用搭载了高清拍摄装置的无人机对受灾地区进行航拍,可实时全方位地实时监测受灾地区的情况,以防引发次生灾害,其提供的最新影像对于争分夺秒的灾后救援工作而言意义非凡。此外,无人机保障了救援工作的安全,通过航拍的形式,避免了那些可能存在塌方的危险地带,这将为合理分配救援力量、确定救灾重点区域、选择安全救援路线和灾后重建选址等提供很有价值的参考。

1.1.7　军用无人机分类

(1)靶机。

靶机是出现最早、技术最为成熟、生产批量最大的一类无人机。靶机能够逼真地模拟各种飞机、导弹等空中目标的性能特征,如等高定向直线飞行、左右盘旋、爬升和俯冲飞行等动作。靶机的主要任务是鉴定各种空对空和地(舰)对空武器系统性能,以供战斗机、地面火力、舰上火力、雷达等完成相应的试验和作战技术训练。靶机有不同的类型,能够完成不同的任务。按是否可回收分类,可分为一次性使用靶机和重复使用靶机两种;按模拟对象的速度不同分类,可分为亚音速靶机和超音速靶机;按靶机的尺寸大小分类,可分为缩小尺寸靶机和全尺寸靶机;按靶机使用的高度不同分类,可分为高空靶机和低空靶机;等等。现代先进的靶机通常是多用途靶机,能适应各种任务需要。

一次性使用靶机是消耗型靶机,实际上应称为靶弹,装有自毁系统,在正常情况下飞行结束后便自毁。此类靶机也可能装有备用指令自毁系统,在关键时刻可以起动自毁指令,防止落入敌手或对己方安全构成威胁。大部分靶机是可以回收并重复使用的,只要不被战斗机的空空导弹或地面、舰上防空火力击落,就可以重复使用,而且大多数靶机仅模拟空中目标的雷达、红外特征,供雷达或导弹、火炮、探测设备瞄准、跟踪,并不实际发射导弹、炮弹。有的靶机在机后拖有拖靶,武器仅瞄准拖靶发射,靶机并不损坏。亚音速靶机通常模拟飞机的正常飞行状态,如印度的Lakshya亚声速靶机;超音速靶机主要模拟巡航导弹等高速空中目标,如美军的"斯拉特"超音速低空靶机,可以以 $2.5Ma$ 的速度飞行。高空靶机(如高空侦察机、中远程战略轰炸机、高性能战斗轰炸机或空对地导弹)模拟高空入侵目标;低空靶机模拟低空入侵目标或掠海反舰导弹、巡航导弹,甚至可以模拟水面高速快艇。

靶机除驾驶、遥控、遥测设备外,机上常携带一定的载荷,包括主动式雷达、红外闪光器、无线电信息放大器、各种应答器和微波反射器、脱靶记录器,以及摄像机、照相机等,也可能拖带一个拖靶,拖索长度从数百米到1 000多米,有的设备安装于拖靶中,可以逼真地模拟各种空中目标,供主动式、半主动式、波束导引的导弹及红外制导的导弹等打靶用,并可记录脱靶量。靶机控制人员还可以控制发动机功率、拖靶的施放与切断、程序飞行机构、回收系统的打开、装置自毁等。

(2)无人侦察机。

无人侦察机主要完成侦察、监视、预警、情报收集、目标识别、目标定位、引导、战场损伤评估等任务。按照这些任务的不同,又可进一步分为多种不同的无人机。世界上大部分无人机机载设备多、性能好,能够同时完成上述多项任务,所以完成这些任务的无人机可以总称为无人侦察机。

(3)电子战无人机。

在无人机上装备电子侦察、有源和无源干扰设备,搭载角反射器、龙伯透镜、有源雷达转发器等模拟有人驾驶飞机,就成为电子战无人机。电子战无人机可以完成多种任务,包括电子侦察、电子干扰、充当诱饵、反辐射攻击等。根据需要,也可以进一步进行分类,这里将这类无人机统称为电子战无人机。

(4)无人作战飞机。

无人攻击机、无人轰炸机、无人战斗机等都可以统称为无人作战飞机。无人攻击机用于攻击岸上固定目标、低速移动目标、海上舰船等,已经实际装备并在实战中使用,如美军的"捕食者"无人机。无人轰炸机类似于无人攻击机,只是称谓不同。无人战斗机不同于无人攻击机,主要是具有空战能力,遂行对空中目标的拦截任务。多任务无人战斗机既具备攻击空中目标的能力,也具备对地(舰)攻击的能力。无人战斗机技术难度要比无人攻击机大得多,需要的自主化水平也要高得多,信息传输能力要强得多。目前,美国、法国、德国、瑞典和英国的无人战斗机项目正处于研究和发展阶段,如美军的X-45、法国的"神经元"(Neuron)无人战斗机。其他一些国家正在进行基础技术研究,在近十年内装备使用的可能性不大。

(5) 通信中继无人机。

远距离作战时,由于视距影响,因此飞机与飞机之间、飞机与舰艇之间、飞机与地面之间、舰艇与舰艇之间的无线电通信距离受到限制。利用空中平台作为通信中继转发器和接力站,将信号放大后转发到另一方,可以扩大通信作用范围,拓展作战指挥空间。通信中继可由卫星或有人驾驶飞机担任,但通信中继无人机使用起来更为灵活、安全,且留空时间长,可以满足海上作战的需要,是无人机主要的作战任务之一。

(6) 科研试验无人机。

科研试验无人机用于在无人机的概念开发过程中和有人飞机研制中进行科研试验,如缩比模型无人机、验证用无人机等。美军的 F-15 战斗机在研制过程中就曾按 3/8 缩比尺寸做了一个无人试验机,获得了很多有用的数据。美军的 X-43"高超音速 X"计划无人机则用于试验新式冲压发动机和速度为 $7Ma$ 时的飞机特性。科研试验用无人机并不一定发展成实际装备的无人机,大多并不会装备使用,但它对无人机技术的发展起到了关键作用,是必不可少的一种无人机。

(7) 反潜无人机。

反潜无人机是指能够携带搜潜装备和反潜武器遂行反潜任务的无人机。反潜无人机搜潜通常不需要太快的速度,低空、超低空性能要好,所以常由无人直升机担负,使用声纳浮标、吊放声纳等器材。攻潜时,使用鱼雷、深水炸弹等武器,因此需要有较大的武器携载能力,通常由中型以上无人机进行反潜搜索和攻击。小型无人机载荷质量小,不具备攻潜能力,或只能进行搜潜。

(8) 多用途无人机。

能完成上述两种以上任务的无人机称为多用途无人机。随着无人机模块化载荷技术的发展,一架无人机通过换装不同的任务载荷,可以遂行不同的任务。目前,很多先进的无人机都具有这种能力,所以不再将其划分为某种具体任务无人机。随着无人机技术的发展,无人机已不局限于运用传统的作战模式和完成传统的作战任务,它的应用领域更加广泛,作战使用方式更加灵活,过去为有人驾驶飞机所拥有的作战使用概念将逐步在无人机上得到体现。美国和无人机发展技术领先的国家开始研究无人机在更广泛范围内的应用,提出了许多未来无人机作战使用的新概念。

随着无人机技术的发展及无人机用途的不断拓展,从用途上分类,无论是军用无人机还是民用无人机,其分类都将越来越精细,类型也必将越来越多。

1.2　无人机装备的构造

无人机装备是一个相对复杂的集成系统,目前尚无明确的分系统分类方法。本章按照主要功能分类方法对无人机分系统做构造解析。无人机系统通常由地面控制站、任务机装备、中继机装备和地面站装备组成。按其主要功能分类,可分为飞行器分系统、控制导航分系统、综合无线电分系统、任务设备分系统、电源系统及综合保障系统六个部分(图1.1)。飞行器分系统包括飞行器平台、推进系统、飞行控制系统、导航系统、起飞/着陆系统机载部分、数据链路机载终端等;控制导航分系统包括地面指挥控制分系统(任务控制站、起降控制站、起降引导站)、起飞/着陆系统地面部分、数据链路地面终端(链路站)、情报处理系统、地面辅助设备等;综合无线电分系统由发射装置和接收装置两部分组成,主要完成对无人机的遥控、遥测和定位、图像传输、地面站与友邻的无线电通信、通信中继等任务;任务设备分系统包括侦察系统、电子战系统、定位校射系统和战斗系统,主要配备照相侦察、电视侦察、红外侦察、微光侦察等任务设备及机载武器;电源系统包括电力的产生、储存、变换、分配和控制的所有部件,还包括机上和车载的布线、电缆和接头等;综合保障系统是无人机系统能够正常工作的支持保障,主要包括人力人员、使用训练、无人机系统技术维修等所用的保障资源,以及气象探测、通信、机场设施等保障设备。

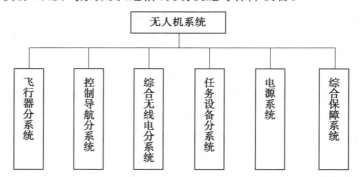

图 1.1　某型无人机系统功能组成框图

1.2.1　飞行器系统

飞行器系统用来保证无人机飞行的动力,把各分系统及部件连为一体并具有良好气动外形,使无人机能正常发射和回收。因此,飞行器系统包括飞机机体、动力装置、发射系统及回收系统。

(1)飞机机体。

飞机机体通常由机翼、机身、尾翼等组成。机翼主要是产生升力的部件,以支持无人机在空中飞行,起到一定的稳定和操纵作用。改善起飞、着陆性能的襟翼和保证横向操纵的副翼均装在机翼上。尾翼包括水平尾翼和垂直尾翼,水平尾翼一般由固定的水平安定面和可偏转的方向舵组成。安定面的作用是使飞机具有适度的静稳定性。升降舵和方向舵的作用是进行俯仰和偏航的操纵。机身将机翼、尾翼、动力装置连为一体,作为装载各种设备和油料等的容器。无人机的机体一般满足如下要求:有良好的空气动力外形;在有足够的强度和刚度要求下,质量最轻;在保证质量的基础上,力求工艺性好且成本低廉。

(2)动力装置。

动力装置为无人机提供动力。动力装置中最重要的是无人机的发动机。发动机的种类很多,按照发动机是否需空气参加工作,无人机发动机可分为两类:吸气式发动机和火箭喷气式发动机。吸气式发动机必须吸进空气作为燃料的氧化剂(助燃剂),所以不能到稠密大气层之外的空间工作,只能作为低空无人机的发动机。根据吸气式发动机工作原理的不同,吸气式发动机又分为活塞式发动机、冲压喷气式发动机和燃气涡轮发动机等。火箭喷气式发动机是一种不依赖空气工作的发动机,所有超高空飞行必须安装这种发动机,但也可用作低空无人机的助推动力。按形成喷气流动能的能源不同,火箭喷气式发动机又分为化学火箭发动机、电火箭发动机和核火箭发动机。

活塞式发动机在轻型无人机上大量使用,一般都是小型的,功率较小,通常都在几百马力(1 马力 = 735.50 W)以下。这种发动机的优点是价格比较便宜,耗油率低;缺点是因为有活塞、连杆等往复运动构件,所以使用寿命较低。同时,考虑螺旋桨的效率,活塞式发动机只适合低速飞行的无人机。冲压喷气式发动机适用的速度范围较大,有亚音速、超音速和高超音速三种,而且冲压喷气式发动机的优点是结构简单、质量轻,但是该发动机低速时不能启动,故不能单独使用。燃气涡轮发动机有许多优点:耗油率低,功率、耗油率的速度特性和高度特性优于活塞式发动机,功率质量比大,振动特性较好,故障率低,使用寿命长等,受到螺旋桨的限制,通常只适用于亚音速飞机。低涵道比的燃气涡轮发动机适用于超音速无人机以及亚音速巡航的超音速无人机,高涵道比的燃气涡轮发动机适用于亚音速无人机,适当涵道比的燃气涡轮发动机可适用于高亚音速无人机。

(3)发射系统。

无人机的飞行过程可分为发射升空、巡航、完成任务、返航、回收,故发射升空为其第一阶段,除使用有人机的起飞和着陆过程外,还有很多独特的起飞回收方式。目前,无人机的发射方式有母机投放、火箭助推、起飞跑车滑跑和垂直起飞等。

①母机投放。母机投放是由有人驾驶轰炸机、攻击机或运输机把无人机带上天,在适当的地点投放起飞,又称空中投放。这种方法简便易行,运用灵活,成功率高,并可增加无人机的航程。

②火箭助推。火箭助推是指无人机借助固体火箭推力器从发射架上起飞。这种方法是使用较多的机动式发射起飞方式,某些小型无人机也可不用火箭助推器,而由压缩空气弹射器弹射起飞。火箭助推发射起飞装置可以装车、装船,其展开和撤收迅速、简便,所需的发射场较小,适合在前沿地区、山区或船上使用。但是,使用该方式发射时,无人机要承受较大的轴向过载。

③起飞跑车滑跑。起飞跑车滑跑是指将无人机置于起飞跑车上,与起飞跑车一起在跑道上滑行,当达到一定速度后,飞机升空,与起飞跑车分离。这种发射方式的优点是可利用现成的机场条件起飞,无须复杂而笨重的起落架装置,起飞跑车结构比较简单,比其他起飞方法更经济。不过,只有安装燃气涡轮发动机或活塞式发动机的无人机才可用这种方式起飞。

④垂直起飞。垂直起飞无人机安装旋翼,依靠旋翼产生支持其质量的升力起飞。

(4)回收系统。

无人机回收的方式通常有脱"壳"降落、撞网回收、降落伞回收、气垫着陆和冒险迫降等。

①脱"壳"降落。脱"壳"降落是指回收舱与无人机分离,抛弃无人机,只回收无人机上有价值的那一部分。

②撞网回收。撞网回收是近年来小型无人机常用的回收方法。撞网回收系统一般由回收网、能量吸收装置和自动引导设备组成。

③降落伞回收。降落伞回收是无人机普遍采用的回收方法。无人机用的回收伞与伞兵用伞、空投物资用伞无区别,而且开伞程序也大致相同。降落伞回收一般只适合小型无人机使用。对于较大型的无人机,由于降落伞回收的可靠性不高、操纵困难,因此损失率高。

④气垫着陆。气垫着陆是在无人机的机腹四周装上"橡胶裙边",其中有一带孔的气囊,发动机把空气经管道压入气囊,压缩空气从气囊中喷出,在机腹下形成高压空气区——气垫,气垫能够在无人机贴近地面时,使无人机不与地面发生猛烈撞击。

⑤冒险迫降。冒险迫降就是找一个比较平坦、开阔、硬实的地面,用机腹部接地的一种迫不得已的着陆方法,机上不装任何着陆装置。这种降落方法将使

得机体严重损坏,而且用这种方法着陆也要有一定条件,如天气晴朗,有空旷、平整的场地等,以尽量减小损伤。

1.2.2 控制导航系统

控制导航系统能够保障无人机稳定地沿预定航线飞行,以便达到预定的要求区域。控制导航系统主要包括传感器设备、飞行控制与管理设备、导航设备、飞行指挥与航迹控制设备等。目前无人机上使用的控制导航系统主要包括自主式控制导航系统、遥控式控制导航系统和自动寻的式控制导航系统,这三种控制导航系统都包括飞行控制系统和导航系统。

(1)飞行控制系统。

飞行控制系统简称飞控系统,是无人机的核心,负责协调、管理和控制无人机各子系统。飞行控制系统一般由不同功能的分系统组成,主要包含测量飞机运动参数的各种传感器,进行综合、放大、校正和逻辑功能的计算机,驱动操纵面或油门的执行机构,自动回零系统,混合器,以及飞行控制盒等。飞行控制系统除具有自动驾驶仪功能外,还能改善飞机的操纵性和稳定性,实现航迹控制、自动导航、自动着陆、地形跟踪、自动瞄准、编队飞行等。

飞行控制系统包括模拟式飞行控制系统和数字式飞行控制系统。模拟式飞行控制系统是所有信号的传递、综合、校正和放大均采用模拟方式的飞行控制系统。模拟式飞行控制系统简单可靠,使用维修方便,由于飞行控制系统多功能的需要,因此模拟电路的逻辑功能、精度、灵活性等都不满足要求。数字式飞行控制系统是用数字计算机代替模拟计算机进行信息处理、运算、逻辑、监控的飞行控制系统。与模拟式飞行控制系统相比,数字式飞行控制系统的优点是体积小、质量轻、精度和可靠性高。数字式飞行控制系统的软件能较方便地提供控制计算程序,提供工作状态转换、系统自测试、故障监控、性能指标判别、参数调正等功能,适当修改软件可适用于不同的机种,有可能实现最佳控制、非线性控制、自适应、自组织、自学习控制等。

现代无人机上多采用电传飞行控制系统,这是把操纵指令变换为电信号,并与飞机运动传感器的信号进行综合,通过电缆直接控制气动操纵面作动器,对飞机进行全权限操纵的一种飞行控制系统。与机械操纵系统相比,电传飞行控制系统具有以下优点:结构简单、体积小、质量轻、安装容易、维修方便;除去了机械黏滞、摩擦、间隙等非线性因素,改善了操纵品质;布局灵活、动作快速,便于主操纵系统与其他控制系统结合;采用电缆传送信号控制气动操纵面,从而使随控布局飞行器中的多操纵面能够成为现实。

(2)导航系统。

导航对无人机完成任务来说十分重要。导航系统通常分为仪表导航、无线电导航、惯性导航和全球定位系统(global positioning system,GPS)。仪表导航利用导航仪表进行定位和导航,这种导航精度差,工作量大。无线电导航利用无线电导航设备和地面导航台对飞机进行定位和导航,通常分为伏尔导航系统、多普勒导航系统、罗兰 C 导航系统、塔康导航系统和奥米加导航系统。其中,伏尔导航系统(民用)和塔康导航系统(军用)为近程导航系统;罗兰 C 导航系统为中程导航;奥米加导航系统为远程导航;多普勒导航系统可用于近程、中程、远程导航。惯性导航是通过测量加速度自动推算飞行器速度和位置数据的自主式导航设备,可分平台式惯性导航系统和捷联式惯性导航系统。GPS 主要是指卫星导航系统,卫星导航系统由导航卫星、地面台站和用户定位设备组成。

考虑到导航系统对无人机的重要性,所以一般留有较多的余度。除仪表导航精度差不予考虑外,其他三种导航无人机系统都被多次使用。

1.2.3 无线电系统

综合无线电系统的功用有:完成对无人机的遥控、遥测和定位,以及图像传输;完成对无人机或目标的测向和定位;完成地面站和友邻的无线电通信、通信中继等任务。目前。已经实现四合一的传输体制,即遥控、遥测、定位和图像传输共用一个信道,这种方式减少了无线电系统的设备,也减小了其质量和体积。

综合无线电设备一般可分为地面和机载的无线电设备,无论是地面部分还是机载部分,都由发射装置和接收装置两部分组成,通过这些部分实现无人战斗机的通信。按照规定,通常无线电台在甚低频、中频、高频、甚高频、超高频几个频段中可实现飞机通信。甚低频可以用于与水下潜艇进行通信联系,某些飞机上也主要为此目的使用该频段,无人机上采用甚低频主要用于奥米加导航;中频主要用于全向导航台,供自动测向接收机使用;高频是进行远距离通信的基本频段;甚高频用于语音传输和数据通信;超高频与甚高频相似,但仅限军方使用。

1.2.4 任务设备系统

任务设备系统是指无人机用来执行指定任务使用的各种设备。该系统是无人机系统的重要组成部分,前面叙述的各系统只是保证无人机能正常地飞到预定执行任务的空域,真正完成指定任务的则是无人机上的任务设备系统。

按无人机执行任务的不同分类,可分为侦察系统、电子对抗系统、定位校射系统、战斗系统等。侦察系统主要配备照相侦察、电视侦察、红外侦察、微光侦察等任务设备,一般每个架次只携带一种设备遂行侦察任务。无人侦察机的主要任务设备有画幅式相机、全景相机、面阵 CCD 黑白电视摄像机、面阵 CCD 彩色电视摄像机、面阵 CCD 低照度电视摄像机及红外行扫仪等。电子对抗系统按电子设备的类型分为雷达对抗、无线电通信对抗、光电对抗及水声对抗等。定位校射系统主要由电视摄像机、陀螺稳定平台、电视图像跟踪器、定位校射计算机、无线电系统及飞控计算机组成。战斗系统通常由雷达、武器控制系统和武器构成,雷达的选取对战斗系统的影响很大,一般选用先进的有源相控阵雷达。由于无人机载荷的限制,因此武器一般选用小型精确制导武器。

1.2.5 电源系统

供电系统对于无人机来说又称电源系统,也可称为电气设备,包括电力的产生、储存、变换、分配和控制的所有部件,还包括机上和车载的布线、电缆和接头等。

无人机上使用的电源系统可分为主电源、二次电源、应急电源和辅助电源。主电源常使用发电机或其他电源,用机上发动机带动的发电机供电,需要使用电压调节器来稳定电压,并通过直流稳压器和变流器才能对无人机上各种设备供电。地面的主电源一般是市电或由电源车供电,也可使用便携电源车供电。

1.2.6 综合保障系统

维修保障系统用来维修和保障无人机系统,使其经常处于良好的战斗状态,包括无人机系统的地面维修和保障的各种设备和装置。

本章参考文献

[1] 程勇,程石. 新编美国军事术语词典[M]. 北京:国防工业出版社,2008.
[2] 魏瑞轩,李学仁. 先进无人机系统及其作战使用[M]. 北京:国防工业出版社,2014.
[3] 吕庆风. 美国无人机路线图的启示[J]. 航空制造技术,2006(12):38-43.
[4] 马静囡. 无人机系统导论[D]. 西安:西安电子科技大学,2018.

第2章 无人机损伤失效及修复策略

　　无人机装备系统是一个复杂的人机系统,内含大量光学部件、电子元器件和机械零部件,在使用过程中出现失效的随机性很大,单点或局部的失效轻则影响任务的完成,重则造成无人机坠毁等重大事故,其部件和组件损伤失效是引起整机失灵的主要原因。因此,通过失效研究的成果来减小无人机装备从设计、研制、生产直至使用全过程的缺陷,采取失效预防措施来提高装备的可用性和减少飞行事故的发生,从而提高其效能发挥,对激发整机潜能具有重要的现实意义。本章着力于无人机装备失效分析的基本原则与方法,概括总结无人机装备失效背景材料的收集、失效现场调查和失效件的检查方法与过程,给出无人机失效件的常用分析方法,探讨通过减少系统及部件失效来提高无人机装备可靠性与可用性,进而提高其使用效能;针对无人机维修保障的实际需求和生产过程中的实际需要,以及事后维修和定期维修占用维修资源过多的实际情况,探索无人机系统使用、维修和保障规律,概括总结无人机与其他装备不同的技术特点及维修保障方法。

2.1　无人机损伤失效分析方法

　　产品失效的一般定义为在规定的条件下,产品丧失规定的功能。参照该定义,无人机装备的失效可定义为在规定的条件下,无人机装备(或分系统)丧失规定的功能。"规定的条件"主要是指无人机使用时的环境条件,如温度、湿度、振动、冲击、电磁环境,使用时的应力条件,维护方法,储存时的储存条件,以及使用时对操作人员技术等级要求等。"规定的功能"是指无人机系统(分系统)规定的必须具备的功能、战术及技术指标。损伤失效分析是对损伤失效的系统或元器件进行的以检测系统或元器件不能正常工作(或失去某种功能)的原因为目的的一系列试验和分析,并提出补救和纠正措施,是在发现元器件损伤失效后查找原因的过程。其目的有两个:一是评价系统及其组成单元的损伤失效指标,为装备研制时进一步减少损伤失效提供依据;二是通过损伤失效机理分析,找出装备使用过程中减小损伤失效的方法并指导使用,提高系统的可靠性和可用性水平,这是更重要的目的。

2.1.1 无人机损伤失效分析过程

(1)损伤失效分析的路径。

损伤失效分析是通过对损伤失效的元器件进行分析,找出引起损伤失效的原因,是从事件的结果推导事件发生原因的过程。任何事件的发生都有其内在和外在原因,而且各种原因又相互制约或相互促进。损伤失效分析必须在诸多原因中抓住最主要的原因,对症下药,采取有效措施。进行损伤失效分析最主要的依据就是损伤失效的元器件。这是因为元器件往往是被严重损伤的,会给损伤失效分析带来一定的困难。因此,损伤失效分析除需具备一定的专业知识,还要有正确的思路、科学的方法和必要的条件。

通常,损伤失效分析要遵循以下几个原则:

①有整体观念;

②全面地看问题,切忌片面主观;

③重视客观分析,不要片面追求微观分析;

④粗细结合,分段进行;

⑤保护好损伤失效元器件。

(2)损伤失效分析的一般过程。

损伤失效分析一般按如下顺序进行:损伤失效情况调查→外观检查→电测试→非破坏性检查→检漏→模拟试验分析(必要时)→电参数测试→镜检及扫描分析→探针测试→损伤失效机理分析→填写损伤失效分析报告。

由于损伤失效部件类型及损伤失效情况不同,进行损伤失效分析的过程也不完全相同,因此无法给出一个适合一切情况的分析步骤。但为便于思考和掌握,下面给出损伤失效分析的一般过程。

①接受任务。接受任务时,应该尽可能多地了解分析对象的基本情况,明确它在整个系统中的作用和重要性,以及总体上对损伤失效分析的要求。

②调查研究。接受任务以后,需要进行深入细致的调查研究,调查的内容如下。

a.背景材料。背景材料是指有关设计、工艺、材料、试验、使用、维护及操作人员等方面的情况。

b.损伤失效过程及损伤失效状况。对损伤失效现场中的"蛛丝马迹"不要遗漏,要详细了解损伤失效过程和损伤失效状况,对各种测试参数、试验线路、使用仪器、使用环境条件和使用记录应做认真调查。

c.资料调查。要收集相关的案例资料,做好文献积累和计算机检索。

③观察及检测。在进行了必要的调查研究之后,就应着手对损伤失效的元

器件、零件进行观察、测试和分析,这是损伤失效分析的核心环节,应格外注意。在进行这项工作前应做好周密计划、并遵守以下原则。

a. 先进行非破坏性的观察和分析,再进行有破坏性的观察和分析。

b. 由表及里,先宏观后微观,这一步骤的具体内容主要包括用无损手段检查损伤失效的元器件表面及内部有无缺陷和损伤。进行电参数测定,包括功能测试、非功能测试、条件测试、非条件测试等,要特别注意损伤失效的晶体管和集成电路器件,它们本身比较脆弱,极易损坏,在测试时要特别注意。在宏观观察和测试的基础上进行微观观察和分析,包括微观形貌分析、微观成分分析、金相分析、结构分析等。进行力学性能的测试、鉴定,以确定损伤失效的材质是否发生变化或误用,对损伤失效模式、损伤失效机理、损伤失效原因做出判断和结论,提出改进措施和意见,反馈到设备或系统研制的有关环节,采取有效的改进措施,以减小设备或系统的损伤失效。

2.1.2 无人机损伤失效分析方法

无人机损伤失效分析是从选择损伤失效件开始的,这是损伤失效分析准备阶段最重要的任务,对于损伤失效原因的正确分析或判断很大程度上依靠损伤失效件的正确选择和损伤失效件的完整性,否则将会得出错误的结论。因此,进行损伤失效分析工作时必须认真细致地选择损伤失效件。损伤失效现象,尤其是爆炸损伤失效现象,经常是在复杂的条件下发生的,因此常常需要损伤失效分析人员亲临损伤失效现场进行调查研究、收集资料和选择损伤失效件。常用的损伤失效件分析方法如下。

(1) 残骸分析法。

残骸分析法必须注意的最重要的事项是在移动任何一块残骸之前,必须记录下每块残骸的位置,现场拍照、绘制草图、测量收集残骸的有关数据并汇编成册。

在残骸分析中遇到的最普遍的问题是确定断裂的顺序,以便判断最先开裂的起点。一般来说,在机械构件上出现许多裂纹时,这些裂纹是先后产生的,即形成的残骸或残片在时间上也是有先后的。根据这个规律,可在很多残片中确定最早开裂的裂纹,即主裂纹或最初裂纹。其方法很简单,下面仅就常用的残片拼凑方法即主裂纹的判别方法进行介绍。

机械构件断裂损伤失效大多数是在运行过程中发生和发展的。经常是一个零部件断裂损伤失效后,其残片要击断或碰伤其他的零部件。例如,无人机飞行时,若一个零部件,如发动机活塞断裂,不仅发动机损伤严重,而且整个无人机系统均会受到破坏,损伤失效残骸众多,损伤失效研究人员必须从众多的残片中找出最先开裂的裂纹,即主裂纹所构成的残片,区别主裂纹以后生成的裂纹,即二次裂纹所构成的残片。因此,在断裂损伤失效分析中必须进行主裂纹与二次裂纹的判别,即找出裂纹产生顺序的规律。

①"T"型法。将三块残片拼凑起来,其裂纹构成"T"型;或者是一个构件上产生两条裂纹,并构成"T"型。按照裂纹生成顺序判别残骸的分析方法称为"T"型法。

②分叉法。零部件在断裂时会形成若干碎块或残片,若把这些残片合并拼凑起来,就会呈现若干分叉或分枝裂纹的路径;或者一个构件或零部件在断裂过程中,往往出现一条裂纹后,还要产生若干的分叉或分枝裂纹。按照裂纹扩展方向和裂源位置判别裂纹生成顺序的方法称为分叉法。

③变形法。机械部件或零部件均具有一定的几何形状,在断裂损伤失效过程中发生变形并且断裂成若干个残片。在判别主裂纹或最初裂纹时,要将残片合拢拼凑起来,检查其各个方向变形量的大小,变形量大的部位所对应的裂纹为主裂纹或初始裂纹,其他部位所对应的裂纹均为二次裂纹。这种方法必须将断裂损伤失效的部件残片细心地吻合在一起,合拢拼凑后即可很容易地判别断裂损伤失效时的先后顺序。

④氧化法。氧化法又称腐蚀法,主要是利用金属或合金材料在环境介质中发生的氧化或腐蚀程度来判别断裂发生的先后顺序。这些现象会随时间的增长而逐渐加重,断口上氧化或腐蚀严重的部分是先开裂的裂纹,氧化或腐蚀程度较轻的部分是后开裂的裂纹。

(2)断口分析法。

对于断裂损伤失效原因的正确分析及断口形貌的准确判别,很大程度上依靠断口样品的正确选择和断口形貌清晰程度,否则将引起错误的结论。

在断裂损伤失效分析时,必须从损伤失效残骸中选择断口样品,这样不仅是为了缩小检查断口试样的范围,更重要的是为了选择出最先开裂的部位作为断口样品。

断裂损伤失效包括裂纹萌生和扩展两个阶段,而裂纹的萌生和扩展是按一定的规律进行的。因此,在断裂损伤失效时,应当对整个断口进行检查和分析,也就是需要对断裂损伤失效的全过程进行对比、分析和检查。

断裂损伤失效分析中的另一个重要内容就是要确定裂源位置,以便在裂源附近选损伤失效件,以供后续一系列的试验与观察。由此可见,在选择损伤失效件时,应用断口分析方法的主要任务之一就是判别裂源位置。

①裂源位置的判别。裂纹萌生的位置通常称为裂源。一般来说,使用的观察手段或检验技术不同,其裂源的含义也不相同。在工程技术中,裂源通常是

指用眼睛或放大镜能够观察到的尺寸,一般可按 0.25 mm 的大小来定义。如果利用电子显微镜来分析研究裂纹萌生机理,这个定义显然是不合适的,这时的裂源尺寸应当接近纳米数量级。

裂源往往在机械构件或零部件的表面处,若表面经过强化(如渗碳、渗氮、涂层等)工艺处理,则裂源经常在次表面萌生。此外,裂源还常常在应力集中处(如尖角、油孔、焊缝、键槽、材质或工艺缺陷等)萌生。

②断口样品的截取方法。断裂损伤失效分析对多数的机械构件来说,主要依靠断口形貌特征的分析研究。为进行这种分析研究,必须将裂纹打开,然后进行断口的清洗、拍照等其他处理工作。

打开一个裂纹常常需要对有裂纹的机械构件进行部分破坏。对于这种情况,在打开裂纹之前,应对构件进行必要的检查及测量工作,以便在打开之前确定构件形态。这种检查及测量经常是对构件的裂纹外貌进行拍照、绘图和有关尺寸的测量。另外,还可将构件裂纹区域的表面形态复印下来,以供其他项目的观察和检验。

将带裂纹的残片打开的方法有很多,但无论哪一种方法,都必须根据裂源位置及裂纹扩展方向来选择受力方向。一般情况下,都是选择沿着裂纹的扩展方向受力,使带有裂纹的残片形成断口。如果造成构件开裂的应力是已知的,常常可以用同类型的更大应力来打开裂纹。例如,在受循环拉伸试验中,可以通过静拉力将带有裂纹的试样拉断。

(3)其他常用的分析方法。

①电子器件损伤失效分析方法。电子元器件损伤失效分析在无人机损伤失效分析中是一项重要的工作。对电子元器件发生的损伤失效,通过损伤失效分析工作,可以分清造成损伤失效的原因是元器件的固有质量还是使用问题,以及造成损伤失效的是哪一个使用环节或哪一类工艺缺陷,这对提高元器件使用水平极为有益。

a. 电子元器件各部分的主要损伤失效模式。电子元器件的损伤失效模式主要为开路、漏电、爆炸、烧毁、电参数漂移、壳体破碎、短路、外引线断开、非稳定失效等;集成电路的损伤失效模式主要为短路、断腿、功能损伤失效、参数漂移、开路等;电阻器的损伤失效模式主要为引线过短或不适用、外壳损伤、引线脱焊、壳体破碎、外观不合格等;电容器的损伤失效模式主要为引线过短、参数漂移、引线脱焊、短路、漏液、壳体破碎、开路、外观不合格等;继电器的损伤失效模式主要为触点损伤失效、短路、参数漂移、固定螺钉断裂、功能损伤失效、引线脱焊、开路、结构尺寸超差等。

在以上损伤失效模式中,引线过短主要是指装配中误将引线剪短,使产品无法使用而损伤失效;引线不适用是指设计时选用有误,使产品不符合使用要求;外壳损伤、引线脱焊、壳体破碎多为装配过程中的机械应力损伤所致。

b. 电子元器件的损伤失效分析方法。电子元器件的损伤失效分析方法主要有:外部目测,必要时应该照相;电性能测试,并与正常器件做比较;内部鉴查,先用低倍数显微镜(如 20 倍)做全貌观察,然后逐步提高放大倍数(如 100 倍或以上)观察所关心的局部区域,必要时应照相;超声扫描显微镜检查和 X 射线检查,在进行 X 射线分析时必须注意两点,一是要了解 X 射线对器件性能有无影响,二是 X 射线主要检验元器件内部多余物、内引线开路或短路、芯片或基片焊接(黏结)空洞等内部缺陷,但难以检查出铝丝的状况,而非塑封单片器件的压焊丝往往以铝丝为主,超声扫描显微镜是比较新型的设备,对粘片不良留有空洞等缺陷特别有效,该项验证是非破坏性的;多余物检查,当怀疑是多余物造成损失失效时,应进行颗粒膨胀噪声检测,当对被分析件施加一定的振动和冲击应力时,处于"半束缚"的多余物会"活动"起来,与管壳发生碰撞,发出"声音",灵敏的检测器检测出多余物后,会以光、电等形式同时做出有多余物的反应。

②软件损伤失效分析方法。在无人机飞控系统中,软件起着十分重要的作用,它是无人机控制的灵魂和中枢,一旦软件出现损伤失效,会造成系统危险,乃至造成灾难性的损失。因此,对其进行损伤失效分析十分必要。

软件损伤失效常用的研究内容及分析方法如下。

a. 软件损伤失效安全性需求分析。该分析方法是在注重软件的功能性要求的同时,还注重系统不应执行什么指令(其中包括消除并控制系统危险的方法,以及在意外事故发生时减少损失的方法)。

b. 软件损伤失效安全性设计。该设计包括加强软件可靠性的标准软件工程、容错技术和与软件损伤失效安全性有关的设计特征。其基本思想是通过减少危险的可能性或严重性,从而减少风险。基本方法有两类:通过软件设计防止危险以及在运行时检测和处理危险。

通过软件设计防止危险的主要目标是设计出其损伤失效不会引起危险的软件(本质安全的软件),从而减少软件危险的数目。常见的设计方法有防错性程序设计,多版本程序设计,对关键软件和数据的授权限制,用互锁、内锁和外锁来确保事件的时序等。

在运行时检测和处理危险主要涉及检测危险和处理不安全状态的技术。目前已实现了一些通用的危险检测机制,如例外处理、外部监督等。

c. 软件损伤失效安全性验证与确认。软件损伤失效安全性验证与确认主要有:不可能发生软件损伤失效;即使发生软件损伤失效,也不会造成危险。具体方法有软件损伤失效安全性证明、软件损伤失效树分析、软件公共模式分析和软件潜藏危害分析。

d. 软件损伤失效安全性评估。常见的定量风险分析方法有单值最佳估计、概率方法及定界方法。当有足够的信息可用于建立确定的模型,并将最佳估计值用作模型参数时,单值最佳估计是很有用的。如果对问题的理论已经理解,但对某些重要参数的了解有限,则可用概率方法来分析结果的不确定性程度,如果所使用模型的功能形式存在不确定性,那么这种不确定性也要综合到模型中。假如对有些问题的了解还很少,可以使用定界方法,利用已知的知识去限定结果的范围。

③火箭发射药损伤失效分析方法。

a. 外观及颜色判别。火药颜色变深或表面产生裂纹,表面有渗出现象即"渗油",火药变脆、容易折断、透明性差均表明该火药已损伤失效。

b. 安定剂含量判别。对经过长期储存的发射药取样分析安定剂含量,小于原分析结果(或技术指标)的一半或安定剂含量小于0.3%,该发射药即视为损伤失效。

c. 安定性实验判别。经过长期储存的发射药取样进行安定性实验,若其结果小于技术指标,则判为不合格。

d. 火药性能判别。若发生迟发火现象、断续燃烧现象、燃烧时间明显延长或明显缩短,超过技术要求,即视为损伤失效。

2.2 无人机结构件损伤失效分析与维修策略

由于无人机结构复杂,因此对于某些部件的损伤失效,能通过改进措施或预防性维修来减小其损伤失效率。但有些部件的损伤失效无法直接给出减小损伤失效率的措施,只能根据研究的结果给出解决损伤失效的方法和措施,以此来降低损伤失效的危害和提高维修的效率。

进行系统部件的损伤失效分析时,必须在调查、了解产品发生损伤失效时所记录的分系统或部件损伤失效模式的基础上,通过分析、试验逐步追查到组件、部件或零件的损伤失效模式,并找出损伤失效产生的机理,才能提出预防及改进措施。

2.2.1 机身损伤失效

①机身外蒙皮或蜂窝块,机头罩蒙皮或玻璃钢蜂窝块局部破损,可以在飞行现场用同样的复合材料或蜂窝块用环氧胶进行胶接修补。在修补的地方待

固化后打磨抛光,喷涂上相同颜色的漆。

②如果发现钢接头、钢螺栓和螺母有锈蚀现象,则需更换零件。

③如果发现机头罩内设备支架变形,或局部地方铆钉剪断,需进行修形处理,剪断的铆钉处重新铆接即可。

④如果发现机身上滑橇减震器系统连接接头损坏,必须更换相应的零件。

⑤如果机舱内设备安装座出现脱胶现象,则必须用环氧胶粘接。

⑥如发生机身本体大面积损坏,蒙皮或机身大梁折断,或机身框板折断、裂痕等现象,需返厂维修。

2.2.2 机翼损伤失效

机翼出现以下情况之一者,允许在外场修理。

①玻璃钢蜂窝夹芯断裂时,必须将断裂处面板切开,先把里面板与蜂窝修整并胶牢,基本固化后,再补外面板,其修补范围比损坏的范围要大,周围延长 20~30 mm,胶接面处浮皮刮干净,按胶接工艺贴两层玻璃布。

②仅夹芯与面板脱胶,外观上是看不出断裂的,需将外面板切开并取下,其切口应比脱胶范围大,若里面板和蜂窝未断裂,可先用胶将蜂窝与里面板粘牢。基本固化后,把外面板粘在原切口处,基本固化后,刮去漆皮(切缝两边各 20~30 mm),按胶接工艺沿切缝贴两层玻璃布。修整外形后,涂装饰漆。

③副翼蒙皮有损伤或破坏,允许拆卸修补(采用一层玻璃布)或更换。

2.2.3 尾撑和平尾损伤失效

①尾撑板件和平、垂尾壁板局部出现脱胶或开裂,允许在外场胶接补强,所补处强度从理论上必须达到原强度的 1.2 倍。对尾撑而言,若损伤出现在上、下面,则需用 10 层 0.1 mm 平纹玻璃布加强;若损伤出现在两侧,则在合拢接缝区域用 8 层 0.1 mm 平纹玻璃布加强,非接缝区用 6 层平纹玻璃布加强。注意:所用加强层均需 4 层 45°铺层。对平、垂尾壁板而言,损伤区用 4 层平纹玻璃布加强,其中有 2 层 45°铺层,其胶接方法严格按照复合材料玻璃钢胶接工艺规定。

②水平尾翼与垂直尾翼对接接头若出现脱胶松动,允许补胶加强。补强时,以未松动接头为基准,目测保证垂尾、平尾相对位置。

③升降舵蒙皮有损伤或破坏,允许拆卸修补或更换。

2.2.4 机体损伤失效

无人机的机体包括机身、机翼、平尾、垂尾、蒙皮等组成飞机结构的各个组成部分,它的主要功能是将无人机的各大部件连接在一起,符合一定的气动外形,再安装预定的机载任务设备和机载飞行控制设备。

无人机机体大量采用复合材料,所以复合材料损伤失效是无人机机体损伤失效的重要原因之一。无人机的局部积水和湿热环境会造成严重的结构腐蚀,而且机身、机翼、平尾、垂尾等分部件的损伤失效方式都有自己的特点。

(1)复合材料损伤失效。

随着复合材料在无人机上应用增多,复合材料结构的损伤和损伤失效将不可避免,它或出现在无人机的研制与生产过程中,或发生在服役过程中,且这些损伤失效可能导致结构完全崩溃。通常认为在复合材料中,纤维主要承受载荷,而基体则起支撑纤维的作用。无人机上使用的复合材料都是多向铺层结构。为了解其特征,首先应对单向板进行研究。

①单向板的损伤失效模式。

a.纵向拉伸。在纵向拉伸下,随着载荷的增加,单向板首先在最薄弱的横截面内出现少量纤维断裂。每个纤维的断裂都将引起载荷的转移,即载荷通过基体传递到临近纤维,由于载荷的持续增加,因此会引起更多的纤维断裂。当某个静截面承载能力减少到低于施加载荷时,会发生最终损伤失效。尽管损伤失效会出现一些孤立的在树脂或界面且平行于纤维的剪切破坏,但损伤失效模式还是可以归结为三种模式,即脆性破坏、带纤维拔出的脆性破坏和不规则破坏(图2.1)。如果基体与纤维之间的粘接强度高,那么裂纹沿垂直于载荷的方向在基体中扩展,表现为相当光滑的断面(图2.1(a))。相反,裂纹则主要沿界面扩展,表现为在一些薄弱界面纤维与基体界面剥离和断裂纤维从基体中拔出(图2.1(b))。中间状态则为不规则破坏(图2.1(c))。

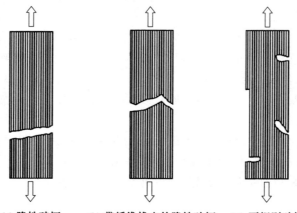

(a) 脆性破坏　　(b) 带纤维拔出的脆性破坏　　(c) 不规则破坏

图 2.1　纵向拉伸损伤失效模式

b. 纵向压缩。由于基体和界面与纤维相比较弱,因此单向层合板在压缩载荷作用下可沿纤维方向在基体内或界面上产生断裂(图 2.2(a)),这是因为基体和纤维的泊松比存在差异,导致横向拉伸应力的结果。如果纤维产生弯曲,界面可被剪切破坏并导致最终损伤失效。但是,如果基体韧性较好且界面强度较高,则纤维可以弯曲而不发生基体破坏,最终的损伤失效形式是弯曲。纵向压缩载荷下的主要损伤失效模式是剪切弯曲(图 2.2(b))。压缩载荷下第三类损伤失效模式是纤维压缩破坏(图 2.2(c)),这种情况下,断面与载荷方向约成 45°。

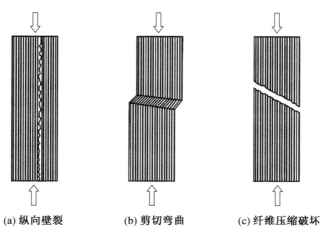

(a) 纵向壁裂　　　(b) 剪切弯曲　　　(c) 纤维压缩破坏

图 2.2　纵向压缩损伤失效模式

c. 横向拉伸。复合材料横向拉伸损伤失效不发生纤维破坏是可能的。当横向拉伸载荷作用于单向板时,会在基体内和界面上产生高的应力集中。因此,主要损伤失效模式为基体内和界面上的拉伸开裂。有时,极少数纤维因局部横向强度低而发生断裂。图 2.3 所示为横向拉伸下的损伤失效模式。

d. 横向压缩。损伤失效沿平行于纤维轴的基体界面出现剪切破坏,类似于均质材料的压缩破坏。

e. 剪切。单向板的剪切破坏一般发生在平行于纤维的树脂和纤维/树脂界面,而且界面的完整性对剪切强度是一个重要因素。图 2.4 所示为面内剪切载荷下的损伤失效模式。

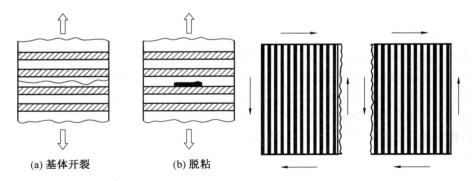

图2.3 横向拉伸下的损伤失效模式　　图2.4 面内剪切载荷下的损伤失效模式

② 多向层合板的损伤失效模式。

复合材料层合板的损伤失效是损伤的积累导致的,与材料、层合板叠合顺序和环境相关,损伤失效是一个复杂并相互作用的损伤模式集合。前面介绍的损伤模式,主要有横向、纵向裂纹的形成,还有在试样边缘起始的分层。但最终的复合材料层合板损伤失效在本质上与纤维断裂有关。因此,多向层合板的最终损伤失效可以归结为单层的损伤失效和层与层之间的分离(分层)。单层的拉伸、压缩、剪切损伤失效已进行了较详细的描述,以下主要描述多向层合板的分层损伤失效。

分层会引起层合板强度和刚度的变化,通常这种变化呈下降趋势,当分层达到一定程度时,将导致实际使用性能的丧失。层间的裂纹扩展(即分层)是复合材料损伤中最常见的。层间富含树脂,因此其开裂的断裂概率比穿过纤维的层外开裂的断裂概率低几个数量级。分层表面的"梳排状花样"是层间断裂的主要断裂特征之一,这种梳排状花样的成因是纤维之间基体中垂直于最大主应力方向的脆性基体微裂纹(图2.5)。

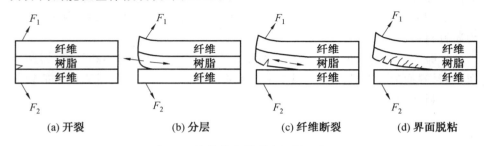

图2.5 梳排状花样形成机制示意图

由于复合材料强度和刚度的各向异性,因此复合材料在静态和循环载荷下表现出复杂的损伤失效机制。四种基本的损伤失效机制是基体开裂、分层、纤维断裂和界面脱粘,其中任何一种组合都可能促使疲劳损伤并导致疲劳强度和刚度的下降。损伤的形式和程度主要依赖于材料性能、铺层顺序、疲劳载荷类型等。

(2)复合材料的损伤失效判断。

无人机上的复合材料的损伤失效分析应采取宏、微观相结合的方法进行综合分析。宏观分析方法是用肉眼和放大镜来确定损伤的大小和分布以及损伤失效模式;微观分析方法是利用电子显微镜,特别是扫描电子显微镜来观察分析断裂表面。

尽管超声、X射线拓谱仪等能用来确定损伤位置,但这些技术目前尚不能揭示损伤的细节特征。研究人员应该依赖破坏性方法观察分层的范围及其他的损伤。有两种重要的方法可用来检测损伤,即剖面法和揭层法。其中,剖面法通过切下围绕损伤的周围区域,然后剖开并抛光切片做金相来观察损伤情况,初始切割的区域选择由超声波确定。进行切片之前,切下的区域罐封在透明环氧树脂中,以减少切片和抛光过程中可能的二次损伤。揭层法有很多种形式。用目视方法可以检查到损伤的层合板,可采用氯化金或氯化铜溶液渗透的方法使溶液完全渗入内部损伤区域后,将其烘干。这时,分层损伤区即留下明显的标记,然后用酸蚀法或加热聚合物基体使之分解的方法去除基体,再用镊子或薄刀片小心地分离各单层。这种方法对脆性基体复合材料是很有效的,但是有实验表明它并不适用于韧性基体材料。

(3)复合材料的修补方法。

清理复合材料的损伤部位区域,用刀刮除破损区域表面一定范围内的油漆层,视情况保留或挖去损伤的复合材料,用砂布适当打磨修补区域,最后用棉纱蘸取适量丙酮擦洗干净。按需要的层数剪裁玻璃布,玻璃布的尺寸以逐层递增或递减为宜。

将环氧树脂和聚酰胺按体积比1∶1进行配制,应在干净的容器内搅拌均匀,低分子聚酰胺使用结束后须密闭保存,以防损伤失效。用刮刀将胶液涂刮到复合材料修补区域,再用电吹风加热胶液,使其黏度降低,然后铺放玻璃布并使其被胶液浸透。按此法逐层将玻璃布糊上去,也可在干净平板上用胶将玻璃布浸透后再铺贴到修补区域上去。糊贴每一层玻璃布时都要刮平,并将每两层布之间多余的胶尽量刮出来。最后经清理后糊贴一层蜡纸。

环氧-低分子聚酰胺液为室温固化树脂,但温度低于 15 ℃时固化极其缓慢,所以根据对固化要求的快慢及室温高低,可采用红外灯加热的方法加快固化速度,修补后在室温下固化 24 h 以上方可使用。固化后应用适当粒度的砂布修整外观并喷漆。胶接部位脱胶后的维修采用与复合材料维修相同的树脂配方,并可在其中加入适量滑石粉。注意,应搅拌均匀,对脱胶部位进行清理—清洗—打磨—清洗后涂胶胶接。固化时加适当接触压力,固化时间及温度的要求与复合材料维修相同。注意,在补强时必须有一个过渡区域。一般过渡区是破损区的1~1.5倍。

2.2.5 无人机结构腐蚀损伤失效

无人机设计中大量采用复合材料来减轻总机质量,但还是有些关键部件,如机上任务设备、发动机、螺栓、固定环等需要使用金属材料,无人机上使用较多的金属材料(如铝合金、不锈钢等)都存在结构腐蚀损伤失效现象。

(1)无人机结构腐蚀的原因及现象。

无人机结构腐蚀的发生有较大的随机性:使用年限最久的无人机,不一定结构腐蚀严重;在同一架无人机上,有些构件很少腐蚀,而有些构件很易腐蚀;在同一构件上,有的部位已腐蚀穿透,而有些部位尚未发生腐蚀。结构腐蚀的随机性反映出结构腐蚀的复杂性,从而也反映出腐蚀的原因不可能是单一的。

长期的局部积水和湿热环境是造成无人机结构腐蚀最普遍、最直接的原因。温度和相对湿度是最主要的因素,固体沉降物则被潮湿的机体表面吸附,形成局部腐蚀环境。无人机所处的腐蚀环境包括三个层次:总体腐蚀环境、局部腐蚀环境和具体腐蚀环境。三者之间既有密切联系,又有差别。研究表明,小环境往往起着决定性作用。积水主要包括雨水(雪、雾、霜、露)和无人机内部形成的冷凝水等。容易积水的部位是开口朝上的槽底、密封舱口框下部低凹处、油箱舱底部、任务设备舱、各种狭缝和死角部位等。

有的机型设计不足也是造成腐蚀的一个主要原因,在结构细节设计方面漏洞较多,机身上部蒙皮对缝和口盖有较大间隙,又无适当的填充剂或密封剂,因此很容易进水。一旦产生积水,无法及时排出,长时间的浸水或潮湿势必加速该积水部位腐蚀失效。另外,易积水的结构死角较多,泄水途径又不畅。在某种意义上讲,下排比上堵更显重要。在最易积水的部位往往没有开漏水孔(防水螺栓)或漏水孔过小,导致积水过多,造成无人机结构腐蚀。

以下几个方面也是无人机结构腐蚀的重要因素:

①设计材料的选择及采用的防腐技术比较落后;

②没有严格的腐蚀控制文件,无人机装配过程中许多部位未按设计要求施工;

③全机密封不严,局部结构设计不合理,长期局部存在积水,处于湿热环境;

④缺少必要的腐蚀跟踪和预测,外场使用维护质量不高。

(2)无人机结构腐蚀的修复及控制。

①无人机结构腐蚀损伤失效部位的检测。腐蚀部位的检测是防止结构进一步腐蚀、做好腐蚀控制的中心环节。腐蚀部位的判断主要靠宏观目视(可借助放大镜、孔探仪等)检查和简单的测试仪器进行。腐蚀损伤失效处总是发生在构件表面,会留下多种痕迹。从形貌外观及颜色上看,基体金属材料表面出现脱漆、鼓起、分层,严重腐蚀部位出现层状剥离及疏散现象,失去金属光泽和材料原有的强度及塑性,轻敲时失去清脆的金属声。另外,腐蚀一般始于棱边、孔壁、划伤涂层或氧化膜受到破坏处,结构中双金属接触处,以及易积水、易潮湿部位。

②无人机结构腐蚀部位修复要求。腐蚀部位修复时应充分挖掘静强度储备,在保证静强度前提下,考虑疲劳强度影响,留有余量,同时还要考虑所采用的修理技术和施工现场条件。腐蚀程度在修理标准范围以内,采取原位修理。清除腐蚀产物后,加深打磨 0.05~0.1 倍腐蚀深度,整个打磨面应光滑过渡。同时,在蚀坑的两端加长打磨 5~10 倍的腐蚀深度,最后用"腐蚀凹坑测深仪"检查整个打磨面深度不得超过修理标准,并用涡探仪检查打磨面有无腐蚀疲劳裂纹。对于轴承面、导轨面和一些精密配合面的腐蚀除锈,采用研磨膏除锈技术,保证其光洁度和尺寸精度。

③无人机结构腐蚀部位的表面保护。打磨过的构件表面采用"氧化－涂漆－涂密封胶"的联合防腐体系进行防腐修理。铝合金件表面保护流程为打磨→涂阿洛西→涂环氧锌黄底漆→涂丙烯酸聚胺脂磁漆。对结构内部裸露的钢螺钉、螺栓、固定环、卡子等,打磨去锈后涂防护油脂或采用"干膜剂"进行保护。

无人机结构腐蚀防护及控制中的其他措施如下。

①对腐蚀严重的构件,除锈后应进行强度校核。需补强的部位采用胶补支术修复受损的部位。亦可根据结构空间情况铆接加强构件,但构件的质量增加,形成的新应力集中区、传力情况等应考虑。

②对重要的承力构件,打磨除锈后在表面防护氧化前应进行旋片强化处理,提高腐蚀部位的抗应力腐蚀能力。

③对结构中易积水的沟、槽等局部腐蚀环境,视结构情况增、扩排漏水孔或增加排水管。

④积极开展现役无人机结构防腐蚀修理工艺研究,借鉴和采纳先进的防腐蚀控制技术。

2.3 无人机附属部组件损伤失效分析与维修策略

2.3.1 发射系统损伤失效

无人机的发射方式很多,常见的发射方法有母机投放、火箭助推、起飞跑车滑跑、垂直起飞等,采用的都是在火箭助推器作用下,从发射车的发射架上做零长发射起飞。这种发射方式主要由发射车、发射架、推力杆、助推火箭和定力杆等装置组成。

(1)发射车损伤失效。

发射车的传动主要是液压传动,所以一般常见损伤失效也主要是液压系统的原因。在很多情况下,液压系统的损伤失效首先是密封的损坏或其功能的减弱引起的,但这不仅是密封本身的问题。实践证明,液压系统 70%~80% 的损伤失效是由油液介质的工况不良引起的。此外,密封损伤失效也是引起损伤失效的重要原因,密封方式的设计、密封元件的性能,以及结构安装、起动和运行是否正确等,都会成为引起密封损伤失效的原因。

①密封损伤失效的原因。现代的密封圈、防尘圈和支承环已发展成为高性能的标准件,只要正确地选择和安装,它们就能长期无损伤失效地工作。系统能否可靠地工作,在很大程度上取决于密封系统的设计是否精心和密封材料的选择是否正确。从大量与设计有关的损伤失效中总结出以下主要原因。

a. 表面质量不合适。配合表面的材料与工作条件和密封材料不相匹配、表面过于粗糙或硬度不够都会使密封件和接触表面产生研磨和黏着磨损,引起过早磨损。被密封的配合表面的光洁度对密封的可靠性和使用寿命影响较大,任何划痕刮伤、气孔和加工痕迹都是有害的,尤其往复运动密封的配合表面光洁度要求更高。

b. 配合间隙不合适。橡胶和热塑性密封材料在压力作用下会产生流动,过大的间隙会使材料被挤入到间隙中。材料的减少导致 O 形密封圈预压的减弱,产生泄漏。间隙过大、密封槽过宽或过窄、无油运行都会引起这类损伤失效发生。

c. 背压问题。当两个密封圈前后串联安装时,被活塞杆从油腔中拉出的微油膜会在两道密封之间的封闭区内汇集形成油环,当液压缸的行程较长时,油环的压力会迅速升高形成背压,背压可能会超过系统的压力,以致引起密封件折叠或从其座上被推出。

②液压油泄漏的检查与防治。

a. 液压油泄漏的检查。液压系统的泄漏可分为两种类型:内部泄漏和外部泄漏。外部泄漏很容易发现，只要经常检查，就会及时发现泄漏点。但外部泄漏发生在泵的吸油口时则很难检测，如果出现了液压油中有气泡、液压系统动作不稳定且有爬行现象、液压系统过热、油箱压力增高、油泵噪声增大等五种现象之一，就可怀疑发生了吸油管泄漏，应当首先检查所有的吸油管接头和连接处，寻找泄漏点。

b. 液压油泄漏的防治措施。按照原位置和长度更换管道，避免产生新的损伤失效。原管道位置是经过精心设计的，设计时考虑了避免振动和磨损，所以应按原尺寸和位置更换新的管道；避免管道产生急弯，应根据《液压工程手册》的要求，选取合适的管道弯曲半径，软管的弯曲半径应为软管外径的 10 倍，硬管的弯曲半径应等于管道外径的 2.5～3 倍；不要用长管代替原来的短管，管道越长，内阻越大。应当测量原管道的长度，考虑所有的弯曲部分，然后用相同长度的管道替代。需要注意的是，当软管被加压时，有轻微的缩短，更换软管时要留出余量；使用合适的支架和管夹，避免软管与软管之间、软管与硬管之间或软管与设备之间形成摩擦；使用合适的安装工具，不要用管钳之类的工具代替扳手，不要用密封胶防止泄漏。

发射车液压系统主要损伤失效原因及解决方法统计表见表 2.1。

表 2.1 发射车液压系统主要损伤失效原因及解决方法统计表

序号	失效现象	失效原因	解决方法
1	液压系统不减压	油泵不工作，曲力箱齿轮未啮合	检查操纵杆是否在正确啮合位置
		油泵工作压力低	更换油泵
		油泵进口密封不好	拧紧接头或更换软管
		溢流阀有脏物	清洗阀芯
2	管接头漏油	密封管老化或有裂纹	更换密封圈
		软管收口不密封	更换软管
		管接头未拧紧	拧紧螺帽
3	油液发热严重	内部泄漏过大	检修或更换液压元件
		压力过高	调节溢流阀
		环境温度过高	停车冷却
4	油缸不能自锁	液控单向阀阀芯有脏物	清洗液控单向阀阀芯
		油缸活塞上的密封圈损坏串油	更换密封圈或更换油缸
5	多路换向阀阀芯漏油	密封圈损坏	更换密封圈

(2)助推火箭系统损伤失效。

助推火箭系统主要由火箭壳体、火箭推进剂(药柱)、点火装置、推力杆、定力杆等部件组成,引起损伤失效的主要是火箭推进剂、推力杆及定力杆损伤失效。

①火箭推进剂损伤失效。助推火箭剂即火药推进剂,又称药柱,其在长期储存过程中或采用热加速老化时,随着老化温度和老化时间的增加,由于药柱中黏合剂与某些添加剂的热降解和机械降解,以及黏合剂与氧化剂的相互作用,化学分解、蒸发、分子键裂变和界面脱湿,因此药柱内部会产生气体和空穴。当气体生成率大于扩散率时,气体将进一步聚集,使药柱中气压增加,促使药柱中裂纹、空穴进一步增加甚至扩张。当气压和空穴率浓度达到某一临界状态时,将引起药柱中空穴率迅速增加,导致药柱破坏损伤失效。

②火箭推进剂的检测方法:检查药柱表面不允许有长度 2 cm 以上的可见裂纹或深度超过 3 mm、总面积大于 4 cm 的剥落现象;不允许有深度大于 0.5 mm、总长度超过药柱长度的划痕;端面不允许有气泡及疏松结构;表面油斑渍的总面积不得超过药柱外侧表面积的 1%。

③推力杆、定力杆的常见损伤失效。推力杆在校验夹具上组装,检查是否产生弯曲变形或扭转变形。若零件变形,则采用校正的方法;若零件上产生裂纹,则更换零件。定力杆在使用时产生弯曲变形,可用手工校正,这种校正若超过两次,则须更换定力杆。

2.3.2 回收系统损伤失效

多次使用的无人机都要进行回收,无人机的回收一旦出现问题,会带来经济上的严重损失。无人机的回收方式有脱"壳"降落、撞网回收、降落伞回收、气垫着陆、冒险迫降等。用降落伞回收是国内外普遍采用的方法之一,对正常布局的飞机,这套技术比较成熟。

(1)主伞损伤失效。

降落伞回收系统的组成主要包括引导伞、伞衣套、主伞、伞包、连固装置等。降落伞折叠包装在伞包内,经连固装置连接在无人机上,当无人机降落时,先打开无人机的伞舱口盖,利用开伞装置打开伞包(先开引导伞,后开主伞),降落伞按预定步骤充气张满,悬吊着无人机按预定速度和姿态下降。引导伞的功用是保证机体的稳定并将主伞从伞舱内拉出;主伞的功用是保证无人机以一定的速度安全着陆。

回收伞的损伤失效分为主伞完全损伤失效和局部损伤失效。前者是指主伞不能完成充气或展开过程,往往直接导致回收任务毁灭性的失败;后者是指伞衣破损、充气延迟等各种损伤失效引起的非正常充气现象。局部损伤失效问题一般不会导致整个回收任务的失败,但是会使返回过程偏离设计要求,造成无人机的局部破坏或回收任务的局部失败。

伞的损伤失效主要有以下几种形式:引导伞包抛至飞机平尾下方;主伞与主伞支撑结构的接触磨损;开伞时由侧向风引起的"绳帆"现象,是指在伞绳拉直过程中侧向风引起的气动阻力使伞绳过早拉出,伞绳呈帆状,可导致一系列严重后果;伞衣破裂;主伞与飞机连接处电爆火头误炸,飞机与伞过早分离。

(2) 回收电路系统损伤失效。

回收电路系统通常包括执行抛伞的电路、延时的四个切割器电路、执行卷帘门关闭的两个切割器电路及用于主伞脱落节头的两个电爆火头电路。

切割器在使用前必须经过测量,使用数字万用表的电阻挡测量两根引出线,其阻值应在 5 Ω 以下。注意:测量所用万用表,其测量电流不能大于 0.05 A,否则将会使电爆火头引爆。电爆火头电阻值在 1.5 Ω 左右,大于 3 Ω 的不能使用。切割器、电爆火头要保持干燥,并注意防火。

(3) 停车电路损伤失效。

如果停车开关指令发出后没有停车信号,则在此情况下,应逐级检查这条通路。首先检查比较器 N1/8 脚有无大于 5 V 以上的电压输出。若有,V26 应导通;否则,比较器损伤失效。V26 导通后,发射极应有 10 V 以上的电压,这时继电器才能吸合,可控硅 V17 控制极应有 10 V 以上的电压,V17 导通,停车信号产生。如果可控硅控制极没有 10 V 以上的电压(V26 导通了),那么就是继电器损坏,必须更换。若 V17 可控硅控制极有 10 V 以上的电压,而不导通,那么就是 V17 可控硅损坏了。

(4) 开伞、切伞电路损伤失效。

开伞电路损伤失效(指令回收)与停车回路相同。但切伞电路损伤失效时,首先要检查单结管 V19,因为此管参数离散性很大,容易出现损伤失效。要用示波器观察 E 极充放电幅值,幅值应大于 5 V。如果不对,应换单结管;如果对,可能就是下一级可控硅电路有问题。

另外,除正常的指令开伞、切伞、停车外,还有 θ 角度停车、开伞、切伞。后面的电路检查同上,如果 θ 角度不停车、不开伞、不切伞,则主要检查前级比较器和放大器是否工作正常。

(5) 抛伞装置损伤失效。

抛伞装置的功用是当无人机伞舱打开后,迅速将引导伞抛向气流。抛伞装置主要由引导伞伞包、垫板、扭簧、线网组成。引导伞包是用棉线制造的,伞包上缝有封包用的绳绊和圆环,伞包底部装有垫板,伞包用来装放折叠好的引导伞。线网是用棉丝线编成的,并固定在引导伞包下方和扭簧两侧及伞舱盖上。该装置是飞机安全回收的关键之一。

(6)缓冲装置损伤失效。

无人机减震装置由起主要减震作用的滑橇减震器和起辅助减震作用的后减震垫组成。

滑橇减震器采用气体油液减震,利用小孔节流使油通过小孔产生阻尼缓冲,利用制动活门封闭节流孔来防止回弹。当滑橇接地时,把力传到活塞杆上,由于减震器外筒上端固定在飞机上,因此活塞杆与外筒做相对运动,压入外筒内。活塞杆内的高压高速油流通过小孔流向上部,因此起缓冲作用。同时,由于活塞上移要向下伸出,但有制动活门盖住节流孔,因此油液只能很慢地流过,所以不会出现较快的反弹现象。

后减震器为玻璃钢内装泡沫塑料件结构,用五个大扁头镙钉固定在机身后下部,起辅助减震作用,同时保护尾撑,每次飞行更换一个。

2.3.3 能源模块损伤失效

(1)机载电源损伤失效。

①稳压电源工作损伤失效。

a.损伤失效现象。稳压电源在工作时出现无电压输出、交流电压增大、发烫、冒烟等现象。

b.损伤失效原因及解决方法。应立即关机检查,着重检查以下几点:电源内部有无机械松动现象;电源内部有无元器件虚焊、假焊、短路现象;输入整流桥是否良好;输入滤波电解电容是否良好;四只功率场效应管是否良好;输出整流二级管及滤波电容是否良好;输入、输出插头接线是否接好。若以上各项检查都正常,应将电源返厂检修。

②逆变器输出损伤失效。

a.损伤失效现象。逆变器输出波形畸变。

b.损伤失效原因及解决方法。如果输出三相,有二相波形严重畸变,可能有以下原因:某相输出短路、某相调整管损伤失效、某相运放损伤失效。这时应用检测设备检查,找到损伤失效部件,更换损伤失效元件。如果三相出现严重不对称,即相位差很大,可能是分相电路损伤失效,应更换并重新检查。机载电源常见损伤失效现象、原因及解决方法统计表见表2.2。

(2)地面电源损伤失效。

①充电时,电流表指示损伤失效。

a.损伤失效现象。充电机充电时电流表无指示。

b. 损伤失效原因及解决方法。检查保险丝是否完好,如烧断了应及时更换;充电输出极性与外接蓄电池极性接反,导致二极管烧坏,这时要取出充电板,检查板上的二极管,找出烧坏的二极管并予以更换;发现电流选择开关挡位与输出电流值不一致后要立即纠正。

② 变频电源损伤失效。

a. 损伤失效现象。变频电源停止工作。

b. 损伤失效原因及解决方法。变频电源保护动作停止工作报警时,报警指示亮,同时报警的数字显示在频率显示盘上,由十位显示,个位空着未用。

表 2.2 机载电源常见损伤失效现象、原因及解决方法统计表

序号	失效现象	原因	解决方法
1	电池电压低,且充电后电池电压仍然低	电池组中的某节或几节电池坏了	打开电池组,用万用表测量每组电池电压,如低于 0.5 V,说明该电池已坏,应更换该电池
2	电池组电压下降很快	电池组容量不够	先给电池组充电,再进行放电,循环几次,待容量达到规定容量
3	飞机加电,副翼和升降舵面抖动	陀螺信号开关 S3 打开了	关闭 S3
4	打开 S3,副翼和升降舵面缓慢地归零	陀螺未修正好	在加电后 1 m 之内不要发盘旋指令

2.4 无人机电子元器件系统失效分析与维修策略

2.4.1 控制导航系统损伤失效

控制和导航系统能够保障无人机稳定地沿要求航线飞行,以便到达预定的要求区域,主要包括测量设备、飞行控制设备、导航设备、飞行指挥与导航控制设备等,一般分为机载和地面控制导航设备。

控制导航系统和综合无线电系统都是由大量的电子器件组成,而且控制导航系统中的软件损伤失效对无人机任务完成的影响很大,故先对电子器件和软件的损伤失效进行分析,再对其分部件进行研究。

(1)电子器件损伤失效。

电子器件是指连接在一起并能完成特定功能,但可拆开的一定数量的电子元器件集合。它设计成可装入某一单元中,能够与类似的其他组件一起工作,且由一定数量的元器件组成的组合件,如印刷电路板、印刷电路组件或电源模块等。无人机的综合无线电系统和控制导航系统就是由大量的电子器件构成的。

电子产品环境应力筛选是发现和排除不良元器件、工艺缺陷、设计缺陷和其他原因造成的早期损伤失效的有效工艺手段,适用于研制和生产各层次的电子产品,而且应当考虑低层次产品如元器件、组件和单元的筛选。电子组件是最低装配级产品,该方法排除早期损伤失效的效率较高,成本效益好,能大幅度提高产品外场使用的可靠性,从而降低外场维护及排故费用。

①电子器件损伤失效来源。电子器件在制造过程中如果使用了劣质元器件且历经大量的复杂操作工艺,会引入各种明显缺陷和潜在缺陷。明显缺陷通过常规检验手段均能排除,潜在缺陷则保留在组件之中。

电子器件的损伤失效来源可分为两类:一类是固有的,与电子器件本身的质量有关,由组件中元器件引入,与元器件供应商工艺过程的成熟程度及其检验和试验方法的效率有关,也与组件制造厂本身对购入元器件的质量要求和验收水平有关,此类缺陷还包含设计缺陷;另一类是生产缺陷,是由工艺设计不良,生产过程中组件受过应力、搬运损伤或检验工作等影响而引入的缺陷,如虚焊、元器件定位不当、表面污染、元器件紧固不当和材料弯曲变形等,其中生产缺陷与环境应力和时间有关,且用常规质量检验措施不能发现和排除,是潜在缺陷。

②电子器件损伤失效的检查与纠正措施。利用温度循环来剔除早期损伤失效的电子器件。温度循环是将较高的热应力和热疲劳的交互作用同时加在电子器件上。通常,温度循环的温变范围宽,一般为 125 ℃(即 $-50 \sim 75$ ℃)或更大。温度变化会给电子器件带来以下显著影响。

a. 对组件机械特性的影响。采用快速、大幅度的温度冲击,致使不同材料在承受双向变化热应力的同时,其应力差也变大,这样在结合部可产生有效作用,使隐患得以暴露。又通过多次循环产生热变疲劳应力,加速了激发时效,常常表现为:零件变形,配合松脱或卡死,以至结构破坏;不同材料焊接的构件或密封件膨胀系数差别太大,造成裂缝、焊接松动、密封漏气和龟裂等,使功能损伤失效。

b. 温度对电性能的影响。高温使材料电阻加大,会使电路、传感器发生温漂,电路内耗增大,发热增大,热功率反过来加剧环境温度,发热元件温度增加,加速绝缘体老化,甚至造成热击穿,对半导体器件的主要影响是放大倍数和穿透电流。

(2)利用随机振动来暴露电子器件的潜在隐患。

随机振动是通过直接给组件施以机械外力激起组件中元器件及其结合部位的谐振,达到暴露潜在隐患的目的。随机振动时,频谱一般为20~2 000 Hz,所有谐振频率在整个振动时间内同时受激励,激发能力大大加强。振动引起的损伤失效分为两类以下。

①振动使组件性能超差或功能混乱失灵。振动加速度大,使得速度或应变太大,改变了组件中各部件、零件之间的相对关系,如继电器的触点不该接通的接通了,该接通的却可能时断时通等;也可能因振动的加速度、速度和位移太大产生的信号引起干扰,干扰电流、电压太大改变了电路的工作点或工作状态,而使性能超差或失灵。这类失灵现象在振动值减少后会消失,去掉振动后功能恢复正常。

②组件处在振动环境下,由振动引起的交变应力反复作用使结构松动或磨损;或者组件材料微小的缺陷或损伤经反复交变应力作用造成裂纹扩展,导致材料的电气或机械性能的变化或结构破坏。主要表现为:结构部件、引线或元件接头疲劳(或松动),尤其是导线上有微裂纹或类似缺陷的情况下会更为明显;汇流条及连到电路板上的钎焊接头承受高应力而损伤失效;桥形连接元器件引线因应力作用而损坏;已受损或安装不当的脆性绝缘材料出现裂纹等。

2.4.2 控制导航软件损伤失效

无人机控制导航系统由大量软件操控,如果软件系统损伤失效,会引起无人机灾难性的后果。软件的损伤失效是软件执行了含有缺陷的程序引起的。

(1)软件产生损伤失效的原因。

软件损伤失效主要是软件中残留有设计错误造成的。由于在软件中残留有错误,因此软件缺陷,使一些功能部件的执行发生偏差。当软件运行在某一特定的条件时,软件缺陷就会引发软件损伤失效,使软件运行的内部状态发生意外的改变。这种情况若不能及时得到修正,将致使程序操作背离程序的需求,最终导致系统全部或部分丧失功能,这就是软件损伤失效的基本原因。

(2)软件损伤失效的特点及表现形式。

软件设计错误产生的特殊性使软件损伤失效具有很强的隐蔽性。像无人机这样的大型实时软件的运行路径是非常多的,对于不同的输入环境和系统状态,软件的运行路径是不同的,如果所运行的路径上存在软件缺陷,就会发生软件错误。因此,软件错误是在特定的条件下发生的,具有明显的随机性。某处发生错误,可能引发与之相关的其他错误,最终导致软件损伤失效。因此,软件错误具有一定的传染性。

软件错误在程序中的表现形式是多种多样的,其主要模式有以下几种。

① 语言错误。包括语法错误、语句错误、软件版本更换数据错误、常数值错误、参数值错误、数值溢出,数据结构错误、输入/输出超界等。

② 计算错误。包括数学模型错误、度量制错误、量纲错误、量化因子错误、计算精度不够等。

③ 逻辑错误。包括逻辑不完善、判据不当、转移方向错误、死循环、循环次数计数错误等。

④ 调度错误。包括任务界面不匹配、软/硬件界面不匹配、模块界面不匹配、控制时序混乱、指挥处理法则错误、控制方法错误等。

⑤ 资源枯竭。包括动态申请冲突、实时运行超时、功能描述不当、要求的性能过高、运行环境发生变化等。此外,计算机病毒还可导致程序和数据损坏,造成软件损伤失效。

(3) 减少软件损伤失效方法。

① 制订计划科学化。严格按软件的生存周期科学地划分无人机软件开发的各个阶段。循序渐进按阶段地开展需求分析、概要设计、详细设计、编码、测试和维护工作,各个阶段不可跨越,也不允许合并。

② 管理指标规范化。制定详细的管理大纲,明确软件的各项指标、所要执行的标准规范、软件开发不同阶段可靠性工作的具体内容、每阶段结束时所要形成文档的内容及格式等。

③ 组织机构体系化。建立完善的质量保证体系,落实各级设计人员和检验人员职责。

2.4.3 控制导航系统部件损伤失效

(1) 飞行控制计算机损伤失效分析。

① 电源损伤失效。

a. 如果发现运算放大器的输出始终偏向一个很大的值(正或负),有可能是半边供电。首先检查二极管是否损坏,然后检查三端稳压块是否损坏。如果损坏,则更换器件。

b. 飞控计算机通电后,观察稳压电源的电流是否有输出。若没有电流,首先要怀疑+5 V线路是否有问题。应检查+5 V线路,用示波器观察L4960各脚波形,若不对,应考虑更换电源稳压块。

②遥控通路损伤失效。

a. 如果操纵模拟操纵器飞行控制指令,如左盘、右盘、平飞、爬升、俯冲、直飞,以及大、中、小风门等指令,相应的舵机不动作,在此情况下不能确切断定哪部分电路有问题,应顺着遥控的这条通道进行检查。

b. 如果操纵模拟器的任务设备管理指令,模拟检测箱上的相应发光二极管应被点亮,如果不亮,肯定是开关电路损伤失效。看操纵的开关对应的是哪个芯片,如果片选信号、写信号及数据线均正常,则肯定是该芯片损坏,应更换芯片。

③遥测通路损伤失效。

a. 如果在遥测模拟检测器上检查模/数(A/D)转换采集的数据全部不对,可能是电平转换电路损伤失效或 A/D 转换电路有问题。如果检查出采集的数据是某些路不对,就应该查出该路分配在哪个模拟多路开关上,看是否该芯片损坏,然后更换该元件。

b. 利用模拟遥测检测器和设备模拟检测器可以检查设备接口电路及主副机通信的公共随机存取存储器(random access memory,RAM),如利用设备模拟检查器模拟平台,向飞控机发送数据,从遥测模拟检测器上检查发送的数据是否正确。这条通路不仅检查了任务设备接口,也检查了主副机通信的公共 RAM。

如果发现数据不正确,首先检查设备接口芯片,用示波器观察输入输出时序是否正确,状态线是否正确,否则可能是接口芯片有问题,可更换芯片。如果接口芯片无问题,再检查公共 RAM 的几个芯片。用示波器观察主副机的读写时序是否正确,若正确,很可能就是芯片损坏。

(2)垂直陀螺仪损伤失效分析。

垂直陀螺是能够保持自转轴垂直的二自由度陀螺仪,用于测量无人机的俯仰角和倾斜角并输出与其成比例的电信号。该信号经放大后,一方面经飞控计算机通过无线电系统传输给地面站,另一方面送给舵机,用以控制无人机按照预定的姿态飞行。因此,垂直陀螺是飞行控制系统的重要组成部件,它的工作状况好坏直接影响到整个控制系统和飞机的安全。

①快速修正损伤失效。

a. 损伤失效现象。陀螺快速修正时间(从陀螺加电到双金属继电器断开时间应在 30~240 s)不在规定的范围内。

b. 损失失效的解决方法。

i. 在飞机各部件处于良好的状态下,接好检测表,将陀螺从机内取出,固定到陀螺调整架上,用转接电缆接好插头,校定好零位,调好陀螺架的水平度,然后根据需要打开陀螺的前罩或后罩。

ⅱ.将变频机的输出接到飞机的三相交流插座上,检查机上其他设备,连接好后,给飞机加电。

ⅲ.飞机加电完毕,应能听到陀螺转动的嗡嗡声,观察双金属继电器断开时间,记录从加电到双金属断开时间,即为快速修正时间,其范围应在30～240 s。若不符合要求,可调整两片间的压力。若双金属继电器永不断开,则说明其加温线圈有断线之处,应拆旧换新。

②水平状态输出损伤失效。

a.损伤失效现象。陀螺在水平的状态下,输出信号不为零。

b.损伤失效的解决方法。陀螺零位的调整。将陀螺固定在标准陀螺架上,调整好陀螺架保持水平,待陀螺修正完毕后,轻移电刷,使输出的 γ 和 θ 信号为零,然后固紧电刷,重新修正陀螺,反复检查调整,直到修正完毕,γ、θ 信号输出真正到零为止。

③输出信号突变损伤失效。

a.损伤失效现象。转动陀螺(俯仰或倾斜方向旋转)时,陀螺输出信号变化不均匀,有突变现象。

b.损伤失效的解决方法。首先将陀螺安装在陀螺支架上并给陀螺加电,转动陀螺支架的俯仰角和倾斜角旋钮,用检测表观察 γ、θ 信号的输出。左倾和右倾方向上分别旋动0°～180°时,应有 γ 信号输出。上仰和下俯上分别旋动0°～90°时,应有 θ 信号输出。输出值的变化应均匀,无突跳现象。若不符合要求,则应调整电刷压力并清洗电位计表面污物(可用绸布蘸上酒精擦洗电位器表面),必要时应更换电位计电刷。

(3)磁航向系统损伤失效分析。

数字式磁航向测量系统在无人机上用于测量飞机的磁航向,还具有根据高度和动压解算真空速的功能。在使用中出现的损伤失效可能是多种多样的,维修时的处理方法也各有不同。出现损伤失效后应首先将设备与整机分离,先用传感器检测仪检查,如果仍损伤失效,则说明航向系统有问题。否则,应认真检查机上其他部件与航向系统的接口是否有问题。如果确认航向系统损伤失效,可根据不同损伤失效按下列步骤检查。

①航向输出损伤失效。

a.损伤失效现象。航向输出不正常,转动传感器时航向有变化,但数值不对。

b.损伤失效的解决方法。

ⅰ.检查传感器周围是否有较大的铁磁物质影响,如果有,应远离这些铁磁物质后再检查。

ii. 检查模拟电路第 3 脚(俯仰角信号)和第 5 脚(倾斜角信号)是否正确,如果不正确,可能是模拟电路板中电压转换电路损伤失效。

② 高度空速输出损伤失效。

a. 损伤失效现象。航向输出正常,高度空速输出不正常,但高度动压传感器输出正常。

b. 损伤失效的解决方法。检查模拟电路板上高度、动压转换电路是否正常。

③ 航向输出数据跳动损伤失效。

a. 损伤失效现象。航向输出数据跳动。

b. 损伤失效的解决方法。

i. 在机上发现遥测显示跳动时,应检查遥测是否跳动。如果遥测正常,则使飞机工作在定向状态时看飞机副翼舵面是否跳动。

ii. 如果定向状态时副翼跳动,首先检查航向系统是否有问题,然后检查飞控通道是否有问题。

iii. 如果仅航向跳,损伤失效可能出在模拟板,应检查有无接触不良现象。如果全部数据都跳,应检查计算机电路板有无接触不良现象。

2.4.4 高度传感器损伤失效分析

高度传感器的可靠性较高,只要使用得当,一般不会损伤失效,但在长期使用中,由于某些原因,可能会出现某些损伤失效,分析检修方法如下。

(1) 灵敏度低损伤失效。

① 损伤失效现象。灵敏度很低,零点也将偏离较多。

② 损伤失效原因。放大电路可能有元件损坏,造成无放大作用;差动变压器激磁电压下降甚至没有,损伤失效在振荡及控制电路部分。可能是元件损坏或虚焊。进一步检查积分器的输出电压:积分器输出电压大于等于 5 V,则问题在振荡电路部分;积分电路输出电压小于 -5 V,则问题在控制电路部分;如果振荡和控制电路均正常,可能是积分器损坏。

(2) 输出偏离损伤失效。

① 损伤失效现象。灵敏度基本正常,但输出偏离要求值很大。

② 损伤失效原因。稳压管损坏;放大电路部分可能有元件损坏;控制电路中有元件损坏;机械部分的紧固件有松动。

(3) 输出电压幅度波动损伤失效。

① 损伤失效现象。输出电压的大小基本符合要求,但出现幅度不定的不规

则波动。

②损伤失效原因。接插件接触不良；穿心电容或电路中滤波电容损伤失效。

上述情况只是可能出现的几种典型损伤失效，在实际使用中可能遇到的损伤失效往往要复杂得多。当更换主要元件后，必须对传感器性能重新进行检测。

2.4.5 油量传感器损伤失效分析

(1)偏差过大损伤失效。

①损伤失效现象。在机上通电检查，发现油量指示偏差明显变大。

②损伤失效解决方法。可在飞控机入口处检查传感器的输出信号是否正常，确定是传感器的问题后再做下列检查。

a. 检查传感器的连接管路是否正常，油箱上部的进气口是否畅通。

b. 在连接管路和进气口正常的情况下，可取下油量传感器，用传感器检测仪对其做进一步检查。检查时应密切注意输出信号的变化情况，根据现象对损伤失效做出判断并做相应处理：零位信号偏离过大，且加不上压力（漏气），则内部的差压传感器损坏，需更换；零位信号偏离过大，调整电位器调不过来，但灵敏度基本正常，则电路中影响零位的部分有损坏，可做仔细检查，视情况做相应处理。

实际的损伤失效分析往往比较复杂，应根据现象和传感器的组成进行综合分析，做出判断和处理，对修复后的传感器应做全面的性能测试。

(2)油量指示损伤失效。

①损伤失效现象。当飞机起飞后进入第一个平飞阶段时，油量指示与实际油量差别过大。

②损伤失效的解决方法。飞行中主要检查气动力对油量测量的影响。当飞机起飞后进入第一个平飞阶段时，此时的油量指示应接近实际所加的油量。若差别太大（2～3 kg），则说明油箱上部的进气口安装位置不合适。降落后，在下次飞行前应对其做适当调整。若飞行中指示偏大，则应将进气口斜面向偏离机头方向调整；反之，若飞行时指示偏小，则应将进气口斜面向机头方向调整。通常经过1～2次调整即可基本消除气动力的影响。调整完毕后，应记住位置，以后尽量保持不变。一般进气口的斜面偏离飞机纵轴约45°。在飞行时，若油量指示与实际明显不同，则应对本次飞行的油量指示做必要的修正。

2.4.6 缸温传感器损伤失效分析

当遥测的缸温指示出现不正常时，应检查传感器的输出信号是否正常，在确定是传感器的损伤失效后再做检查和处理。

①损伤失效现象。遥测指示发动机缸温接近-40 ℃或300 ℃。

②损伤失效的解决方法。

a. 首先检查对应的感温头的电阻值是否正常,如有异常,则打开插头,检查对应的焊点是否有脱焊、断线、焊点间是否有相碰等,如有上述现象,则应做相应处理。若判断为感温头内部或引线的中间部分出现损伤失效,一般应更换感温头。

b. 若感温头的电阻值正常,遥测指示接近-40 ℃或300 ℃,应用传感器检测仪检查电子盒中对应的电路板,根据电路原理和损伤失效现象找出损伤失效原因,并做相应处理。

2.4.7 舵机损伤失效及解决方法

(1)舵机工作速度损伤失效。

①损伤失效现象。舵机半边工作速度明显下降。

②损伤失效原因。放大器功放的某个管子烧坏;反馈电位计或限位开关接触不良;伺服电机的整流子和电刷接触不良。

(2)舵面工作不匹配损伤失效。

①损伤失效现象。左右舵或升降舵回程时间不同,或舵面速度不同。

②损伤失效原因及解决方法。往往是功放的某一支管子的性能变差,应进行更换。

本章参考文献

[1] 李鹤林.失效分析的任务、方法及其展望[J].理化检验(物理分册),2005(1):1-6.

[2] 张栋.机械失效的实用分析[M].北京:国防工业出版社,1997.

[3] 刘民治,钟明勋.失效分析的思路与诊断[M].北京:机械工业出版社,1999.

[4] 张栋,钟培道,陶春虎,等.失效分析[M].北京:国防工业出版社,2004.

[5] 钟群鹏,田永江.失效分析基础知识[M].北京:机械工业出版社,1990.

[6] 刘红,彭苏娥.重点工程用电子元器件使用失效情况分析[J].电子产品可靠性与环境试验,1998(5):23-26.

[7] 夏泓.电子元器件失效分析及应用[M].北京:国防工业出版社,1998.

[8] 陈德金.军用实时软件失效机理及可靠性提高途径初探[J].系统工程与电

子技术,2000(4):91-93.
[9] 石柱,王纬.软件失效安全性及其主要研究内容[J].计算机工程与设计,1994(3):17-20.
[10] 黄裕龙.试论单双基火药失效判别方法[J].火炸药学报,1999(4):71-72.
[11] 钱立志.现代无人机技术[M].北京:解放军出版社,2000.
[12] 王永寿.无人机的通信技术[J].飞航导弹,2005(2):20-27.

第 3 章 无人机维修模式与策略

随着无人机使用的激增,无人机维修保障需求呈现出高增长、多样化、复杂化、信息化等特点。《美陆军无人机系统 2012—2035 路线图》中提到,维修保障能力是无人机系统迅猛发展最为重要内容之一。无人机损伤失效后,及时高效的维修是恢复其性能功能的基本手段,科学合理的维修模式和策略是其高水平维修的必然要求。本章分析无人机维修保障的特点,阐明无人机的维修决策方法,总结维修决策的过程及需要考虑因素,采用层次分析法建立维修方式选择层次结构图,阐释适合无人机的最佳维修方式。为对维修策略进行优化,建立基于马尔可夫(Markov)决策过程的维修策略优化模型,研究以递归求解的算法对模型进行解析的详细步骤。

3.1 无人机系统维修保障特点分析

无人机作为一种技术含量高、内部结构复杂的新型装备,与有人机维修保障有很大不同,其维修保障不只包括无人机本身,还包括任务控制部分。随着无人机技术的发展,现代无人机机载设备日趋复杂,在安全性、可靠性、使用效率和使用维护成本方面对无人机维修保障提出了更高要求。

(1)交互界面、故障模式的变化给维修工作提出新挑战。

传统飞机的维修检测可以借助飞机上的仪表、显示、告警等系统,而由于无人机系统中的飞行器平台取消了座舱,因此维护人员不能通过座舱的各类仪表、显示器实现系统的检查,即飞机的各状态信息反馈不再像有人机那么直观。系统的检测必须通过配套的地面检查设备或地面控制站实现,而设备的操作界面、操作方法也与座舱显示器存在较大的区别。另外,故障模式也不再是传统的仪表、显示器(对于传统飞机来说,这些本身就是构成各功能系统的组成部分)等设备的硬件故障,而变为各种复杂的软件故障、系统交联故障等。

以上人机交互界面的转变及故障模式的变化,要求维护人员改变传统的维护习惯及对信息分析判读的感知习惯。通过对各类传感器采集的信息进行准确性和综合的匹配性分析才能更好地实现对飞行器平台技术状态掌握,更好地实现飞行器平台状态的监控。另外,无人机系统对维修的依赖更大。由于没有飞行员,因此在无人机设计中无须考虑可靠性冗余度或保证人员安全的关键部件,甚至可能需要它们为经济可承受性做出让步。无人机可靠性冗余度和部件质量的降低在成本上带来一定的优势,但也意味着无人机在飞行中将更加容易伤亡,其对维修、故障诊断和检测的依赖程度也更大。

(2)飞行器平台设计使得对飞机检查维修难度增加。

无人机系统飞行器平台在操纵系统和发动机操纵系统内取消了传统的拉杆、钢索、摇臂等传动机构,更多地采用离散量、模拟量等信号控制伺服动作机构实现对飞机各操纵面的控制。同时,传统座舱的取消和救生系统的取消虽然使结构部件和机载设备的数量有所减少,带来结构方面的维护工作有所简化,但是由于取消了驾驶舱,因此检测、维修所需的空间将大大减少,维护、排故的难度将增加,对维修保障设备、检测装置的要求也进一步提高,维修、排故所需时间也将增长。

(3)系统的交联复杂控制对维修人员的技术水平提出新要求。

无人机系统是飞行器平台和地面控制站通过链路实现闭环控制,所以飞行器平台上的计算机数量远高于有人机,计算机之间的信息交联、信息控制、信息采集更加复杂,对机务维修保障人员的技术技能提出新的要求,主要包括:专业间信息的交联复杂,专业人员需要对交联的其他专业设备有一定的掌握;计算机的串换、升级、维修等工作也会带来许多新问题,系统的交联验证工作量、风险点大幅增加,技术状态控制难度增大;机务维修保障人员需要对链路、通信、计算机网络、协议等许多知识进行深入的学习,对系统的原理掌握程度提出更高要求。另外,大量采用先进的复合材料及先进的机体结构设计对维修保障人员的技术、技能等也提出了新的要求,如工作过程中对维修对象的特性要非常熟悉,以便更好地识别风险。针对任务特性带来飞机状态变化的检查要综合全面,需采用专用检测设备来对复合材料进行无损检测等。

(4)对地面控制站的维修保障需求标准高。

地面控制站是无人机系统的重要组成部分,与飞行器平台同等重要。因此,对其维修保障的规范化、标准化要求与飞行器平台相同。如何把对飞行器平台的机务维修保障理念、经验、技术应用到对地面站的维修保障过程中,如何实现对地面站的规范操作,如何实现地面站与飞行器平台的同等质量控制等,需要新的探索。

(5)地面保障系统规模更大。

无人机系统的地面保障系统与传统飞机相比,规模更大,包含飞行器平台的保障系统部分和地面控制站的保障系统部分。地面保障系统通常由维修保障信息支持系统、训练系统及保障资源构成,它是对无人机系统进行维修保障的"后方基地"。另外,某些无人机系统的使用考虑任务需求或使用环境、基地/机场保障条件等限制,会产生特殊的需求,如"在某无人机系统准备和撤收阶段,需对无人机平台进行组装和拆卸"这一使用约束和需求不仅会衍生出大量的维修保障工作,同时保障系统规模还会大幅增加。增加的工作有起飞前的组装(机身和机翼配套托架摆放、机身和机翼吊出方舱、机身和机翼对接、起落架连接、襟副翼连杆连接、油管/电缆插件连接、整机调试等)、使用后的拆卸(机翼放油、飞机吊起、机翼拆卸、机翼包装、整理机身机翼的安装托架等工作),以及相应的转运、储存等;增加的保障设备和设施有无人机平台运输车、机身托架、机翼托架、吊挂等。

(6)技术资料体系与传统有人机相比有较大变化。

技术资料作为法规性文件,对装备的使用和维修起着重要指导作用。无人机系统的资料体系与有人机有较大的差异。目前国内尚无无人机系统技术资料标准规范及完整体系,相关单位对此进行了有益的探索。图3.1所示为国内某型无人验证机技术资料体系,它是在遵循现有国军标要求,同时充分考虑该无人验证机系统使用和维护的实际特点的基础上构建的。

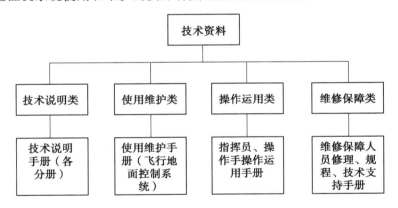

图3.1 国内某型无人验证机技术资料体系

(7)未来智能化的要求对健康管理提出更高目标。

与有人机一样,无人机也需要健康管理。尽管小型无人机成本相对较低,通常被看作可消耗品,但是必须能够完成任务。未来智能化、集团化的作战需求使得每架无人机的使命和角色分工都有侧重,为保障集群效能,要求无人机系统具有更高的健康管理和系统重构自修复水平,保证其可执行下一次任务。同时,为保证无人机集团化作战的效果,必须让操作人员能提前判识某无人机不能完成目前的任务,而需要指派其他飞机。

3.2 无人机系统与有人机系统的维修模式对比

无人机的维修保障与常规有人机相比有很多共性的部分,但是无人机的工作特点、用途、结构和系统组成都有自己新的特点,所以在维修理念、知识结构和能力要求等方面都对维修保障人员有新的要求。

3.2.1 无人机/有人机维修保障内涵对比分析

(1)维修保障理念和体系区别。

很多无人机企业在向用户交付产品时,只随机附带了操作和使用手册,其他配套资料(如维护手册、维护清单、线路简图等)则不全或不能涵盖整机的全部信息,这就导致难以根据原理图进行故障隔离和相应的修护工作。更多的无人机使用公司和维护人员选择自己开发和编制无人机的维护程序和维护手册。

(2)维修保障对象相互关联。

无人机不像常规的飞机主要用来运送货物,而更多是用来作为各种传感和侦察器的平台。维护和保障的对象很难划分是任务载荷还是机体结构,其任务载荷将有一部分直接与飞机结构相联,或者直接参与构成飞机的结构。维护保障人员的工作内容不仅局限于机体结构,还包括相关的一些任务设备,如相机和传感器,同时还包括任务设备与飞机上其他设备之间的联系,如任务设备与导航系统、通信系统的联系等。

(3)机电和电子专业分工缩小。

从莱特兄弟发明第一架飞机开始至今,飞行员和飞机的维护人员在工作对象、工作内容和知识技能等方面有着各自不同的要求,对于大型的无人机,飞行操作人员和无人机维护人员也有明显的区分。但是小型无人机则有可能操作和维护都是由同一个人来完成,这给维护人员提出了全面的能力要求,如机电维修、计算机和软件的应用、天线和无线电通信等。有些无人机的维修人员在分工上仍然还有侧重机电和电子的区别,但是商用无人机的维修人员则趋向于缩小这种专业的区分。而传统航空飞行员和维护人员各司其责的模式以及维修人员明显的专业分工对于无人机或许将不再适用。

(4)维修保障现场和厂家修理现场需求不同。

无人机维修保障现场的人员主要进行小故障排除和维护工作,如勤务、燃油、日常检查、预防性维护、零件的更换、调试等。较大的组件和结构的修理则要送到该无人机的生产厂家或专门的修理机构去完成,如复杂结构修理、复杂故障诊断等。维修保障现场和厂家修理现场人员要求具备的知识和技能会有所不同：现场维护人员需在对无人机系统有整体把握的基础上掌握大量广泛的知识和技能；而生产厂家和专门维修机构人员的工作内容相对单一，但是需要掌握某一个维修领域更深入的知识和技能。

(5) 无人机执行危险任务后的维修保障要求提高。

无人机相比于有人机的优势之一是它可以执行有人机不能完成的任务，到达有人机不能到达的地方，同时无人机不需要生命保障系统，就机体而言更易进行修理和维护。这也导致无人机在使用中更多地暴露于危险的环境，处于更加严苛的环境，如有可能涉水、重着陆等。保障人员需要知道无人机经过相应的飞行过程后，如何针对性的对受影响的组件进行维护，对受损的组件进行测试、隔离和更换，从损坏的无人机上确定能够继续使用的组件。

3.2.2 基地级维修保障体制的对比

从狭义上讲，维修是指将不能正常使用或工作的装备恢复正常状态的活动；从广义上讲，维修是指使装备恢复或保持规定状态，以及通过改进使其实时状态优于规定状态的活动。广义概念中，保持规定状态通常是指预防性维修，防止装备出现功能故障，贯穿装备的最初设计、生产保证和维护保养，以及对操作人员的技术培训；恢复到规定状态通常是指修复性维修，排除装备的功能故障，主要是平时训练或战时使用所造成的损伤修复；优于规定状态通常是指改进性维修，是对装备规定状态的进一步改良和优化，主要是对装备硬件结构的优化、操作程序的简化、功能的增加及软件的升级等。在《可靠性维修性保障性术语集》中，认为"修复性维修"与"事后修理"是同义词，很多文献也采用"事后维修"这一术语。定期维修是目前应用最为广泛、最常见的一种预防性维修工作方式。无人机系统的维修方式分为事后维修(事后修理)、定期维修和状态维修，其维修过程分别包含了两级维修机构和两级库存机构。两级维修基本过程如图3.2所示。

无人机系统与有人机系统的维修相比，其基地级维修的总体模式仍然与有人机相似，但存在着如下区别。

(1) 进场方式。

就目前情况看，无人机系统需要运输至维修基地。未来，随着技术水平的提高和地面站的通用化建设，无人机可实现空中转场，自行飞抵维修基地。

(2) 技术资料。

技术资料作为法规性文件，对装备的使用和维修起着重要的指导作用。无人机系统的资料体系与有人机有着较大的差异。目前，国内尚无无人机系统技术资料标准规范及完整体系，相关单位对其进行了大胆尝试，已初步取得成效，

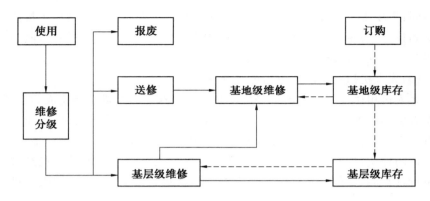

图 3.2 两级维修基本过程

对于维修相关的技术标准，仍然需要在不断完善技术资料体系的基础上编制完成。

（3）人员要求。

无人机系统包括传统的"飞行器平台""地面控制站"和"保障系统"三部分，三者相辅相成，方能称为完整的无人机系统。由此可以看出，无人机系统的维修保障与有人机相比，呈现出许多新特点，其对维修保障的需求多样化。因此，要充分发挥无人机系统效能，必须依赖具有完整知识体系的技术人员完成无人机系统的综合检测、故障检测维修等，而现有的维修技术人员都是由有人机维修技术人员调整而来的，缺乏熟练的无人机维修保障技能和经验，在保障无人机系统的知识结构方面还不是很全面，与无人机维修不相适应。因此，建立基地级无人机维修能力时，必须把专业人才的培养放在第一位。

（4）专业特点。

根据无人机系统专业的特点，传统的技术人员的专业划分需要一定的改变，同时地面站作为无人机系统重要的组成部分，与无人机同等重要，还需配备相应的技术人员，以健全无人机系统维修的专业技术人才队伍，满足无人机的维修需要。因此，无人机系统的维修可以设置机电、任务、载荷和地面站专业。机电专业负责飞机、发动机、液压、燃油、电源系统维修；任务专业负责航电、飞控、惯导、链路、航姿等系统维修；载荷专业负责武器系统、光电系统、电子战设备维修；地面站专业负责地面站的维修。

（5）技术状态。

与有人机相比，无人机技术状态发生了颠覆性演变，主要表现为交互界面与故障模式的变化。有人机座舱的各类仪表和显示告警系统能够为维修人员提供全面可靠的故障信息，维修人员能够根据故障检测信息开展针对性维修作业。而无人机则全然不同，其没有座舱，通过传统座舱内各类仪表和显示告警系统进行航空维修的方式难以适用，维修人员无法直观地获得无人机的各种状态信息和故障特征，加之无人机的飞行控制和通信系统更为复杂，各类软件故障和系统交联故障更加突出，这对维修人员的维修技能提出更高要求。通过先进传感器、通信技术和人工智能算法对无人机系统质量特性的赋能，无人机故障率降低，可维修性、可保障性得到大幅提升，损伤与维修模式发生演变，维修人员的故障检测、维修作业思维需要做出调整，这对准确掌握无人机的技术状态至关重要。

（6）维修难度。

无人机系统的设计使得对其检查维修的成本和难度增加。由于无人机系统飞行员在地面站内进行操作，因此在设计时无须考虑可靠性冗余度或保证人员安全的关键部件，甚至可能要它们为经济可承受性做出让步，这在降低制造成本上带来了一定的优势，但也意味着无人机在飞行中将更加容易损毁，这势必造成无人机系统的维修成本和难度增加。

（7）地面站维修。

地面站是无人机系统的重要组成部分，与无人机同等重要。因此，对其维修的规范化、标准化要求与无人机相同，维修人员也应该参照无人机维修专业人员的技术要求和标准。但是无人机系统一般采用一站多机的组合方式，为保障作战任务需求，地面站整体不适用于周期较长的基地级维修方式，宜采用"混合维修"的方式，即系统类产品（如数据链系统、飞控系统等给定使用寿命的产品）采用基地级维修方式，其他产品（如计算机、显示器、机柜、测试设备等）宜采用"视情维修"的方式。

（8）组织、管理。

无人机系统包括无人机和地面站，系统庞大，维修信息较为分散，相比于有人机，具有电子设备多、可靠性较低、随机性故障多等特点，这将使维修的分片管理、综合协调、统筹控制的重要性更加突出。放飞前对无人机系统的最终确认、质量留证把关、复查都具有分散而不易集中管理的特点，质量控制难度加大。因此，需加强无人机系统维修的信息管理，实现无人机系统全寿命的科学维修管理。

（9）试飞验证。

无人机试飞验证需要由地面站及专职飞行员进行，目前可以考虑基地试飞或使用单位试飞，但这两种方式对于基地级维修来说各有利弊。试飞验证优缺点分析如图3.3所示。

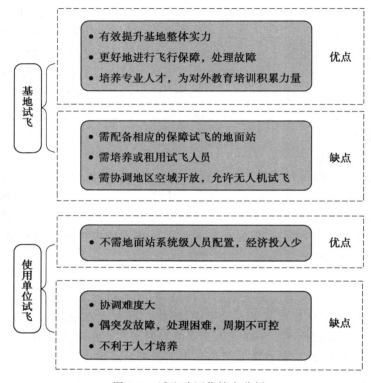

图 3.3 试飞验证优缺点分析

3.2.3 无人机/有人机维修保障能力需求对比

(1)对无人机系统的整体掌握和创新性解决问题的能力。

常规的航空维修,维护人员主要负责飞机及其机载设备某一部分具体的排故、维修和维护。无人机是一个庞大的系统,维护人员除要负责无人机机体和机载设备外,还要负责相应地面设备的排故、维修和维护,如无人机的地面发射和回收系统、地面控制站、数据链系统、感知和避让设备等,这些设备的维护不同于常规航空设备的维护,操作人员的工作对象和内容大大增加。同时,更需要维修保障人员整体掌握无人机系统,在突出专业的同时增加综合运用的能力。因此,在无人机的维护和保障现场,要求人员具有结合经验及现有知识创新性解决问题的能力。

(2)计算机和通信系统应用维护能力。

在无人机的飞行过程中,地面控制站会记录大量信息,包括飞机数据、发动机工作情况等。这些信息对监测无人机的正常工作和故障判别具有重要的意义,也是对其进行维护工作的重要依据。这给维护人员在相应的软件平台上获取和分析信息的能力提出了要求。同时,无人机的信息化程度也明显高于有人机,机载计算机增多,这就要求维护人员熟知相应的计算机工作原理,并且能对无人机上的软件系统(如自动飞行系统)进行版本判别并进行升级等,因为机载软件和地面控制站的软件版本必须一致。这就给传统航空维修人员提出了挑战,因为传统航空维修人员进行计算机知识的培训难度要明显高于专业计算机人员进行航空知识培训的难度。常规的航空器在与地面失去联系以后,航空器上飞行员仍可以操作其进行飞行。但是对于无人机,如果通信链路丢失,就意味着整架无人机的丢失。现在的无人机在通信中断以后都有应对程序,如自动返回到通信中断前的位置,或在某些特殊情况下主动终止飞行。据美国国防部的统计,其无人机的故障中,有约 1/10 是由通信系统直接造成的。由此可见,通信系统的维护给相关人员提出了更高的要求。地面站与无人机之间的中继用来提高作战半径和地面控制站的安全性,中继站的维护也应纳入通信系统的范畴。

(3)复合材料的探伤和修复能力。

复合材料具有比强度和比刚度高、热膨胀系数小、抗疲劳能力和抗振能力强、可设计性强、易于整体成型等特点。无人机与有人机相比,会大量采用复合材料,复合材料的制作工艺、破坏形式和探伤方法都不同于金属材料,对复合材料的处理需要特殊的方法和设备。尽管结构修理的能力在中小型无人机的维修保障能力中有所弱化,无人机的结构件相对简单,结构损坏更多采用直接更换的形式,但是由于复合材料在无人机的结构中所占比重大大增加,因此掌握复合材料探伤和修复技能也是对维护保障人员的基本要求。

(4)电池的维护能力。

无人机采用的很多技术与常规有人机有很大的区别,如利用燃料电池、太阳能等作为动力。较大型的无人机配备燃烧式发动机,使用传统燃油;小型的无人机则大多使用电力发动机,一般由锂电池来驱动。随着对替代性能源的要求,使用燃料电池取代锂电池甚至内燃机来驱动的技术也在不断开发。随着近年对电池研究的不断深入,电池逐渐成为小型固定翼无人机、旋翼无人机或浮空无人机的首选能源。据统计,包括机载电池和地面控制站的电池故障是无人机系统出现频率较多的故障之一。无人机电池的维护保障工作需要一些特殊的技能,如应用电脑对电池的工作情况进行评估等。现在普遍采用的锂电池如果不按照规定的程序进行操作,如过分充电、撞击、涉水等,将会对无人机的安全产生威胁,产生电池泄漏、着火、短路等危害,并且这些危害大多并不是在电池维护操作的当时出现,而是维护之后的几个小时才出现,这会形成极大的安全隐患。

(5)无人机维修保障具体知识和能力要求。

无人机和常规航空器维修保障的知识技能很多是类似的,如结构件的修理、线缆敷设、液压系统管路施工、发动机试车和拆装、经常维护(燃油系统维护、电气系统维护等)等。但是无人机的维修保障范围相对常规航空器要缩小很多,并且新增了一些维护保障的内容,如无人机不涉及座舱环境和氧气系统、辅助动力装置、发动机反推、机内通话系统等。新增的维护保障内容包括计算机和网络技术、无人机操控系统装配调试和维护、地面站和通信系统维护、电池和非常规燃料(如液氢)的使用和维护、复合材料的理论及修理、电机理论及维护、质量平衡计算(尤其对于中小型无人机)、无人机的发射和回收、电磁干扰和屏蔽等。

3.3 现行无人机维修保障的策略

无人机系统维修的首要目标就是保证装备的完好性和可用性,并确保训练、遂行任务的顺利完成。装备维修方式的选择应按照装备特点及分类进行。装备维修方式选择流程图如图 3.4 所示。对于关键装备(是无人机系统装备中的核心装备,维修费用较高),由于其运行状态直接影响到任务的完成,因此在技术和经济可行的情况下,先采用状态维修方式,否则采取定期维修方式。将

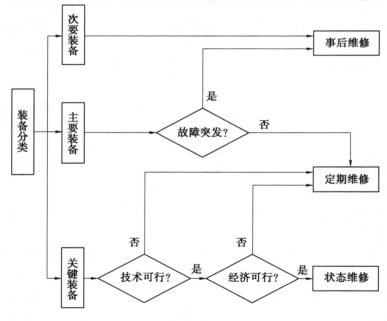

图 3.4 装备维修方式选择流程图

无人机系统中运行状态不会直接影响到整个系统运行过程的装备定义为非关键装备,进一步区分为主要装备和次要装备。对于主要装备,除故障突发的特殊情况外,应采用定期维修方式;对于次要装备,由于其损伤失效对整个任务完成影响甚微,因此考虑到经济性因素,应采用事后维修。

3.3.1 现行无人机维修保障的二级维修体制

借鉴美军两级无人机维修保障模式和我国无人机维修保障经验,无人机系统通常采用二级维修体制,能较好保证其维修质量效益,包括基层级维修和基地级维修。二级维修体制示意图如图3.5所示。

(1)基层级维修。

基层级维修由使用操作人员在无人机使用阵地完成无人机系统的日常使用维修、保养、外场可更换件(line replaceable unit,LRU)的更换、恢复无人机系统的完好性、定期检查及重要结构部位的无损检测。

(2)基地级维修。

基地级维修利用航空修理企业的人员、技术、设备设施优势成立无人机维修中心,承担基地级维修任务,完成无人机系统的大修、航线可更换件修理、内场可更换件(shop replaceable unit,SRU)的修理,全面恢复装备的战技性能。

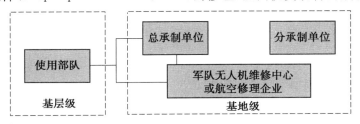

图 3.5 二级维修体制示意图

3.3.2 基地级维修的修理流程

与有人机不同,无人机系统受地域飞行限制,不宜于飞行转场至维修中心或在维修中心开展试飞试验。但无人机系统是一套对机动性要求较高的系统,设计之初均引入了包装、装卸、储存、运输概念,无人机系统全套设备均可采用大件运输方式进行空运或陆运。部分整机故检工作前移至使用单位进行,无人机平台运输至维修中心后,按专业划分对飞机进行分解,将分解后的产品送至对应辅机车间修理线进行修理即可。待飞机机体、大部件、辅机产品修理完成后进入总装调试阶段,地面滑行试验合格后进行整机喷漆,运输至使用单位后进行试飞交付(履历文件随无人机平台接收和交付)。

3.3.3 无人机结构关键件的确定

无人机结构关键件是指在损伤后将对飞行安全产生影响、使无人机失去任务执行能力并将引起严重经济损失的部件。无人机结构损伤主要是指疲劳损伤,因此对无人机结构关键件的确定实际上就是对以下两个因素的确定:在受力分析中应力集中的部件;损伤后会严重影响飞行安全的部件。通过简单的受力分析和维修统计数据,可以得到无人机的结构关键件主要包括以下几个部分。

(1)机身。

无人机机身主要负责承担重力和着落过程中传来的集中力,受力构件主要是壁板和大梁,这是由其圆形或近似圆形的截面决定的。机身载荷相比于机翼,分布气动力较小,伞降无人机的主伞接头是一个非常重要的部件。据不完全数据显示,在无人机事故的众多案例中,主伞接头的损伤是其中一个重要"元凶"。

(2)机翼。

机翼也是比较容易损伤的部件之一,其受力有一定的随机性,且受力源集中,除自身的重力和空气动力载荷外,机翼还会受到其他部件传来的集中载荷影响,因此分析过程较复杂。

(3)机身与机翼之间的金属连接接头。

机翼与机身的连接部件经常因循环应力的作用而出现松动现象,严重时将会对飞行任务和训练安全造成影响。

(4)舵翼接头。

无人机的舵翼为复合材料,该结构中钻孔与主翼之间通过舵机进行机械连接。由于钻孔纤维被切断,因此其周围将产生严重的应力集中源,这就使得连接区域内局部破坏的概率增大,舵翼接头也就成为复合材料结构中最易发生损坏的薄弱环节。

3.3.4 无人机维修级别确定

在维修工作中,常常按照维修工作量的大小、涉及的范围、维修的内容及维修的要求等来划分设备的维修级别。设备维修的最直接目的是恢复设备已经丧失的功能和固有的可靠性,因此设备的结构和各种功能应该作为划分维修级别的主要依据。另外,由于设备结构的相关性及设备各个部件之间相关性,因此划分维修等级时必须考虑到尽量减少重复性拆检工作,降低维修工作的难度。可将无人机的维修级别划分为以下三个层次(表3.1)。

表 3.1　无人机结构划分的维修等级选择

无人机结构划分	维修等级选择
系统	返厂维修
分系统	基地级维修
单元件	修复（基地级维修） 更换（现场维修/基地级维修）
组件	修复（基地级维修） 更换（现场维修）
部件	现场维修/现场更换
零件	现场更换

(1) 现场维修/现场更换。

现场维修/现场更换是维修工作中工作量最小的修理，主要是在无人机整体健康状态良好、个别性能指标评估值较低引起局部故障或即将出现故障时进行的个别零件的拆换、调整或修复，以保证无人机的正常工作。一般情况下，为提高完成任务的效率，多采用现场更换。

(2) 基地级维修。

在无人机的健康状态一般，有明显的性能指标劣化的情况下，对某些劣化程度高的部件进行有针对性、比较全面的修理，一般需要对无人机进行一定程度上的解体、更换零部件，达到恢复无人机的技术性能和固有可靠性的目的，此时往往需要返回基地进行维修。

(3) 返厂维修。

当判明无人机的整体性能劣化程度较高、可靠性严重降低时，对无人机的多个部分进行修理。此时需要修理和更换的重要零部件往往较多，应选择返厂维修。

3.3.5　无人机维修方式选择

根据维修时机的划分原则和无人机技术状态，目前主要考虑以下三种候选维修方式。

(1) 事后维修。

事后维修方式是指当发现设备已经发生故障或存在损坏时，为恢复设备原有的功能而采用的维修方式。事后维修是被动式维修方式，其优点是维修费用较低，适用于故障损失小的设备；缺点是浪费较多的剩余修理，不能根据设备的生产计划安排维修时间，影响设备的可用度，降低可靠性，而且往往会带来较大的经济损失。

(2)视情维修。

视情维修是指维修人员根据设备的当前状态来决定是否对设备进行维修和何时进行维修。其中,设备当前的状态是根据一系列能反应设备状态的性能指标参数综合而得的。一般情况下,视情维修可以节省成本、减少故障发生、提高设备可靠性,其明显缺点是经济成本、时间成本高。

(3)计划维修。

计划维修是根据设备特性、历史数据等信息设定固定的维修间隔周期对设备进行维修。其优点是已经确定了维修时间点,可以从容安排维修工作,对正常工作影响较小,维修质量较高,可有效延长设备的平均故障前时间;缺点是维修时间间隔设置不合理会导致维修不足或维修过剩。

3.4 无人机装备维修决策及其优化

针对目前无人机维修采用的三种常用维修方式,即事后维修、计划维修、基于状态的视情维修,在选择合适的无人机维修方式的过程中,需要综合考虑维修对象的特点、维修目的、维修内容等多方面因素,确定最优化的维修保障策略。下面对无人机装备维修决策及其优化过程做阐述。

3.4.1 维修方式决策属性集

针对无人机的特点及工作性质,考虑以下决策指标。

(1)维修效果。

维修效果是指针对设备实施维修后可使设备恢复至何种程度,是评价维修方式合适与否的首要标准。因此,选择何种维修方式,首要考虑的决策指标便是维修效果。维修效果可以包括较高的修复率、降低设备的劣化速度、延长设备的运行寿命等。

(2)维修后无人机可用度。

维修后无人机可用度可以从稳态可用度和平均故障前时间两方面考虑。武器装备的可用度是装备保障的重要参数之一,综合反映了武器装备的可靠性、维修性和保障性,是对装备工作状态的综合描述。

(3)维修成本。

维修成本一般包括人员培训成本、维修设备成本及设备消耗成本。其中,维修设备成本是指在进行维修活动时,采取不同的维修方式所需要的维修工具、检测设备等的成本。

(4)损耗时间。

损耗时间主要分为维修所需的平均修复时间和维修造成的设备损耗时间两部分。

(5)维修可行性。

维修可行性分为维修人员可接受性、技术可行性和灵活性。其中,维修人员可接受性是指维修人员根据自己的技术、经验等对维修方式的喜好进行选择。

当前无人机的维修保障主要采用代价高昂的事后维修模式,不适合目前我军高效费比的视情维修保障要求,而且无人机的作战效应也得不到充分的发挥。由维修方式决策属性集可以看出,影响无人机维修方式选择的因素较多且分类较明确,为选择合适的维修方式,采用层次分析法建立了维修方式选择层次结构图(图 3.6),借鉴成熟的无人机维修保障方案,确立适合无人机的最佳维修方式为视情维修策略。

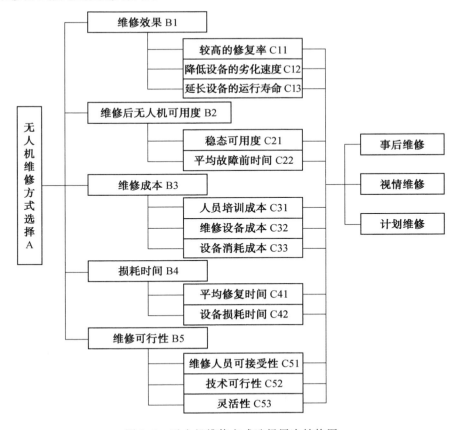

图 3.6　无人机维修方式选择层次结构图

3.4.2 无人机视情维修策略

视情维修实施的基础是许多故障不会瞬时发生,而且故障发生之前总会有一些故障征兆。在实际维修活动中,如果通过健康状态评估确定设备所处的劣化阶段及时发现设备性能下降的趋势,从而提前安排维护工作,便可以消除隐患、减小损失。

设备从健康状态运行至故障状态的整个过程如图 3.7 所示,可以划分为以下四个阶段。

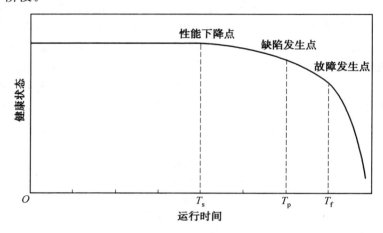

图 3.7 设备从健康状态运行至故障状态的整个过程

(1)第一阶段。

第一阶段为正常运行阶段,一般是设备刚刚投入使用,一切性能指标均处于健康状态,设备正常运行。

(2)第二阶段。

第二阶段为性能下降阶段,经过一定时间的正常运行后,设备性能开始出现下降,但各个性能指标均处于允许范围内,没有明显故障征兆或无法检测出来。设备运行至该阶段的时刻点称为性能下降点。

(3)第三阶段。

第三阶段为缺陷产生阶段,设备运行至该阶段时性能已经有一定程度的退化,采取某些手段即可探测到设备某些指标状态偏离正常水平,借此可以预知设备的基本健康状态,进而采取一定的维护措施。设备运行至该阶段的时刻点称为缺陷发生点。

(4)第四阶段。

第四阶段为故障阶段,若在缺陷产生阶段对设备缺乏检测和维修,设备将运行至故障状态,此时将必须对其进行维修。设备运行至该阶段的时刻点称为故障发生点。

通过上述分析可知,维修人员必须在第三个阶段也就是可以检测到设备缺陷且设备未出现功能故障前确定维修工作。因此,可以通过各种先进的状态监测、评估技术,时刻监视测量指标的异常变化,对设备的健康状态进行判断和预知,在合适的时刻采取针对性维修保护措施,达到降低劣化速度、增加可靠性、减小成本、提高可用度和延长平均故障前时间等目的。

无人机的故障发生过程满足视情维修的前提,因此可基于马尔可夫决策理论建立无人机视情维修策略优化模型(图 3.8),对维修策略进行优化。

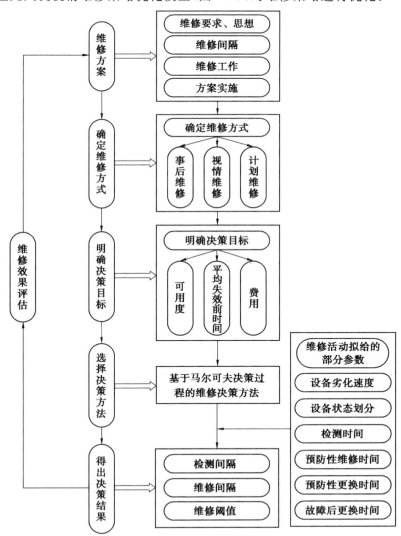

图 3.8　无人机视情维修策略优化模型

3.5 基于马尔可夫模型的无人机系统最优维修策略

马尔可夫决策方法一般应用在马尔可夫性（即无后效性结构）动态随机系统序贯性决策中，是基于马尔可夫过程的一种动态优化方法。其决策行为不受系统状态转移过程的影响，而只需结合系统的实时状态。因此，可以基于系统状态转移的模型制定出对系统运行进行控制的最优策略。

3.5.1 马尔可夫决策过程

马尔可夫决策过程一般包含四个因素：$\{S,(D(i),i\in S),P,M\}$。具体如下所示。

（1）S 表示部件（装备）状态集，$S=\{0,1,2,\cdots,N\}$。其中，N 表示状态为故障，为吸收态。

（2）$(D(i),i\in S)$ 表示部件（装备）在状态 i 时所做决策的集合。

（3）P 表示所做决策作用于部件（装备）状态变化的大小，$P=\{p(j|i,v_K),i,j\in S\}$。$p(j|i,v_K)$ 表示任一时刻 $t(t=0,1,2,\cdots)$，部件（装备）处于状态 i，采取维修策略 v_K 时部件（装备）下一时刻 $t+1$ 转移到状态 j 的概率，它与上一时刻 t 不相关，与部件（装备）在 t 之前任一状态不相关。

（4）$M(v_K)=\{m_{ij}(v_K),i,j\in S\}$。其中，$v_K$ 表示多种维修策略；$m_{ij}(v_K)$ 称为效用函数，表示在任一时刻部件（装备）从状态 i 变化为状态 j 的情况下，采取维修策略 v_K 能获得的期望效用（可以为负）。效用函数具有独立性，与部件（装备）历史状况、状态变化过程无关，即采取相同维修策略 v_K 所获得效用相等。

一种维修策略 $v_K(K=1,\cdots,N)$ 是由一组决策行为组成的向量。假设部件（装备）运行过程有 N 个状态，则 $v_K=\{d_1,d_2,\cdots,d_N\},d_i\in D(i)$。$v_K$ 表示部件（装备）处于状态 i 的时刻所做出的决策，每一个决策都对应此刻的状态以确定整个概率转移矩阵，构成一个完整马尔可夫过程。

对目标进行维修决策优化的主要期望是维修费用平均值最小、部件（装备）完好率最高、可靠性最高等。针对不同的优化目标，必须采取不同的维修策略和选择最佳的维修时机，主要侧重于以下两个方面：以提高部件（装备）可靠性为中心的维修策略，最大限度地降低部件（装备）从任一正常运行状态转化为故障状态的概率，此时决策优化过程的效用函数 $m_{ij}(v_K)$ 考虑的是故障发生的概率，假设部件（装备）在正常运行状态的效用为 0，在故障状态的效用为 1，整个状态转移模型的期望收益等于部件（装备）发生故障的概率，因此决策优化后采取的维修策略应最大限度降低故障概率,即整个期望收益最小;以部件(装备)发生故障的后果为重点,在维修任务实践中,维修决策优化应同时考虑装备的可靠性和维修费用两个因素,即全面优化维修经济性和装备可靠性,一般的做法是用经济参数来衡量装备可靠性,即在对部件(装备)的维修决策优化过程中计算装备发生故障的后果(或损失)来表征装备可靠性的经济风险。

3.5.2 最优维修策略的实现步骤

在无人机系统使用过程中,受气候环境、使用操作和装备材质等因素的影响,会出现一些不确定状态,从而对其健康状况产生影响。根据在对部件(装备)的健康状态进行检测时其可能的健康状况,将部件(装备)的状态做如下分类:

①运行良好,没有出现问题和故障;
②性能较好,正常运行;
③整体运行正常,存在小问题和故障(局部);
④问题和故障影响正常运行;
⑤故障劣化,继续运行存在潜在危险和影响安全。

根据以上分类可以采取相应决策如下:正常操作使用和对状态进行监控;对特定状态下的故障进行维修,对问题进行处理;在故障状态下,对部件(装备)局部进行维修;在故障状态下,对部件(装备)进行整体维修。

$S=\{s_1,s_2,s_3,s_4,s_5\}$ 表示状态因素集,$D=\{d_1,d_2,d_3,d_4\}$ 表示决策因素集,$V=\{v_1,v_2,\cdots,v_N\}$ 表示维修策略集。其中,$v_K(K=1,\cdots,N)$ 表示部件(装备)处于状态①~⑤时分别采用的维修决策集合。

基于马尔可夫模型的无人机系统最优维修策略,其实现过程分为以下四个步骤。

①采用多类维修策略 $v_K(K=1,\cdots,N)$,可以确定无人机系统部件(装备)的状态转移概率矩阵 $\boldsymbol{P}(v_K)(K=1,\cdots,N)$。

按照上述状态分类,部件(装备)的实时状态为 $s_q(q\leqslant 5)$,由 s_i 转移为 s_j 的概率为 p_{ij},所有概率组成状态转移概率矩阵 $\boldsymbol{P}$,即

$$\boldsymbol{P}=\begin{bmatrix} p_{11} & p_{12} & \cdots & p_{1q} \\ p_{21} & p_{22} & \cdots & p_{2q} \\ \vdots & \vdots & & \vdots \\ p_{q1} & p_{q2} & \cdots & p_{qq} \end{bmatrix}$$

则有

$$\sum_{j=1}^{q} p_{ij}=p_{i1}+p_{i2}+\cdots+p_{iq}=1$$

装备的状态转移概率矩阵因采用维修策略的不同而改变,根据历史统计数据,确定在各类维修策略作用下部件(装备)的状态转移概率矩阵 $P(v_k)$。

② 采用多类维修策略 $v_K(K=1,\cdots,N)$,可以确定无人机系统部件(装备)的效用矩阵 $M(v_K)(K=1,\cdots,N)$。

按照上述状态分类,部件(装备)的实时状态为 $s_q(q\leqslant 5)$,由 s_i 转移为 s_j 的的效用为 $m_{ij}(v_K)$,所有效用构成效用矩阵 $M(v_K)$(效用包括部件/装备故障损失和对维修费用)。

③ 根据 $P(v_K)$ 求解部件(装备)的极限状态转移概率向量 $Z(v_K)$。

部件(装备)各个状态之间的转移不尽相同,其中转移步骤最多的两个状态的转移概率就是极限状态转移概率。

④ 求解在采用各类维修策略 v_K 时产生的总费用期望值 $E(v_K)$,即

$$\min(E(v_K)) = \min(Z(v_K)\sum_{j=1}^{q} p_{ij}(v_K)m_{ij}(v_K))$$

3.5.3 基于状态的维修建模

根据马尔可夫链,可以对基于状态的维修(condition-based maintenance,CBM)建立如下模型。

(1)模型参数。

① $i(1\leqslant i\leqslant k)$ 表示部件(装备)出现劣化的过程,在不采取维修策略的情况下将导致故障的发生。$i=1$ 指部件(装备)刚投入使用,运行完全正常;$i=k$ 指部件(装备)处于发生故障前的劣化状态;$i=n(1\leqslant n\leqslant k)$ 指部件(装备)状态处于阈值范围内。

② $1/\lambda_d$ 表示不采取任何维修策略的前提下,部件(装备)从投入使用到出现劣化故障的平均时间长度;$1/(k\cdot\lambda_d)$ 表示不采取任何维修策略的前提下,部件(装备)从投入使用到出现两次劣化的平均时间长度。

③ $1/\lambda_{in}$ 表示再次对部件(装备)进行检测时,其可以进行正常工作的平均时间长度。

④ $1/\mu_d$ 表示部件(装备)出现劣化导致故障发生后,进行持续修复的平均时间长度。

⑤ $1/\mu_{in}$ 表示进行持续检测的平均时间长度。

⑥ $1/\mu_m$ 表示进行持续预防维修的平均时间长度。

⑦ $S(i)$ 表示部件(装备)处于状态 i。

⑧ $P(i)$ 表示 $S(i)$ 出现的概率。

⑨ A 表示部件(装备)可用度。

(2)部件(装备)描述。

①对部件(装备)采取维修策略分类。

②在具体应用中故障通常分为硬故障和软故障两类。假定部件(装备)属于劣化故障,即软故障。硬故障的特征是在不可预测的某一时刻出现全部劣化过程,因此硬故障往往是难以预防的,其恢复应立即采取修复性维修。硬故障的发生根源往往来自外部,而非部件(装备)状态。软故障呈现的是一个劣化的过程,即趋势故障,可以采取故障诊断及预测技术对故障做出预测。

③对部件(装备)进行经常性状态监测,明确部件(装备)的实时状态和劣化进程。

④据监测得到当前 i 的值采取不同措施:$1 \leqslant i \leqslant n$ 时,部件(装备)正常运行而不采取任何维修措施;$n < i \leqslant k$ 时,对部件(装备)进行预防性维修措施。

⑤部件(装备)在一次监测与采取一次维修措施之间不劣化也不运行。

⑥部件(装备)在出现劣化进入阶段 k 后马上进入软故障阶段。当软故障发生时,采取修复性维修措施恢复部件(装备)的正常运行。

⑦部件(装备)在前后两次监测间保持正常工作的时间呈指数分布。

⑧持续进行修复性维修的时间长度呈指数分布,有 $1/\mu_m < 1/\mu_d$。

⑨一次劣化过程的时间长度呈指数分布,速率等于 $k \cdot \lambda_d$。

(3)模型运行及应用。

①模型的运行过程如图 3.9 所示。其中,S 表示部件处于状态点。

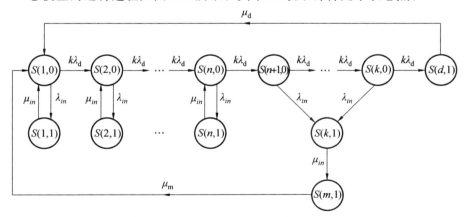

图 3.9 模型的运行过程

$S(i,0)$ 指部件(装备)处于劣化阶段 $i(1 \leqslant i \leqslant k)$。

$S(i,1)$ 指处于劣化阶段 $i(1 \leqslant i \leqslant n)$ 对部件(装备)进行监测。

$S(k,1)$ 指当超出预防维修阈值范围时,在部件(装备)劣化阶段结束后进行状态监测。在 $i \in [n+1, k]$ 时,对部件(装备)进行状态监测。

$S(d,1)$指软故障出现后对部件(装备)采取修复性维修措施。

$S(m,1)$指对部件(装备)采取预防维修措施。

随着高新技术的发展及其在军事领域的广泛应用,武器装备越来越复杂,维修保障任务越来越繁重。我国无人机系统在维修理念、技术和管理上处于传统、经验型阶段,数字化、信息化水平较低,新技术的应用不够广泛,无人机系统部组件数量大、种类多、维修检测设备少,加上定期维修工作量大,导致维修过程繁杂、效率低,维修装备、备(配)件、人员分工等维修资源的科学化管理和合理化统筹成为无人机系统维修保障工作中的瓶颈。针对无人机系统维修模式及其最优化决策,需针对无人机使用过程中出现的新问题、新情况,及时做出调整优化。

本章参考文献

[1] 岳基隆. 无人机维修保障的特点及其发展浅析[J]. 海军航空工程技术, 2012, 5(58): 57-59.

[2] 赵丹丹. 高空长航时无人机维修保障中的视情维修策略[J]. 空军航空大学学报, 2015, 3(8): 35-37.

[3] 陈卫, 汤超君. 基于状态的某型无人机系统维修研究[J]. 重庆理工大学学报, 2014, 1(28): 102-104.

[4] 白勋. 浅谈海军无人机装备维修保障[J]. 航空装备保障, 2017, 5(267): 41-42.

[5] 谷泽阳, 李小民. 基于马尔可夫决策理论的无人机视情维修策略[J]. 电光与控制, 2015, 7(22): 111-114.

[6] 王瑞朝, 王远达, 郭俊强. 军用无人机两级维修保障系统研究[J]. 飞航导弹, 2009(11): 53-56.

[7] 乔振磊, 时旭东. 无人机系统基地级维修模式研究[J]. 航空维修与工程, 2016(6): 35-37.

[8] 雷刚, 张文芝, 梅洪富. 无人机系统与有人机系统的维修模式对比研究[J]. 航空维修与工程, 2016(10): 29-30.

[9] 黄爱梅, 董蕙茹. 基于状态的维修对飞机装备维修的影响研究[J]. 装备指挥技术学院学报, 2011, 22(2): 122-125.

[10] 畅伟. 基于FMECA和模糊综合评判的无人机系统安全评价研究[D]. 合

肥:陆军军官学院,2012.

[11] 李俨,陈海,张清江,等.无人机系统健康状态评估方法研究[J].系统工程与电子技术,2011,3:563-567.

[12] 卜广志,张宇文.基于灰色模糊关系的灰色模糊综合评判[J].系统工程理论与实践,2002,22(4):141-144.

第4章 无人机结构件损伤检测方法

无人机结构件是支撑无人机框架结构稳定可靠的基础,通常由各类轻质合金(如铝合金、钛合金等)和高分子材料(如塑料、碳纤维复合材料等)组成。与金属材料、单一有机高分子材料等相比,树脂基复合材料由于具有独特的结构和性能,因此其损伤形式有显著差别。不仅如此,树脂基复合材料损伤的检测方法也有所不同。对复合材料结构的损伤情况进行无损检测是损伤评估的基本依据,也决定了后续修理的可行性和工艺方法。

材料的无损检测方法较多,技术发展也较快,新型、高性能无损检测手段的不断出现显著提升了检测的水平和准确性。由于复合材料在无人机结构上大量使用,因此本章着重对复合材料的检测方法进行阐述。对复合材料结构而言,可采用超声波检测、微波检测、红外热像检测、射线检测等方法。

4.1 超声波检测

超声波检测是现代无损检测中应用最广泛的检测方法之一,是利用超声波在介质中传播的性质判断装备零部件的缺陷和异常的技术。超声波检测因检测厚度大、灵敏度高、成本低、对人体无害,以及能对缺陷定位、定量等诸多优点而被广泛应用。

4.1.1 超声检测的技术基础

1. 超声波的物理本质

超声波是频率大于 2×10^4 Hz 的机械振动在弹性介质中的传播行为,即超声频率的机械波。一般来说,超声波频率越高,其能量越大,探伤灵敏度也越高。超声检测的常用频率在 0.5~10 MHz。

2. 超声波的产生(发射)与接收

(1)超声波的产生机理——利用了压电材料的压电效应。

试验发现,某些晶体材料(如石英晶体)做成的晶体薄片,当其受到拉伸或压缩时,表面就会产生电荷,此现象称为正压电效应;反之,当对此晶片施加交变电场时,晶体内部的质点就会产生机械振动,此现象称为逆压电效应。具有压电效应的晶体材料称为压电材料。压电效应图解如图4.1所示。

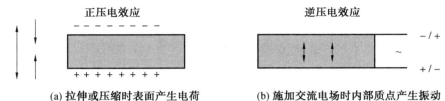

图4.1 压电效应图解

(2)超声波的发射与接收。

①发射。在压电晶片制成的探头中,对压电晶片施以超声频率的交变电压,由于逆压电效应,因此晶片中会产生超声频率的机械振动,即产生超声波。若此机械振动与被检测的工件较好地耦合,超声波就会传入工件,这就是超声波的发射。

②接收。若发射出去的超声波遇到界面被反射回来,则又会对探头的压电晶片产生机械振动。由于正压电效应,因此在晶片的上下电极之间就会产生交变的电信号。将此电信号采集、检波、放大并显示出来,就完成了对超声波信号的接收。

可见,探头是一种声电换能元件,是一种特殊的传感器,在探伤过程中发挥着重要的作用。

(3)超声波波型的分类。

按质点的振动方向与声波的传播方向之间的关系分类如下。

①纵波L。介质质点的振动方向与波的传播方向一致。

②横波S。介质质点的振动方向与波的传播方向垂直。

③表面波R。介质质点沿介质表面做椭圆运动,又称瑞利波。

④板波。板厚与波长相当的薄板中传播的超声波,板的两表面介质质点沿介质表面做椭圆运动,板中间也有超声波传播,又称兰姆波。

按超声波振动持续时间分类如下。

①连续波。在有效作用时间内声波不间断地发射。

②脉冲波。在有效作用时间内声波以脉冲方式间歇地发射。超声波检测过程常采用脉冲波。

3. 超声波的基本特性

(1)具有良好的指向性。

直线传播,符合几何光学定律;像光波一样,方向性好;束射性,像手电筒的光束一样,能集中在超声场内定向辐射。声束的扩散角满足

$$\theta = \arcsin 1.22(\lambda/D) \tag{4.1}$$

可见,波长越短,扩散角 θ 越小,声能越集中。

(2) 具有较强的穿透性,但有衰减。

穿透性来自于它的高能量,因为声强正比于频率的平方,所以超声波的能量比普通声波大 100 万倍,可穿透金属达数米。

衰减性源于三个方面:扩散、散射和吸收。

(3) 只能在弹性介质中传播,不能在真空(空气近似看成真空)中传播。

需强调,横波不能在气体、液体中传播;表面波可看作纵波与横波的合成,所以也不能在气体、液体中传播。

(4) 遇到界面将产生反射、折射和波型转换现象。

(5) 对人体无害,优于射线的性质。

4.1.2 超声检测的技术原理

1. 超声波检测原理

超声波的实质是以波动的形式在介质中传播的机械振动,超声检测是利用超声波在介质中的传播特性,如超声波在介质中遇到缺陷时会产生反射、折射等特点,对工件或材料中的缺陷进行检测。超声波检测原理示意图如图 4.2 所示。

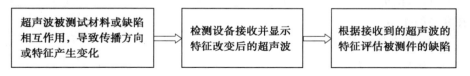

图 4.2 超声波检测原理示意图

通常用来发现缺陷并对缺陷进行评估的信息有:是否存在来自缺陷的超声波信号及其幅度;入射超声波与接收超声波之间的时间差;超声波通过材料后能量的衰减;等等。

2. 不同检测方法的工作原理

按超声检测原理分类,超声检测方法可分为脉冲反射法、穿透法和共振法。

(1) 脉冲反射法。

脉冲反射法是目前应用最广泛的一种超声波检测方法,其基本原理是将具有一定持续时间和一定频率间隔的超声脉冲发射到被测工件,当超声波在工件内部遇到缺陷时,就会产生反射,根据反射信号的大小及在显示器上的位置可以判断出缺陷的大小及深度。脉冲反射法包括缺陷回波法、底波高度法和多次底波法。

①缺陷回波法。缺陷回波法原理示意图如图 4.3 所示。该方法是脉冲反

射法的基本方法,它是根据超声检测仪显示屏上显示的缺陷回波来判断缺陷的方法。当被检工件内部无缺陷时,显示屏上只有发射脉冲(始波)和底面回波;当被检工件内部有小缺陷时,显示屏上有发射脉冲(始波)、缺陷回波和底面回波;当被检工件内部有大缺陷时,显示屏上有发射脉冲(始波)和缺陷回波,没有底面回波。

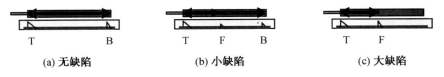

图 4.3　缺陷回波法原理示意图

②底波高度法。根据底面回波高度的变化判断工件内部有无缺陷的方法称为底波高度法。对于厚度、材质不变的工件,如果工件内部无缺陷,则其底面回波的高度基本不变;如果工件内部有缺陷,其底面回波的高度会减小甚至消失。底波高度法原理示意图如图 4.4 所示。

底波高度法不仅要求被检工件的探测面与底面平行,而且还不易对缺陷定位。因此,这种方法一般作为一种辅助检测手段,与缺陷回波法配合使用,以利于发现某些倾斜或小而密集的缺陷。

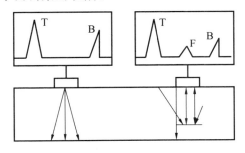

图 4.4　底波高度法原理示意图

③多次底波法。多次底波法是以多次底面脉冲反射信号为依据进行检测的方法,如果工件内部无缺陷,则在显示屏上出现高度逐次递减的多次底波;如果工件内部有缺陷,则因缺陷的反射和散射而增加了声能的损耗,底面回波次数减少,同时也打破了各次底面回波高度逐次衰减的规律,并显示缺陷回波。多次底波法原理示意图如图 4.5 所示。

多次底波法用于对厚度不大、形状简单、检测面与底面平行的工件进行检测,狭陷检出的灵敏度低于缺陷回波法。也可用于探测吸收性缺陷(如疏松等),声波穿过缺陷不引起反射,但声波衰减很大,几次反射后声源耗尽,使底波消失。带有吸收性缺陷直接接触纵波多次底波法如图 4.6 所示。

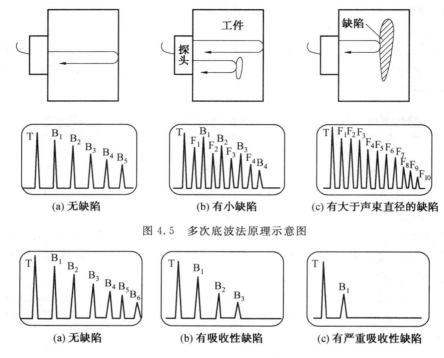

图 4.5 多次底波法原理示意图

图 4.6 带有吸收性缺陷直接接触纵波多次底波法

(2)穿透法。

穿透法探伤是根据超声波穿透工件后的能量变化状况来判别工件内部质量的方法。将两个探头分别置于工件的两侧,一个探头发射的超声波透过工件被另一侧的探头接收,根据接收到的能量大小判断有无缺陷。在探测中,当工件内有缺陷时,部分能量被反射,接收能量小,仪表指示值小,根据这个变化就能将工件缺陷检测出来。

(3)共振法。

共振法是利用共振原理检验工件或材料内部缺陷的方法,常用来测工件厚度。一定波长的声波在物体的相对表面上反射,所发生的同相位叠加的物理现象称为共振,该振动的频率随发生器所发射的频率改变而连续跳变,即所发出的声波频率是可调节的,当声源所发出的声震动频率恰好与待测工件固有振动频率成倍数关系时,则该振动在被测工件内发生共振,从而在传声介质内形成驻波。由于在共振状态下,声波振动频率与待测工件厚度成函数关系,因此在已知待测工件声速的条件下测出待测工件共振频率,就能得知其厚度,在等厚度工件测量共振频率时突然发生频率骤变,则可知在该工件中存在异质界面,基于此原理建立共振法探伤。

4.1.3 超声检测设备

超声检测设备包括超声探头和探伤仪器,且附带有超声检测用的试块和耦合剂等器材。探头是发射和接收超声波的电声换能器。电声换能器的种类较多,主要有压电超声换能器、磁致伸缩换能器、电磁式换能器等。在超声波探伤中广泛使用的探头属于压电式换能器,常用的探头有直探头和斜探头两种。

超声波检测仪是超声检测的主要设备,其作用是产生电磁振荡并加于探头上,激励探头发射超声波,同时将探头送回的电信号放大,用一定方式显示出来,从而得到被检工件内部有无缺陷及缺陷的位置和大小等信息。超声检测设备分类方法较多,按不同的方法有如下分类。

1. 不同波型超声检测仪

(1)连续波检测仪。

连续波检测仪指示的是声的穿透能量,通过探头向工件发射连续且频率不变的超声波,根据透过工件的超声波的能量变化判断工件中有无缺陷及缺陷的大小。这种仪器灵敏度低,不能确定缺陷的位置,目前已很少应用。

(2)调频波检测仪。

调频波检测仪透过探头向工件发射连续且频率周期性变化的超声波,根据发射波与反射波的差频变化情况判断工件中有无缺陷。由于调频波检测仪只适应检测与探测面平行的缺陷,因此目前也很少使用。

(3)脉冲波检测仪。

脉冲波检测仪发射一种持续时间很短的电脉冲,激励探头发射脉冲超声波,并接收工件中发射回来的脉冲信号。通过检测信号和返回时间及幅度判断工件是否存在缺陷及缺陷的大小。脉冲发射式检测仪的信号显示方式可分为 A 型显示、B 型显示、C 型显示。

①A 型显示。A 型显示是一种波型显示,是使用范围最广泛、最基本的一种仪器。它将超声波的传播时间与信号的幅度以直角坐标的形式显示出来。显示器的 x 坐标为超声波的传播时间,y 坐标为超声波的反射幅度,如图 4.7(a)所示。设试件厚度为 t,探伤面到缺陷的距离为 x。从发射脉冲(始波 T)到缺陷波 F 的长度为 L_F,到底波 B 的距离为 L_B,则可由 $x/l = L_F/L_B$ 确定缺陷的位置。

②B 型显示。B 型显示是在屏幕上显示与声束平行,且位于探头正下方的一个声像,如图 4.7(b)所示。

③C 型显示。C 型显示也是一种平面显示,在屏幕上显示与声束轴垂直且与探头有一定距离的横断面声像,如图 4.7(c)所示,其缺陷幅度用亮度表示。

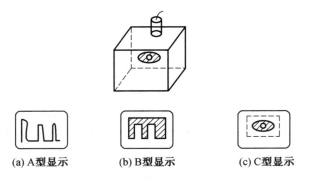

图 4.7 超声检测仪缺陷显示示意图

2. 模拟式超声检测仪

(1) A 型脉冲发射式超声检测仪。

A 型脉冲发射式超声检测仪是由同步电路、扫描电路、发射电路、接收放大电路、显示器、电源电路等主要电路和延时电路、报警电路、深度补偿电路、标记电路、跟踪及记录等附加装置组成的。A 型脉冲反射式超声检测仪电路框图如图 4.8 所示。

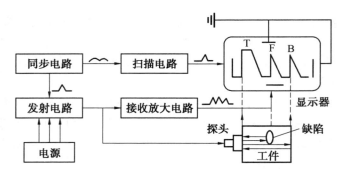

图 4.8 A 型脉冲反射式超声检测仪电路框图

A 型脉冲反射式超声检测仪的工作原理是同步电路产生周期性同步脉冲信号。一方面,同步脉冲出发扫描发生器产生线性的锯齿波,经过扫描放大加到示波管水平(x 轴)偏转板上,产生一个从左到右的水平扫描线,即时基线;另一方面,触发发射电路产生高频脉冲,施加到探头上,激励晶片振动,在工件中产生超声波。超声波在工件中传播,遇到缺陷或底面产生发射,产生的反射回波再用探头接收,经接收电路放大、检波,信号电压加到示波管的垂直(y 轴)偏转板上,使电子发生垂直偏转,在水平扫描的相应位置上产生缺陷回波和底面回波。

第 4 章　无人机结构件损伤检测方法

(2) B 型脉冲发射式超声检测仪。

B 型脉冲发射式超声检测仪是由主控电路、发射电路、接收电路、扫描发生器、图像显示器和换能器构成的。图 4.9 所示为 B 型超声检测仪示意图。其工作原理是同步电路产生周期性同步脉冲信号,触发发射探头,激励晶片振动,在工件中产生超声波同时也触发扫描电路,将锯齿波电压加到示波管的 y 轴偏转板上,随探头位置变化而变化的直流电压加到 x 轴偏转板上。探头接收到的回波信号经接收电路放大加到示波管的栅极进行扫描亮度调制。当探头在工件上沿直线移动时,在显示器上显示出沿探头扫描线所处截面上的前后表面,以及内部反射界面的位置、取向及深度。

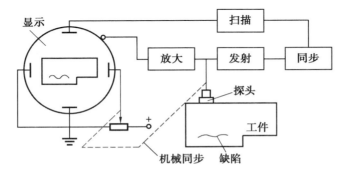

图 4.9　B 型显示超声检测仪示意图

(3) C 型显示超声检测仪。

C 型显示超声检测仪一般由同步、发射、放大、与门、闸门、平面显示器和机械同步组成,其示意图如图 4.10 所示。其工作原理是同步电路产生周期性同步脉冲信号,触发发射探头,激励晶片振动,在工件中产生超声波,同时触发闸门电路以获得闸门信号。探头在工件上移动分量对应的电压加到偏转板上,同

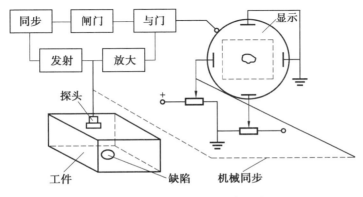

图 4.10　C 型显示超声检测仪示意图

时把移动的 y 分量对应的电压加到偏转板上,即探头对工件的扫描分量(x、y)必须与电子扫描同步,回波信号经放大后,与闸门输出信号同时加到"与门"电路上,选择与发射脉冲有一定时间差的回波信号,并把它作为亮度调制信号加到示波管栅极上。在示波管上显示与声束轴线垂直并与探头相距某一给定距离的工件横断面的声像。工件横断面与探头的距离由工件中的声速和闸门发射时间差决定,改变这个时间差可以改变该距离,从而得到另一距离横断面的 C 型显示。C 型显示超声检测仪只能显示缺陷的长度与宽度,不能显示缺陷的埋藏深度。

3. 数字式超声检测仪

数字式超声检测仪是一种便携式工业无损探伤设备,由发射、接收、数控放大器单元,数据调整实时采集、存储和分析、处理单元以及回波显示和打印输出等部分组成。

(1) 数字式超声检测仪与模拟式超声检测仪的异同点。

①基本组成。图 4.11 所示为数字式超声检测仪电路框图。可见,其发射电路与模拟式检测仪相同,接收放大电路的衰减与高频放大器等也与模拟式超检测仪相同,信号放大后由 A/D 转换器转换成数字信号,输送到微处理器进行处理,显示器处理结果。模拟式超声检测仪上的检波、滤波、抑制等功能可以通过对数字信号的处理来完成。数字式仪器的显示由微处理器控制实现逐行逐点扫描,在显示器上显示二维点阵图。发射电路与模数转化由微处理器协调各部分的工作,不再需要同步电路。

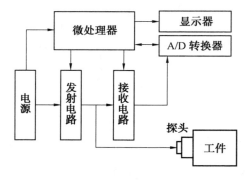

图 4.11 数字式超声检测仪电路框图

②仪器功能。数字式超声检测仪的基本功能与模拟式超声检测仪相同,各部分功能的控制方式不同。模拟式超声检测仪直接通过开关对仪器的电路进行调整;数字式超声检测仪采用人机对话,将控制数据输入微处理器,由微处理器控制各电路的工作,有利于自动检测。

③仪器性能。两类仪器的发射电路、接收电路相同,因此仪器的灵敏度、分

辨率、放大线性基本相同。差别主要在信号的模数转换、处理及显示部分,这部分功能直接影响对缺陷的判断。

(2) 数字式超声检测仪的优缺点。

① 优点。接收信号数字化,使超声信号的存储、记录、再现、处理、分析都很方便,可以使信号永久记录,使检测过程的重现更方便,同时也能从超声信号中得到更多的量化信息,软件功能可以扩展,有利于满足不同使用场合的要求,为自动检测系统的实现提供了条件。

② 缺点。模数转换器的采样频率、数据长度、显示器的分辨率等直接影响信号的质量,如果信号失真,会造成漏检、误检等,因此在使用时应引起重视。

4.1.4 超声检测探头

超声探头又称超声换能器,是超声检测中实现声能与电能相互转换的重要器件。在超声检测中用的超声换能器主要有压电换能器、磁致伸缩换能器、电磁声换能器、激光超声换能器等,其中使用最普遍的是压电换能器。

1. 探头的结构

超声探头(压电换能器)主要由压电晶片、保护膜、阻尼块、外壳和接插电极等组成,斜探头还有一个使压电晶片与入射面成一定角度的斜楔。压电式超声探头的结构如图4.12所示。其中,压电晶体是探头中的关键元件。压电式超声探头利用压电晶体的压电效应和逆压电效应实现电振动与机械振动(超声波)的相互转换。

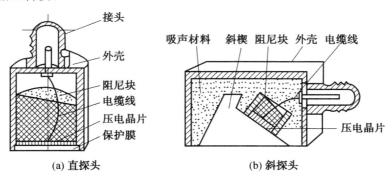

图 4.12 压电式超声探头的结构

2. 探头的种类

超声检测中探头的种类很多,通常分为以下几类。

(1) 接触式探头。

接触式纵波直探头又称平探头,用于发射和接收垂直于探头表面的纵波。它以直接接触工件表面的方式进行垂直纵波检测,主要用于检测与表面平行或近于平行的缺陷。

接触式斜探头有纵波探头、横波探头、表面波探头、兰姆波探头、可变角探头等。横波探头在工件中激发横波,同时接收工件中返回的横波。这几种探头的共同特点是在发射纵波的晶片与工件之间加入一个斜楔。

纵波斜探头是入射角的探头,利用小角度的纵波进行缺陷检测,或在横波衰减过大时利用纵波穿透能力强的特点进行纵波斜入射检测。使用时,工件中同时存在横波干扰。

(2)波探头。

横波探头是入射角且折射波为纯横波的探头,主要用于检测与检测表面成一定角度的缺陷。

表面波探头是入射角在产生表面波的临界角附近的探头,通常用于检测工件的表面或近表面缺陷。

兰姆波探头的入射角根据板的厚度、检测频率及选定的兰姆波模式而定,主要用于对薄板中缺陷的检测。

(3)双晶探头。

双晶探头是指两片晶片组合在一个探头中,一片用于发射超声波,另一片用于接收超声波,中间夹有隔离层。双晶探头具有灵敏度高、杂波少、盲区小、工件中近场区长度小、检测范围可调等特点。根据入射角 α_L 的不同,可分为双晶纵波探头($\alpha_L < \alpha_I$)和双晶横波探头($\alpha_I < \alpha_L < \alpha_{II}$)。双晶探头结构如图4.13所示。

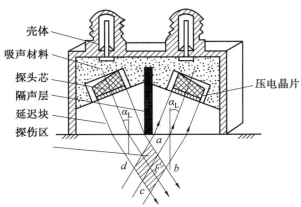

图 4.13 双晶探头结构

(4)电磁超声探头。

电磁超声探头由高频线圈和磁铁组成。高频线圈用于产生高频激发磁场;磁铁提供外加磁场。其原理是通电流的导体在磁场中受洛伦兹力的作用,电流方向、磁场方向、受力方向之间互相垂直。其优点是可以在导电工件中产生和接收数兆赫兹级的超声纵波、横波和兰姆波;由于探头无须与工件表面接触,因此可以用脉冲反射法对高温的金属进行检测。其缺点是检测对象必须是导电材料;检测灵敏度与离工件的距离有关;超声转换效率较低,需要配置前置放大器。

4.1.5 超声检测特点

超声检测的特点是对介质穿透力强;对材料中介质不连续性缺陷(裂纹、夹层)和不同材料复合的界面状态检测敏感;可检测材料物理性质;可对多种材料结构实施扫描成像或手工检测。

(1)超声检测的优点。

与其他无损检测方法相比,超声检测有以下优点:作用于材料的超声强度低,最大作用力远低于材料的弹性极限,不会对材料的使用产生影响;可用于金属、非金属、复合材料制件的无损检测和评价;对确定内部缺陷的大小、位置、取向、性质等参量,较之其他无损检测方法有综合优势;设备轻便,对人体和环境无害,可做现场检测;所用参数设置及有关波型均可储存以后调用。

(2)超声检测的局限性。

对材料及制件缺陷做精确性、定量表征仍需进行深入研究;为使超声波能以常用的压电换能器为声源进入试件,一般需要用耦合剂,要求被测件表面光滑;难以探测出细小的裂纹;要求检测人员有较高的素质;工件的形状及表面粗糙度对超声检测的可实施性有较大影响。

超声检测技术在焊缝及轴承座上的应用如图 4.14 所示。

图 4.14 超声检测技术在焊缝及轴承座上的应用

4.1.6 超声相控阵检测技术

超声相控阵检测技术是 20 世纪 90 年代出现的先进超声检测技术,该技术通过对换能器阵列不同单元在发射或接收声波时施加不同时间延迟规则（聚焦法则），实现超声声束移动、偏转和聚焦等功能的超声成像检测技术。声束角度、聚焦、位移原理如图 4.15 所示。超声相控阵检测技术因其灵活的声束形成及快速成像性能而得到了越来越多的关注，成为超声无损检测领域新近发展起来的研究热点。相控阵的概念起源于雷达天线电磁波技术，超声相控阵最早仅用于医疗领域。近年来，随着微电子、计算机等新技术的快速发展，超声相控阵逐渐被应用于工业无损检测领域。超声相控阵通过各阵元发出声束的有序叠加，可以灵活地生成偏转及聚焦声束，不需更换探头即可完成对关心区域的高分辨率检测，且其特有的线性扫查、扇形扫查、动态聚焦等工作方式可在不移动或少移动探头的情况下对零件进行高效率检测。因此，与传统的单晶片超声检测相比，超声相控阵的声束更灵活，检测速度更快，分辨率更高，更适用于形状复杂的零部件检测。

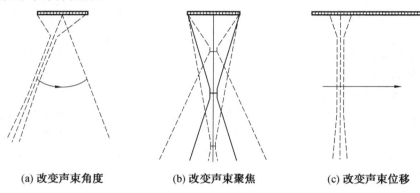

图 4.15 声束角度、聚焦、位移原理

相控阵超声检测系统主要由换能器阵列和控制单元组成。换能器阵列按照一定的规则进行排列，具有独立的收/发控制模块。当换能器处于发射状态时，控制单元按照一定的延时规律控制换能器各阵元的发射延时时间，从而控制发射超声波束的聚焦和指向，实现声束在一定范围内的移动、偏转和聚焦。换能器接收过程同样遵守上述几何聚焦延迟规律，与换能器的发射状态是互逆过程。检测中，声束遵循一定的规律在介质中进行传播，当介质中缺陷处声阻抗发生变化时，会产生一定声强的反射信号。该点到达换能器阵列中各阵元的路径不同，从而导致该点处产生的反射信号到达各阵元时间存在一定的差异。各阵元按照设定的延迟量 Δt 对回波信号进行延时求和，使来自缺陷的回波信号实现同相，达到增强的目的，实现接收聚焦。相控阵超声检测原理图如图 4.16 所示。

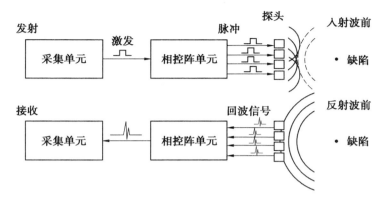

图 4.16 相控阵超声检测原理图

目前,超声相控阵的研究已非常广泛,其应用也已涉及工业的众多领域,已经快速发展为无损检测领域的焦点之一。

4.2 微波检测

第二次世界大战以来,随着雷达的进步,微波技术发展迅速,并渗透到工业检测诊断领域。1963 年,美国首先使用微波法成功地检测了"北极星"A3 导弹固体火箭发动机玻璃钢壳体缺陷,从此微波检测引起了工程界的广泛兴趣,并发展了微波测厚等非电量测试、微波诊断、微波检验和在线微波监控技术。

微波检测作为质量控制及非接触、非破坏、非电量检测技术,在非金属、复合材料、金属表面探测以及地面、湖底和地下矿藏透视等应用领域将越来越重要,并且微波测量、诊断技术正日益渗透到航空、航天、船舶、兵器、核工业、冶金等部门。

4.2.1 微波检测的原理

1. 微波的性质

微波是指介于红外与无线电波之间的电磁波,频率为 300 MHz～300 GHz,波长为 1 mm～1 m,可分为毫米波、厘米波和分米波。微波在传输过程中,电场方向、磁场方向和波的传播方向不同,三者互相垂直;电场和磁场强度都在变化,在任一点上二者的时间和相位相同,方向则相互垂直。

微波的电场和磁场都是直线偏振平面的正弦波。电场(E)与磁场(H)的关系为

$$H_{\max}(Z,t) = \sqrt{\frac{\varepsilon_0}{\mu_0}} E_{\max} \qquad (4.2)$$

式中 ε_0——真空中的介质常数；

u_0——真空中的磁导率。

微波具有下面一些基本性质。

(1) 波长短。微波的波长为 0.001～1 m，比无线电波短。当微波的入射波长小于物体尺寸时，微波的传播特性与几何光学相似，具有直线传播、反射、折射、散射和干涉的特性；当波长与物体尺寸相仿时，微波的特性又近似于声学。

(2) 频率高，振荡周期短。微波的频率能高达 3×10^5 MHz，振荡周期则只有 $10^{-9}\sim10^{-12}$ s。

(3) 良好的定向辐射特性。在介质中传播的微波呈明显的指向性，尤其在毫米波段的波束很窄，方向性极强。

(4) 穿透力强。微波可透射大多数非金属材料。

(5) 有量子特性。微波是电磁波，具有波粒二重性。

2. 微波检测原理

微波检测是利用微波的定向辐射反射及吸收特性，根据微波的反射、透射、衍射、干涉、腔体微扰等物理特性的改变，以及被检测材料的电磁特性——介电常数和损耗角正切的相对变化，通过测量微波基本参数的变化，实现对缺陷的无损检测。

(1) 微波的传播。

微波入射到非导体介质界面上时，有反射与折射、驻波、散射等各种传播方式。

① 反射与折射。微波的反射与折射定律与可见光基本一样，当直线偏振平面波入射到两个非导体介质界面上时，会产生反射波和折射的穿透波。

② 驻波。驻波（图 4.17）是当两个频率相同的波在相反方向传播时互相干扰形成的。在某些位置，两个波的振动方向相同，幅度叠加波形增大；在其他位置，波的振动方向相反，幅度反而因叠加而减小，形成波的干涉现象，使得介质中某些特殊的节点和腹部出现固定波形，波形随时间延续保持稳定不变，呈现"停驻不动"的现象。形成驻波的简单方法是垂直于表面输入一相干波。如果界面的入射波与反射波频率相同、方向相反，就会形成驻波。

③ 散射。当微波入射到的表面不光滑、不规则时，反射波就不是简单的单一波，而是许多波的组合，它们有着不同的相对强度、不同的位相和不同的传播方向，这样的表面反射称为散射。

(2) 微波的电磁参数。

微波在介电材料内受两个电磁参数（介电常数、损耗角正切）和一个几何参数（材料的形状尺寸）的影响。对于介电材料，复数介电常数的定义为

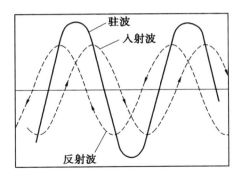

图 4.17 入射波和反射波形成的驻波

$$\varepsilon^* = \varepsilon - j\frac{\sigma}{\omega} \quad \text{或} \quad \varepsilon^* = \varepsilon_0(\varepsilon' - j\varepsilon'') = \varepsilon_0\left(\varepsilon' - j\frac{\sigma}{\omega\varepsilon_0}\right) \quad (4.3)$$

相对介电常数为

$$\varepsilon_r = \varepsilon'(1 - j\tan\delta), \quad \tan\delta = \frac{\varepsilon''}{\varepsilon'} \quad (4.4)$$

式中 ε'——介电常数的实数部分,表示介质材料存储能量的能力;
δ——耗散因子;
ε''——介电常数的虚数部分,表示介质材料损耗大小。

可得

$$\varepsilon'' = \frac{\sigma}{\omega\varepsilon_0} = \frac{\sigma}{2\pi\frac{C}{\lambda}\varepsilon_0} = \frac{\sigma\lambda}{2\pi C\varepsilon_0} = \frac{\sigma\lambda}{2\pi\sqrt{\varepsilon_0/\mu_0}} = 60\lambda\sigma \quad (4.5)$$

式中 ε_0——真空介电常数;
σ——介质泊松比;
C——材料电容;
ω——角频率;
λ——波长。

因此,可知介质材料的损耗随电导率的增大和频率的降低而增加。

由于微波在材料内部极化以热能形式损耗,因此其能量损失的大小用损耗角正切 $\tan\delta$ 来表示,它是微波在介电材料内损耗多少的衡量,表示材料每个周期中热功率损耗与储存功率之比。若 $\tan\delta$ 极小,可认为此介质无损耗。

微波检测就是用复合介电常数和损耗角正切来评定材料内部缺陷的有无及其形状大小。因为复合介电常数的变化会引起试件的微波强度 E、频率和相位角的变化,所以微波检测归结为测量微波信号的强度、频率和相位角的改变。

(3)微波的腔体微扰。

腔体微扰是指谐振腔中遇到某些物理条件的微小变化,腔内引入小体积的介质等。这些微小的扰动将导致谐振腔某些参量(如谐振频率、品质因素等)相应的微小变化,称为"微扰"。根据"微扰"前后物理量的变化来计算腔体参量的改变,就可以确定所测量厚度的变化及温度、线径、振动等数值。

3. 微波检测的特点

微波无损检测可以进行快速的扫描检测,其中接触式检测是空气耦合,不需要耦合剂,不会对检测材料造成污染,因此是一种适合碳纤维复合材料无损检测的新方法。

无损检测通常使用 X 波段($8.2 \times 10^3 \sim 12.5 \times 10^3$ MHz)和 K 波段($26.5 \times 10^3 \sim 40 \times 10^3$ MHz)。

微波无损检测的主要优点是设备简单,操作方便,不需要耦合剂,而且很容易穿过空气介质,是非接触测量,检测速度快,可实现自动化检测。与射线检测相比,微波对人体无辐射性危害。

微波无损检测的缺点是微波在穿透金属导体时衰减很大,并且入射波在金属导体表面的反射量很大,穿透波很少,所以不能用来检测金属导体或导电性能较好的复合材料的内部缺陷,如碳纤维增强塑料等。另外,微波有近距盲区,在距离小于所使用的微波波长时,就检测不出缺陷,一般微波不适用于测量小于 1 mm 的缺陷。另外,微波检测还需要参考标准并要求操作人员有比较熟练的技能。

4.2.2 微波检测基本方法

微波检测有穿透法、反射法、散射法和干涉法等几种方法。

1. 穿透法

穿透法是使微波穿过被测试材料到达接收器,根据微波强度和相位的变化对缺陷进行检测的方法。

当穿透波在试样中传播,遇到裂纹、脱粘、气孔和夹杂物等缺陷时,部分能量会被反射、折射和散射,使穿透波的位相和幅度发生明显的改变,比较穿透波和参考信号的位相和幅度,就可以测出材料中的缺陷。

按入射波类型的不同,可将穿透法分为固定频率连续波法、可变频率连续波法和脉冲调制波法三种。

2. 反射法

由材料内部或背面反射的微波随材料内部或表面状态的变化而变化,利用这种原理进行微波检测的方法称为反射法,主要用于测量厚度和内部脱粘、裂缝等。

反射法主要有固定频率连续波反射法、变频率连续波反射法和脉冲模式反射法等。固定频率连续波反射法不能确定裂纹深度;变频率连续波反射法可以测出裂纹深度;脉冲模式反射法则由于脉冲的延时与入射波比较,因此能测出产生反射的缺陷位置。当要确定的缺陷深度很浅时,要采用很窄的脉冲波。

此外,反射法有单探头式和双探头式两种形式。单探头反射法是指微波的入射和接收反射都是通过同一个探头,这种方法只在垂直或近乎垂直入射时,工作状态才最好。在双探头反射法中,微波的入射和接收分别由两个探头承担。

3. 散射法

当微波穿透材料时,贯穿材料的微波能量的散射中心随机地反射或散射。散射法就是通过测试微波散射回波强度的变化来判断材料内部的缺陷状况。散射法主要用于检测气孔、分层、脱粘和裂缝。

4. 干涉法

两个或两个以上微波波列同时以相同或相反的方向传播,自然地产生干涉,或使两组微波波列有意地按全息照相术使其彼此相干涉,利用这种原理进行微波检测的方法称为干涉法,可用来测试金属材料的厚度,检测缺陷和图像显示。

4.3 红外热像检测

4.3.1 红外热像检测原理

1. 基本原理

任何物体,只要其温度高于绝对零度,都会从表面发出与温度有关的热辐射能。红外热像检测又称红外热波检测,其基本原理如图 4.18 所示。当试件内部存在缺陷时,热流就被缺陷阻挡或加速扩散,经过一段时间就会在缺陷附近发生热量堆积或损失,引起工件表面温度梯度的变化,表现为温度异常。用红外热成像仪扫描试件表面,记录表面的温度分布情况,通过温度差异判断相应表面或内部是否存在缺陷。需要指出的是,由于应用了热波原理并采用了主动式热激励方法,因此红外热波检测与传统的被动式红外热成像技术有着很大区别。

2. 分类

按照是否使用外界能源进行加热进行分类,红外热像检测可分为以下两大类。

(1)有源红外检测法。

有源红外检测法又称主动红外检测法,其特征是利用外部热源向被检测工件注入热量,再借助检测设备测得工件表面各处热辐射分布来判断缺陷的

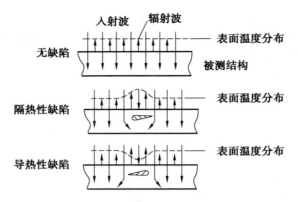

图 4.18 红外热像检测的基本原理[10]

方法。

(2) 无源红外检测法。

无源红外检测法又称被动红外检测法,其特征是利用工件本身热辐射的一种测量方法,无任何外加热源。

在工程应用中,有源红外检测法使用较广泛。

3. 有源检测的热传导过程

有源检测法的热传导过程如图 4.19 所示。

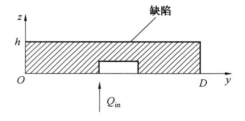

图 4.19 有源检测法的热传导过程

当均匀热流加到平板表面时,基于平板内的热各向同性,三维的热传导问题可以简化成二维问题,二维的傅里叶热传导定律为

$$K_z(y)\frac{\partial^2 T}{\partial y^2}+K_y(z)\frac{\partial^2 T}{\partial z^2}=\rho C_p \frac{\partial T}{\partial t} \quad (4.6)$$

式中 K_z、K_y——热流方向和其垂直平面的导热系数;

ρ——材料密度;

C_p——材料的比热容。

由于边界面积相对于上下表面要小得多,因此在 y 坐标为 $0,D$ 处为边界条件时,输入热流为

$$Q_{in} = -K_z(0)\frac{\partial T}{\partial z}\bigg|_{z=0} \tag{4.7}$$

上边界可以采用以牛顿冷却公式为基础的第三类边界条件描述,即

$$-K_z\frac{\partial T}{\partial z}\bigg|_{z=h} = \alpha(T_h - T_a) \tag{4.8}$$

式中　α——工件与周围环境的换热系数;
　　　T_h——工件上表面的温度;
　　　T_a——周围环境空气的温度。

根据式(4.1)和上述边界条件就可以解出工件内和工件中缺陷处的热流密度,从而得到工件表面各点温度值,根据工件表面的温度分布就可以得到工件中缺陷的分布。

4.3.2　红外热像检测的工作过程

1. 检测仪器设备组成

图 4.20 所示为红外热像检测系统示意图。该系统主要由计算机、红外热成像仪和热激励源等部分组成。

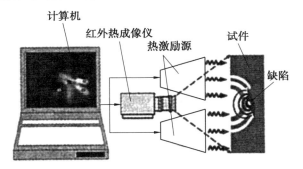

图 4.20　红外热像检测系统示意图

计算机部分主要用于硬件控制、系统操作、图像分析和生成检测报告。

2. 检测过程

整个检测过程的步骤是根据被检物的材质、结构、缺陷类型及特定的检测条件,有针对性地选择合适的热源,进行不同形式的热激励,同时采用红外热成像仪对时序热图信号进行捕捉和数据采集,采用专用软件进行实时图像信号处理和分析,并最终显示检测结果。

目标物体的热辐射穿过空气被热像仪接收。热像仪是一种光电设备,有物镜,它使热辐射聚焦到热辐射传感器(此元件称为红外探测器)上,红外探测器再把入射的辐射转换成电信号,进而被处理成可见图像,即热图。

对被检测部位的加热由热激励源完成,加热方式包括高能闪光灯、电磁、热风等,目前应用较多的是高能闪光灯脉冲加热方式。

4.3.3 红外热像检测的特点

与常规无损检测方法相比,红外热波检测具有非接触、快速、检测面积大、直观和准确等特点,并且非常适合现场、外场及在线在役检测。

在检测机理上,红外热波检测技术通过记录试件表面缺陷和材料因不同的热特性而引起的温度变化,利用表面温度场分布来获取工件的缺陷信息。如果被测结构件或部位的温度在绝对零度以上,并且基体材料与损伤之间的温差达到了热成像仪的热灵敏度范围(室温下 0.03 K),就能被红外探测器捕获并区分出来,因此对检测的实施时间没有约束,在白天和夜晚都能进行。在检测时利用计算机来控制热成像仪和加热源,完成加热到图像采集,最后进行定量分析,因此自动化程度较高,并且图像信息显示直观,便于存档备查。在检测速度上,红外热波检测技术采用主动加热方式,加热过程很短,且进行图像采集的时间只需十几秒或几十秒,因此单次检测的时间较少。此外,自动拼图处理更使红外热波检测技术的效率很高。

4.3.4 红外热像检测技术在复合材料中的应用实例

1. 某型无人机垂尾翼尖结构件检测

垂尾翼尖结构件的基体主要为玻璃纤维复合材料,表面涂有耐热漆层,试件损伤形式为人工钻孔模拟损伤,孔径从左至右分别为 3.6 mm、5 mm、5.1 mm 和 6 mm,埋深从下至上为 1~3 mm 不等。试件左部边缘有一采用气动切割斜向制作的人工分层损伤,埋深约为 1.5 mm。检测时采用高能闪光加热方式,脉冲加热时间为 2 ms,能量为 4.8 kJ,热图采集速率为 60 帧/s。图 4.21 所示为玻璃纤维层合板热成像检测结果。其中,黑孔为铆钉孔,右端黑色部位表面的耐热涂层已磨光,距表面深度不同的小孔缺陷随时间逐渐显现出来,距表面一定深度的大面积分层缺陷也显现出来。

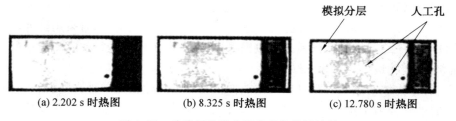

图 4.21 玻璃纤维层合板热成像检测结果

2. 雷达罩蜂窝夹芯红外热波检测

试件为机头雷达罩蜂窝夹芯结构件,分为内、中、外三层层合板和两层蜂窝芯,材料主要为 S2 玻璃纤维,中间层合板较厚。原始损伤为飞机坠毁时造成的撞击损伤和擦伤,表面可见的主要是擦伤及漆层脱落,内部损伤不可见。另外,还使用敲击的方法制作了三处人工冲击损伤。雷达罩蜂窝夹心结构红外热成像检测结果如图 4.22 所示。

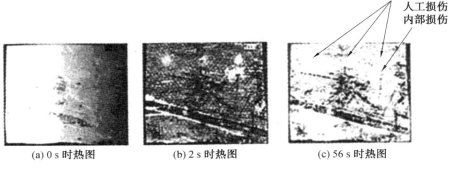

图 4.22　雷达罩蜂窝夹心结构红外热成像检测结果

检测时采用高能闪光灯进行主动加热,脉冲加热时间为 2 ms,能量为 4.8 kJ,热图采集速率为 20 帧/s。除表面的擦伤及漆层脱落外,人工冲击损伤和内部因高速撞击而造成的损伤也清晰可见,图像能准确显示出试件内部损伤的位置、大小及形状等信息。由于脉冲激励能量有限,因此无法对试件整个厚度内的损伤进行全面检测。

3. 复合材料分层缺陷检测

用碳纤维层织复合材料作为检测试样样品。试样长 250 mm,宽 160 mm,厚 2 mm。碳纤维/环氧树脂(T300/3621)层板,纤维铺向为 0°/90°正交铺向,铺制 16 层,并在层板内 1/2 深度(在第 8 层与第 9 层之间)模拟制作分层缺陷。分层缺陷采用厚度约为 25 μm、直径为 25 mm 的聚四氟乙烯薄膜模拟。

图 4.23 所示为碳纤维层织复合材料红外热成像图,从图中可以清晰地分辨出分层缺陷的状况。

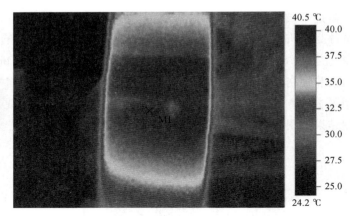

图 4.23 碳纤维层织复合材料红外热成像图

4.4 射线检测

4.4.1 射线检测的物理基础

1. 射线的分类

通常所说的射线可以分为两类：一类是电磁辐射；另一类是粒子辐射。

电磁辐射的能量子是光(量)子，X 射线和 γ 射线属于电磁辐射，电磁辐射与物质的作用是光子与物质的相互作用。

粒子辐射是指各种粒子射线，如 α 粒子、β 粒子、质子、电子、中子的射线，都属于粒子辐射，它们与电磁辐射的基本区别是都具有确定的静止质量。粒子辐射与物质的相互作用是粒子与物质的作用，不同粒子特性不同，作用的机制和过程也不同。

用于检测的射线通常为 X 射线和 γ 射线。

2. X 射线和 γ 射线

1895 年，物理学家伦琴在研究阴极射线的性质时发现了一种新的射线，具有强大的穿透力，能使荧光材料发出荧光，并可以使胶片感光，将其命名为 X 射线。实验表明，X 射线是由高速运动的电子撞击金属靶时，轫致辐射产生的射线。辐射过程中，高速电子急剧减速，其动能转化为电磁辐射，产生了 X 射线。

γ 射线是具有特定能量的光子流，是放射性同位素的原子核在发生衰变过程中产生的，也就是在放射性衰变过程中产生的。实际上，γ 射线是在放射性衰变过程中所产生的处于激发态的核在向低能级的激发态或基态跃迁过程中产生的辐射。显然，γ射线的产生过程不同于X射线的产生过程。

不同的原子核具有不同的能级结构，所以不同的放射性元素辐射的γ射线具有不同的能量，其射线为线状谱。

γ射线也是很短的电磁波，其在本质上与X射线相同。

3. 射线的主要性质

图4.24所示为电磁波的谱图。可见，X射线和γ射线与光一样，都是电磁波。

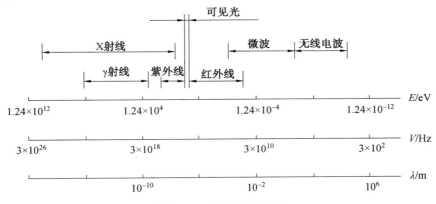

图4.24 电磁波的谱图

按照现代物理的量子理论，X射线和γ射线均为光子流，其能量为

$$\varepsilon = h\nu$$

虽然X射线和γ射线本质上与光相同，但其能量却远大于可见光，所以在性质上又存在明显区别，具体如下。

(1) X射线和γ射线在真空中以光速沿直线传播，不受电场或磁场的影响。

(2) X射线和γ射线在媒介界面可以发生反射和折射，但其反射和折射与可见光有很大差别。对于常见的媒介，X射线不能产生可见光那样的镜面反射，因为界面对它来说太粗糙了。X射线从一个媒介进入另一媒介时将发生折射，但折射率几乎等于1，所以其方向几乎没有发生改变。

(3) X射线也可以发生干涉和衍射现象，但由于其波长远小于可见光的波长，因此干涉、衍射只能在非常小的孔和狭缝中才能观察到。

(4) X射线对人眼是不可见的，并且能穿透可见光不能穿透的物体，其穿透能力取决于射线的波长。

(5) 当X射线进入物体时，将与物质发生复杂的物理作用和化学作用，如使物质原子发生电离、使某些物质发出荧光、使某些物质发生光化学反应等。

(6) X射线和γ射线具有辐射生物效应，能够杀伤生物细胞，损害生物组织,危及生物器官的正常功能。

4. 光子与物质的相互作用

当 X 射线和 γ 射线进入物体后,将与物质发生复杂的相互作用,包括光子与原子、原子的电子、自由电子和原子核的相互作用。其中最主要的作用是光电效应、康普顿效应、电子对效应和瑞利散射。

(1)光电效应。

射线在物质中传播时,如果光子的能量大于轨道电子与原子核的结合能,则入射光子与原子的轨道电子相互作用,把全部能量传递给轨道电子,获得能量的电子克服原子核的束缚成为自由电子,入射光子消失。这种过程称为光电效应,其示意图如图 4.25 所示。

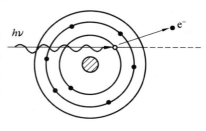

图 4.25　光电效应示意图

(2)康普顿效应。

入射光子与受原子核束缚较小的外层轨道电子或自由电子发生的相互作用称为康普顿效应,又称康普顿散射,其示意图如图 4.26 所示。这种相互作用中,入射光子与原子外层轨道电子碰撞之后,它的一部分能量传递给电子,使电子从原子的电子轨道中飞出,这种电子称为反冲电子。同时,入射光子的能量减少,成为散射光子,并偏离了入射光子的传播方向。反冲电子和散射电子的方向与入射光子的能量相关。随着入射光子能量增加,反冲电子和散射光子的偏离角减小。

(3)电子对效应。

电子对效应示意图如图 4.27 所示,能量高于 1.02 MeV 的光子入射到物质中,与物质的原子核或电子发生相互作用,光子放出全部能量,转化为一对正、负电子,这就是电子对效应。在电子对效应中入射光子消失,产生的正、负电子对在不同方向飞出,其方向与入射光子的能量相关。

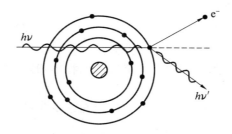

图 4.26　康普顿效应示意图

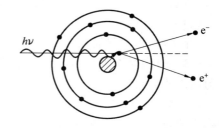

图 4.27　电子对效应示意图

(4) 瑞利散射。

瑞利散射是入射光子与原子内层轨道电子作用的散射过程。在这个过程中,一个束缚电子吸收入射光子后跃迁到高能级,随机又释放一个能量约等于入射光子能量的散射光子,光子能量的损失可以忽略不计。

4.4.2 射线检测的原理和方法

1. X 射线检测原理

当射线通过被检物体时,物体中有缺陷的部位(如气孔、夹杂等)与无缺陷部位对射线的吸收能力不同,一般情况是透过有缺陷部位的射线强度高于无缺陷部位的射线强度,因此可以通过检测透过被检物体后的射线强度的差异来判断被检物体中是否存在缺陷,这就是 X 射线检测的基本原理。

强度均匀的射线照射被检物体时,能量会产生衰减,衰减程度与射线的能量(波长)以及被穿透物体的质量、厚度和密度有关。如果被检物体是均匀的,则射线穿过物体后衰减的能量就只与其厚度有关。但当被检物体内有缺陷时,在缺陷部位穿过射线的衰减程度不同,最终就会得到不同强度的射线。图 4.28 所示为 X 射线检测原理示意图。其中,μ 和 μ' 分别是被检物体和物体中缺陷处的线衰减系数。

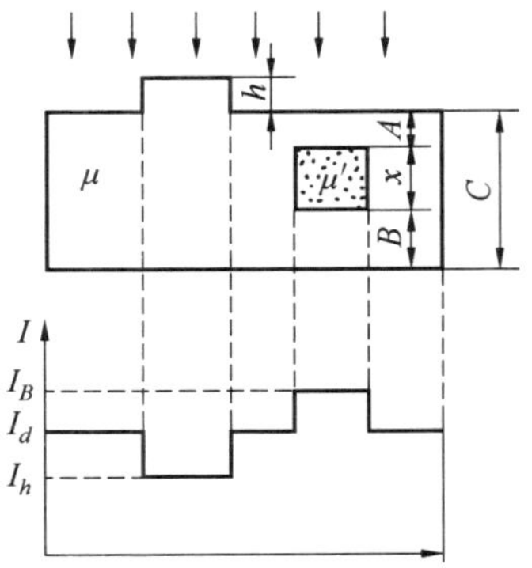

图 4.28 X 射线检测原理示意图

根据式(4.8)有

$$I_h = I_0 e^{-\mu(h+d)}, I_A = I_0 e^{-\mu A}, I_x = I_A e^{-\mu' x} \tag{4.9}$$

所以有

$$I_B = I_x e^{-\mu(d-A-x)} \tag{4.10}$$

因此可得

$$I_d \neq I_h \neq I_B \tag{4.11}$$

如果将不同的能量进行照相或转变为电信号指示、记录或显示,就可以评定材料的质量,从而达到对材料进行无损检测的目的。

2. X 射线检测方法

对于 X 射线检测,目前工业上主要应用的有照相法、电离检测法、荧光屏直接观察法等方法。

(1) 照相法。

照相法将感光材料(胶片)置于被检测试件后面来接收透过试件的不同强

度的射线,射线照相检测示意图如图 4.29 所示。胶片乳剂的摄影作用与感受到的射线强度有直接关系,经过暗室处理后就会得到透照影像,这样根据影像的形状和黑度的情况就可以评定材料中有无缺陷,以及缺陷的形状、大小和位置。

射线照相法灵敏度高、直观可靠,而且重复性好,是最常用的检测方法之一。

(2)电离检测法。

当射线通过气体时,与气体分子撞击,部分气体分子失去电子而电离,生成正离子,也有部分气体分子得到电子而生成负离子,此即气体的电离效应。电离效应会产生电离电流,其大小与射线强度有关。如果让透过试件的 X 射线再通过电离室进行射线强度的测量,便可根据电离室内电离电流的大小来判断试件的完整性。电离检测法示意图如图 4.30 所示。

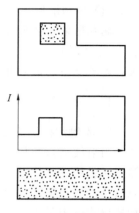

图 4.29 射线照相检测示意图

电离检测方法自动化程度高,成本低,但对缺陷性质的判别较困难,只适用于形状简单、表面平整的工件,一般应用较少,但可制成专用的标准化设备。

(3)荧光屏直接观察法。

将透过试件的射线投射到涂有荧光物质(如 ZnS/CaS)的荧光屏上时,荧光屏上会激发出不同强度的荧光。荧光屏直接观察法就是利用荧光屏上的可见影像直接辨认缺陷的检测方法,其示意图如图 4.31 所示。荧光屏直接观察法具有成本低、效率高、可连续检测等优点,适应于形状简单、要求不严格产品的检测。

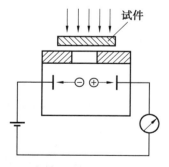

图 4.30 电离检测法示意图　　图 4.31 荧光屏直接观察法示意图

3. γ 射线检测

γ 射线检测与 X 射线检测在工艺方法上基本一样,其不同之处主要有以下几点。

(1)γ射线源不像 X 射线那样可以根据不同检测厚度来调节能量(如管电压),它有自己固定的能量,所以要根据被检测工件的厚度及检测的精度要求合理选取 γ 射线源。

(2)γ 射线比 X 射线辐射剂量(辐射率)低,所以曝光时间较长,一般要使用增感屏。

(3)γ 射线源随时都在放射,不像 X 射线机那样不工作就没有射线产生,所以应特别注意射线的防护工作。

(4)γ 射线比普通 X 射线穿透力强,但灵敏度比 X 射线低,可以用于高空、水下、野外作业。在无水无电及其他设备不能接近的部位(如狭小的孔洞、高压线的接头等)均可使用 γ 射线进行有效的检测。

4.4.3 典型的 X 射线检测技术

1. X 射线照相检测

X 射线照相检测(radiography)是最传统的无损检测方法之一,在工业领域已得到了广泛应用。X 射线照相法究竟能发现何种类型的缺陷,不同学者有不同的看法。有人认为 X 射线可发现气孔,而不能发现由热收缩产生的裂纹或纤维/树脂脱粘,也不能确定层间裂纹;也有人认为热裂纹与夹杂物一样,是易于被 X 射线发现的,而层间脱粘和纤维脱粘通常很难查出;还有人则认为 X 射线可发现大的气孔、裂纹和胶接接头中的疏松。倾向性的观点是 X 射线可以发现夹杂物、气孔,而不能发现垂直于射线方向分布的脱粘和裂纹。

X 射线照相检测法的优点是成本低,易操作;其局限性是效率低,缺陷(裂纹)的方位是决定性的,要求与射线平行。

2. X 射线实时成像检测

随着生产规模的扩大和对产品质量要求的提高,在某些情况下,传统的检测方法已无法适应生产中对可靠性和效率等的要求,特别是在航天器结构件等型面复杂、厚薄不均的大型件的缺陷检测中,实现实时在线的自动化检测尤为重要。X 射线实时成像检测是利用 X 射线在穿透物体的过程中受到吸收和散射而衰减的性质,通过图像增强器在荧光屏上形成与试件内部结构和缺陷等信息对应的图像,由摄像系统把图像转换成视频信号输出,通过计算机图像处理系统,运用数字图像处理技术,使得质量得到显著提高的图像在彩色显示器上实时显示,进行分析处理,从而检测出物体内部缺陷的种类、大小、分布状况,并做出评价。X 射线实时成像检测的优点是检测效率高,可实现缺陷的在线检测,且图像处理以后可进行缺陷自动评定;其局限性是得到的二维图像是样品在被测方向上的层叠影像,检测到的缺陷影像是累积效应产生的,而非缺陷的三维空间信息。

已发展的射线实时成像系统主要有三类,即荧光屏、图像增强器和数字实时成像系统。

3. X 射线计算机断层扫描

X 射线计算机断层扫描法(computed tomography,CT)起源于 X 射线照相技术,它将圆锥状射线束通过准直装置改变为线状或面状扫描束,使其穿过被摄物体的某一个断面而得到该断面的图像,对每片物体的观察可获得该物体的结构和性能方面的大量信息,进而达到检测缺陷的目的。CT 系统主要采用的射线源为低能 X 射线、射线和高能 X 射线。工业 X 射线 CT 作为一种先进的无损检测手段,自 20 世纪 80 年代以来,取得了迅速发展和广泛应用。作为射线检测技术,工业 CT 与胶片照相和实时成像有许多共同之处,如检测时需要有足够的射线能量穿透试件,受被检物材料种类、外形和表面状况限制较少,图像直观,现场需要射线防护等。同时,CT 图像是数字化的结果,从中可以得到像素值、尺寸及密度等物理信息,数字化的图像也便于存储、传输、分析和处理等。

4. X 射线断层形貌成像

X 射线断层形貌成像法(X-ray topography)是由样品散射的空间探测来描述特征的。它结合了 X 射线成像图像和 X 射线散射的可分析信息(如大小角度的衍射、折射和完全反射等)的优点,可用来研究晶体尺寸、界面形貌组织与材料机械性能的关系,并可进行微观损伤分析和质量评定。X 射线断层形貌成像法是分别基于大角度和小角度 X 射线散射的。大角度 X 射线散射是弹性散射(无能量转变),对于纳米级以下的原子和分子结构比较敏感;小角度 X 射线散射是胶体、聚合物和生物研究的传统工具,也可以检测纤维转向。

5. X 射线康普顿散射成像

康普顿散射(Compton scattering)成像检测技术采用散射线成像,射线源与检测器位于物体的同一侧,其技术上的显著特点是单侧几何布置,具有层析功能,一次可以得到多个截面的图像,也可得到三维图像,在理论上,图像的对比度可达到 100%。其局限性是:由于康普顿散射成像检测技术采用散射线成像,因此它主要适于低原子序数物质且位于近表面区厚度较小范围内的缺陷检测。通常,其适宜检验的物体表层厚度区是:钢约为 3 mm,铝约为 25 mm,塑料和复合材料约为 50 mm。在应用时必须考虑基体材料和缺陷对射线的散射差别、检验要求的分辨力和成像时间。康普顿散射成像检验技术已应用于检验和研究,如飞机蒙皮的黏结和腐蚀检验,在固体火箭发动机结构的分层检验中已可检出 0.15 mm 的分层间隙。

4.5 其他复合材料损伤检测方法

4.5.1 激光错位散斑检测

当激光照射到物体表面时,只要物体表面不是理想的平面,激光将从不同的凹凸点反射。根据惠更斯原理,每一个反光点可以看成一个独立的子光源,这些子光源发出的光相互干涉,在空间形成许多或明或暗的斑点,称为散斑。散斑测试技术分为单光束散斑干涉法和双光束散斑干涉法。

1. 单光束散斑干涉法

单束散斑干涉法是指利用物面不同部分的随机漫射子波之间的干涉效应而形成散斑图像的检测方法,该方法又称散斑照相法。

2. 双光束散斑干涉法

双束散斑干涉法是指利用物面的随机漫射子波与另一参考光波之间的干涉效应而形成散斑图像的检测方法。双束散斑干涉法包括测量物体位移和变形的散斑干涉法以及测量物体斜率(离面位移导数)和应变(面内位移导数)的散斑错位干涉法。目前,用于结构无损探伤的主要是激光错位(又称剪切)散斑检测技术,其原理示意图如图 4.32 所示。

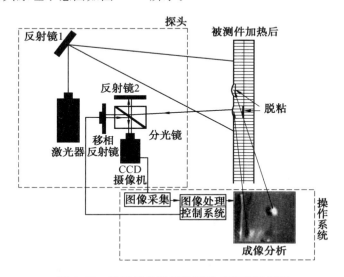

图 4.32 激光错位散斑检测技术原理示意图

激光错位检测的加载方式很多,常用的有热加载、压力加载和真空负压加载。热加载的原理是在检测过程中对被检测的构件表面进行加热,由于缺陷的导热系数一般比基体材料的小很多,因此缺陷附近将产生热量的堆积,形成局部高温区,进而导致局部较大程度的热变形。

4.5.2 电子剪切散斑干涉技术检测原理

剪切散斑干涉是在摄像机前放置一剪切光学元件,使被测物体在摄像机的像平面上产生两个略有错位的像,将加载前后的两个散斑图像相减即可获得反映缺陷的条纹图案。剪切散斑干涉除具有普通电子散斑干涉的优点外,还具有光路简单、对震动隔离要求较低的特点。由于测量的是位移导数,在自动消除刚体位移的同时,其对于缺陷受载引起的应变集中十分敏感,因此其非常适用于无损检测领域。

图 4.33 所示为一种典型的激光电子剪切散斑干涉检测系统光路简图。

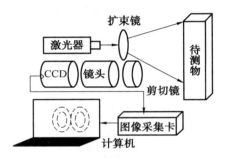

图 4.33 一种典型的激光电子剪切散斑干涉检测系统光路简图

物体加载变形前后的两幅散斑图像经视频图像探测器(如电荷耦合器件(charge-coupled device,CCD))采集,然后被图像采集卡数字化并输入到计算机中,通过两幅散斑图相减形成新的干涉条纹图,根据干涉条纹图的变化即可判断物体内部是否存在缺陷。对干涉条纹信息做进一步处理,还可以得到二维和三维图像,再现被检结构件内部的缺陷。

剪切成像方式主要有渥拉斯顿棱镜法、迈克尔孙法和光楔法等。与后两种方法相比,渥拉斯顿棱镜法更实用。渥拉斯顿棱镜的剪切原理示意图如图 4.34 所示。它由两个直角棱镜组成,当一束光垂直入射到棱镜的前表面时,在后表面将形成两束互相分开、振动方向互相垂直的平面偏振光。当光线入射到第一块棱镜后,寻常光(O 光)和非常光(E 光)无折射地沿同

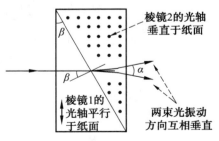

图 4.34 渥拉斯顿棱镜的剪切原理示意图

一方向进行,但它们的速度不同。在进入第二棱镜后,由于第二棱镜的光轴垂直于第一棱镜的光轴,因此第一棱镜的寻常光变为非常光,非常光变为寻常光,在两棱镜的界面上将分别以相对折射率 n_E/n_O 和 n_O/n_E (n_O 和 n_E 分别为棱镜材料寻常光和非常光的折射率)折射,结果两束光在第二棱镜中分开,并在离开棱镜时将再次折射而形成按一定角度分开的偏振光,且振动方向互相垂直。

4.5.3 声发射检测

声发射又称应力波发射,是材料或零部件受力作用产生变形、断裂或内部应力超过屈服极限而进入不可逆的塑性变形阶段,以瞬态弹性波形式释放应变能的现象。在外部条件作用下,固体材料或零部件的缺陷或潜在缺陷改变状态而自动发出瞬态弹性波的现象也是声发射。

复合材料中的基体开裂、层间分离、纤维与基体间界面分离和纤维断裂等,这些无损检测的主要对象都是重要的声发射源。声发射波的频率范围很宽,从次声频、声频直到超声频;其幅度动态范围也很广,从微弱的位错运动直到强烈的地震波。然而,声发射作为无损检测和无损评价手段,则是采用高灵敏度传感器,在材料或构件受外力作用且又远在其达到破损以前接收来自这些缺陷和损伤开始出现或扩展时所发射的声发射(AE)信号,通过这些信号的分析、处理来检测、评估材料或构件缺陷、损伤等内部特征。

尽管复合材料的损伤形式都有各自不同的复杂性,但几乎都有一个共同特点,那就是这些损伤缺陷发生发展时都有明显的声发射特征,而且声发射手段对于这些损伤过程的分析都非常及时和有效,所以声发射技术是复合材料破坏机理研究及强度性能研究最有效的手段之一。

本章参考文献

[1] 张铱,穆建春. 复合材料层合结构冲击损伤研究进展(Ⅱ)[J]. 太原理工大学学报,2000,31(1):1-4.

[2] 贾建东. 复合材料层合结构冲击损伤研究进展[J]. 应用数学和力学,2014,35(S):141-145.

[3] 刘志强,岳珠峰,王富生,等. 不同防护形式复合材料板雷击损伤分区特性[J]. 复合材料学报,2015,32(1):284-294.

[4] 王毅,韩光平,冯锡兰. 复合材料层合板疲劳损伤研究[J]. 热加工工艺,2013,42(10):129-132.

[5] 程光旭,韦玮,李光哲. 复合材料疲劳损伤演化的两阶段模型[J]. 机械工

程材,2000,24(5):1-4.
- [6] 刘贵民,马丽丽.无损检测技术[M].北京:国防工业出版社,2010.
- [7] 靳世久,杨晓霞,陈世利,等.超声相控阵检测技术的发展及应用[J].电子测量与仪器学报,2014,28(9):925-933.
- [8] 杨玉娥,闫天婷,任保胜.复合材料中碳纤维方向和弯曲缺陷的微波检测[J].航空材料学报,2015,35(6):91-96.
- [9] 周在杞,周克印,许会.微波检测技术[M].北京:化学工业出版社,2007.
- [10] 李路明,黄松岭,杨海青.复合材料分层缺陷的红外热像检测[J].航天制造技术,2002,(2):18-21.
- [11] 杨小林,代永朝,李艳红,等.红外热波技术在飞机复合材料损伤检测中的应用[J].无损检测,2007,29(4):200-202.
- [12] 郑世才.射线检测[M].北京:机械工业出版社,2004.
- [13] 徐丽,张幸红,韩杰才.射线检测在复合材料无损检测中的应用[J].无损检测,2004,26(9):450-456.
- [14] 侯日立,郑立胜.复合材料激光错位散斑检测的数值模拟研究[J].纤维复合材料,2013(3):39-44.
- [15] 张坚,耿荣生.复合材料的现场电子剪切散斑检测技术研究[J].无损检测,2007,29(7):378-381.
- [16] 许凤旌,陈积懋.声发射技术在复合材料发展中的应用[J].机械工程材料,1997,2(4):30-34.

第 5 章　常用无人机维修工艺

无人机通常具有低成本、轻结构、高隐身、长航时和高存储寿命等要求,对于无人作战飞机来说还有高机动和大过载的要求,减重是飞机结构设计永恒的主题。无人机对减重有特殊的需求,只有将结构质量系数控制在 30% 以下,才能给燃油、有效载荷、补偿隐身带来的增重腾出质量和空间。由于复合材料具有比强度高、比模量大、可设计性强、抗疲劳能力强、可提升机体隐身性能、使用寿命长、减震性能好等特点,因此无人机大多数结构采用复合材料,如机身、机翼、平尾、垂尾、尾撑舵面和起落架等复合材料应用于无人机结构上可以减重 20%~30%。因此,本章在第 3 章简要介绍的无人机主要部组件维修方法的基础上,主要阐述无人机复合材料常用修复方法及其工艺。

5.1　常规预处理方法

现阶段,先进树脂基复合材料已广泛应用于航空航天、车辆工程及石油化工等领域,其使用工况趋于复杂,容易出现表面划伤、分层及穿孔等损伤,如何有效地修复表面损伤已成为研究热点。补片式修理方法是应用最为广泛的复合材料修复技术,适合对承载较大的损伤进行修复。Wang J 等研究了直升机蜂窝夹层结构蒙皮与夹层结构骨架连接区的嵌入式补片修理方法,并对修理强度进行了测试。

影响补片修复效果的核心因素是修复表面与补片的界面结合强度。例如,C. Mandolfino 等对激光清洗后基体表面的界面结合强度变强做了实验和相关机制研究,结果表明采用待修复表面预处理方法可以提高其结合强度。复合材料制件进行表面处理是通过改变表面的形貌、洁净程度、物理、化学性能等方法,为后续涂装、热喷涂、镀膜等表面技术提供良好的表面状态,以增加胶粘剂树脂和复合材料基体表面的亲合力。表面处理主要是除污,包括探伤、机械加工等所接触的油污、冷却液等,并除去复合材料成型时表面残留的各种脱模剂。因为胶接的实质是一种界面行为,表面处理直接决定界面的物理和化学状态,所以表面处理是胶接工艺的重要环节。

表面预处理的方法很多,按照其作用的机理,大致可分为机械法和化学法等。

5.1.1 机械法

1. 机械打磨法

通常用刷子刷去粘接面表面的氧化层,然后用砂布、砂轮、砂纸或粗锉进行粗化处理,使粘接面得到一定的粗糙度。

2. 机械喷砂法

以压缩空气为动力,形成高速喷射束,将喷料高速喷射到需要处理的工件表面,使工件的表面获得一定的清洁度和不同的粗糙度,使工件表面的强度得到改善,提高工件的抗疲劳性,增加了它与涂层之间的粘接强度,延长了涂层的使用周期。

5.1.2 化学法

1. 脱脂法预处理

(1) 溶剂脱脂法。

溶剂脱脂法主要是利用有机溶剂除去表面的油污,所选的溶剂具有溶解污物能力强、不燃、无毒、具有低表面张力的特点。通常采用丙酮、甲苯、四氯化碳等有机溶剂。

(2) 高温脱脂及除积碳脱脂法。

高温脱脂及除积碳脱脂法将胶接件置于 200~250 ℃ 的电热鼓风机干燥箱中,使胶接件表面及周围的油脂渗出,然后用干净棉纱揩擦,再用溶剂除油。

(3) 超声波脱脂。

利用超声波振荡的机械能作用于脱脂液体时,周期交替产生瞬间正压或瞬间负压,在负压的半周期溶液中产生大量孔穴、蒸汽和溶解的气体形成气泡,随后在正压的半周期瞬间产生强大压力,气泡压缩破裂,产生冲击波,对溶液产生激烈搅拌,并猛烈冲击工件表面,从而加速除油过程并将复杂结构部件的细缝、低洼等死角的杂质清除出来。

2. 化学法预处理

化学法预处理主要是配备相应的化学溶液对零部件进行清洗,将胶接件浸入酸液、碱液或某些无机盐溶液,除去其表面污物和氧化膜。化学处理法除能清洁表面、粗化表面外,还可以形成新的耐化学反应的表层,相当于进行了表面改性处理,提高了胶接件的使用周期。

3. 涂偶联剂法预处理

在材料的表面涂一层偶联剂,相当于底胶的作用。偶联剂能够增加粘接表面的极性,使胶接材料与胶液之间形成化学键,从而使粘接强度和对环境作用的抗腐蚀能力大大增加。

5.1.3 塑料喷射法

复合材料表面一般都有一层保护漆,在修复损伤部位之前,需要对表面进行预处理,除掉复合材料表面油漆,使表面清洁,增加机械结合面和表面能。常规的预处理方法对这类零部件并不十分适用。例如,化学法对零件基体存在侵蚀和损伤,化学试剂对人体和环境造成污染,处理质量和经济性较差;用砂轮手工打磨易损伤基体,对于复合材料的基体,其纤维更易损伤,且除漆效率很低;喷砂工艺则由于喷射介质硬度过高,因此会对复合材料表面造成损伤。

塑料颗粒喷射技术(plastic media blasting,PMB)可以有效地解决软质材料零部件的表面预处理问题。塑料介质喷射除漆工艺是20世纪80年代初由美国首先研制并实际应用的,到20世纪90年代,PMB工艺得到了广泛的应用。随着其他国家和公司的加入,PMB法在喷射系统、辅助设备、回收利用和塑料介质的开发研制上取得了飞速的发展,使整个PMB除漆工艺更加完善和科学,并使其应用领域不断扩展。美国是采用塑料介质喷射除漆工艺较早和较广的国家,美国80%的军用飞机和60%的民用飞机起落架、发动机及发动机外壳的处理都已经采用了该技术。目前,美国、德国等国家有许多专门从事PMB设备和工艺,以及塑料介质的研制、开发及相关技术服务的企业和机构。

PMB除漆工艺是利用经过研磨制造的,具有各类不同形状、大小的颗粒且具有摩擦力的特殊塑料介质,在特定设计的设备或车间内以一定的速度、压力、距离和入射角度来喷射飞机的表面,以剥除表面漆层,是一种气动力学过程。这种特殊的塑料介质的硬度比漆层硬些又比基体材料软些,从而能使漆层剥落,而又不伤及机体表面。对于不同的基体材料,有不同的种类和尺寸的塑料介质及相应的工艺参数作为保证。

塑料介质喷射除漆工艺技术应用的关键是喷射设备、塑料粒子和人员素质。在实际应用中,PMB除漆工艺的喷嘴压力、喷射距离、塑料介质流量和速率、塑料介质的入射角度等都直接影响除漆质量,而这些参数的保证都将依靠专业的设备、特定的塑料介质和熟练的操作技术人员来实现。

传统的除漆工艺一般是打磨除漆法和化学除漆法。打磨除漆法不仅劳动强度大、工作效率低,而且因打磨效果难以控制而极易损伤基体材料,因此该法往往只用于漆层局部的修补。化学除漆法是目前国内广泛用于飞机整机及零部件除漆的方法,但化学除漆法有许多难以克服的缺点。化学除漆剂一般都具有腐蚀性(偏酸或偏碱),不仅对人体有刺激,还容易对飞机造成腐蚀甚至使某些部件产生氢脆。一般化学除漆剂都含有毒物质(如甲基氯化物等),在使用过程中会给操作者带来严重的危害,同时产生大量的有害废水,严重污染环境。1995年,美国环保机构明确规定,不能使用含有甲基氯化物或其他有害成分的化学除漆剂用于飞机和部件的除漆。PMB除漆法的优点正好避免了化学除漆法的缺点,因为塑料不含甲基氯化物等有毒物质,所以不会造成环境的污染。同时,PMB除漆法不会造成飞机的腐蚀和氢脆,并且除漆彻底且不损伤基体,也不需要大量的冲洗水,对环境影响小。

在技术上,一般打磨和化学除漆剂对复合材料(玻璃钢、碳纤维)都有不同程度的损伤,因此不适用于复合材料基体上的除漆。化学除漆剂的化学反应还需要一定的环境温度。PMB除漆法不受环境温度的影响,并且可以通过选择相应的塑料介质种类和控制工艺参数来保证在敏感材质(如复合材料)和轻、薄材料上的除漆效果。

小型手提式喷砂机目前最适合在野外条件下使用。该设备整体采用铝合金铸造而成,体积小,质量轻,压缩空气排量小,适合野外条件下对小型零部件或局部损伤进行快速除锈作业。针对复合材料的特点和无人机维修所处的野战环境,采用塑料颗粒喷射快速除漆技术对损伤表面进行快速除漆。塑料颗粒喷射快速除漆技术的主要特点是:由于塑料颗粒的硬度比漆层高,同时又比复合材料表面层硬度低,因此该除漆方法对复合材料表面不会造成损伤,除漆后表面变得粗糙,使贴片修复更加牢固。表面未除漆时,修复用复合材料贴片与漆面结合,而没有直接与复合材料结合,无法实现修复效果;表面除漆后,修复用复合贴片直接与复合材料损伤表面结合,强度明显增强。因此,表面除漆作为预处理重要环节,直接影响修复性能。HXP-S型手提式喷砂机如图5.1所示,损伤表面预处理及修复示意图如图5.2所示。

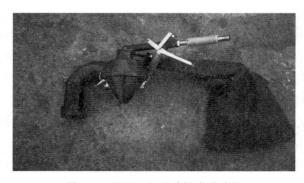

图5.1 HXP-S型手提式喷砂机

图 5.2　损伤表面预处理及修复示意图

5.2　高频脉冲激光表面预处理

激光表面预处理是通过对工件表面进行微结构设计和高频脉冲激光改性处理，从而改善其表面性能的方法。其利用激光束快速、局部加热工件，实现局部急热或急冷，可在自然环境、真空等环境中进行处理。激光表面预处理通过改变激光参数，解决不同的表面处理工艺问题，工件变形极小，是一种非接触式处理方法，根据表面处理的目的不同，分为激光加工（如激光切割、激光焊接、激光钻孔等）、表面改性处理（如激光上釉、激光重熔、激光合金化、激光涂覆等）和去除处理（如激光消融、激光清洗等）。

5.2.1　激光加工技术

激光加工切口平整光滑，速度快，一般无须后续加工；切割的热影响区小，切缝较窄，材料变形小；加工精度高，不损伤材料表面。目前主要的激光加工方法有激光切割、激光焊接、激光钻孔等。

1. 激光切割

激光切割技术是通过高能量密度的激光聚焦后产生的瞬间高温来实现的（图 5.3）。激光切割技术广泛应用于非金属和金属材料的加工中，可大大降低加工的成本，减少加工的时间，提高工件的加工质量。与传统的材料加工方法相比，激光切割具有切割速度快、切割质量好、柔韧性高、适用的材料广泛等优点。

2. 激光焊接

激光焊接技术通过激光辐射工件表面，使得工件表面迅速升温，表面的热量通过热传导向内部扩散，通过控制激光脉冲的能量、开关时间、功率、扫描速度和扫描频率等参数，使工件熔化，形成特定的熔池，具有焊接深度大、变形小、速度快的优点（图 5.4）。

图 5.3 激光切割

图 5.4 激光焊接

3. 激光钻孔

采用脉冲激光器可进行打孔加工,孔径约为 0.005~1 mm。激光钻孔广泛应用于钟表和精密仪器等,具有速度快、热影响区小、刻划出的字符可永久保持等特点(图 5.5)。

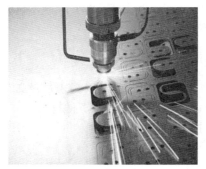
图 5.5 激光钻孔

5.2.2 激光表面改性技术

激光表面改性技术利用具有高能热源的激光束在基体材料的表面形成一层硬质的金属层,使金属材料表面的物理、化学或相组成发生变化的现象,进而提高金属材料表面的耐腐蚀性、耐磨性及硬度等性能,具有诸多其他表面改性技术所不具备的优点,因此也颇受科研领域的广泛关注。激光表面改性技术具有以下几方面优点。

(1)功率密度大。

激光束的聚焦直径较小,一般在 0.01 mm 左右,使激光束的高能密度可达到 $10^4 \sim 10^9$ W/cm^2,因此对其他难熔、高导热性的金属材料也适用。

(2)加热速度快。

激光束具有较高能量,能够产生瞬时高温,使表面快速熔化,加热的速度比一般的表面处理工艺要快得多。

(3)基体自激冷却速度高。

自激冷速度可达 $10^5 \sim 10^{10}$ ℃/s,并且基体表面加热都是局部加热的方式,因此基体的冷却速度非常快。

(4)工件热变形小。

由于激光的处理工艺属于非接触性加热,并且加热时间短,不产生机械力,因此工件的变形量也相对较小。

(5)加工不受磁场影响。

激光加热的过程中不受任何磁场影响,干扰因素相对较少。

(6)易于自动化控制。

由于激光可以局部加热,易于加工较为复杂形状的工件,且加工效率高等,因此更容易实现大规模生产和实现自动化。

(7)节省能源,加工过程清洁,不会污染环境。

激光加热过程中不产生有毒、有害物质,工作环境清洁。

1. 激光表面熔凝

激光表面熔凝即激光表面重熔,是利用高能激光束产生瞬时高温热源直接作用于基体材料表面,温度达到基体材料的熔点以上,使其快速被加热并熔化,再移走激光束热源,依靠基体自激冷却速度快的特点使熔化的部分快速冷却,从而使基体材料表面性能得到改善的一种处理方法。这种处理方法会使材料表层的晶粒细化,显微偏析减少,表面及亚表层硬度提高,减震性增强,还会生成非平衡相。这种非平衡相组织通过破坏以前的平衡相结构而得到,快速冷却结晶后,产生的第二相不再沉淀或改变其存在形式,就会形成过饱和固溶体,这种过饱和固溶体才是形成非平衡相的根源。Abbas 等利用 2 kW 连续 CO_2 激光器对 AZ31、AZ61、WE43 三种镁合金表面进行激光熔凝处理,选用氩气作为保护气氛,在镁合金表面得到厚度约为 1 mm 的熔凝层,其晶粒尺寸与原始镁合金相比显著细化,熔凝层中相内合金元素固溶度增加,相的分布更加弥散、均匀。在 pH 值为 10.5、NaCl 的质量分数为 5% 的溶液中分别对上述三种镁合金进行浸泡处理后,镁合金熔凝层的平均腐蚀率分别为 30%、66%、87%。实验结果表明,三种镁合金表面的熔凝层耐蚀性、耐磨性及其硬度均有显著提高。

2. 激光表面合金化

激光表面合金化是利用高能量激光束产生的瞬时高温快速将预置金属合金粉末或采用同步送粉法与基体材料表面同时熔化,在基材表面形成熔池,经过快速冷却,在基体材料的表面形成一层硬质合金层。这种硬质合金层能够使表面硬度、耐磨性、耐蚀性明显提高。激光表面合金化能够改变基体材料表面的物理、化学及其力学性能,也能够改变基体材料表面的成分及其组织结构,从而提高了表面综合性能。与常用的固相渗合金元素处理方法相比,激光表面合金化的特点是加热速度快、冷却速度快、加热的区域相对较小,而且处理方式属于非接触型,并且无机械力存在,使零件的变形也相对较小。以上诸多优点决定了激光表面合金化的处理技术更优于常用的固相渗合金元素处理方法。

3. 激光表面熔覆

激光表面熔覆又称激光表面涂覆,是利用高能量激光束对基材表面预置的合金粉末进行快速加热,或采用同步送粉法同时进行快速加热,并且在快速冷却之后使基体材料表面具有一定特殊性能的一种加工工艺。与激光表面的合金化相比,二者并无明显的界限。对于激光表面的合金化而言,基材表面的成分改变相对较小;对于激光表面熔覆而言,母材表面成分改变相对较大或熔覆一层与母材成分完全不同的合金层,形成不同于基体材料的组织成分,从而提高其表面的各种优良性能。

激光表面熔覆工艺可分为两种:一种是合金预置法;另一种是合金同步法。合金预置法是在进行激光处理之前,在基体材料的表面预置一层厚度适宜的一种或几种元素组成的合金粉末,并且均匀地涂覆在基体材料表面,从而完成激光表面处理过程的方法;合金同步法是在对基体材料表面进行激光处理的同时注入一种或几种元素组成的合金粉末而完成激光表面处理过程的方法。

4. 激光表面改性效果的影响因素

激光熔凝的影响因素是激光扫描速度、激光扫描功率、光斑直径、预热温度、频率、离焦距离、激光束的波长、电阻率、材料表面粗糙度及入射角等。其中主要以激光扫描速度和激光扫描功率两种影响因素为主。选择激光扫描速度和激光扫描功率的标准是在一定范围内选择最佳的参数值。如果激光扫描速度太快或激光功率过小,则基体材料表面形成的熔凝区(合金化区)尺寸过小,达不到激光熔凝效果;如果激光扫描速度太慢或激光功率过大,则基体材料表面温升过高,在熔凝区(合金化区)中容易产生裂纹,导致基材表面的硬度因裂纹的存在而降低。因此,激光功率和激光扫描速度的参数值应在一定范围内选择最佳值。激光表面合金化效果的影响因素为激光扫描速度、激光扫描功率、送粉量、载气流量等,实验过程中主要以前三点因素为主要影响因素。葛亚琼等利用 5 kW 横流 CO_2 气体激光器对 AZ31B 镁合金表面进行激光熔凝,以及激光熔覆低熔点 Al 和激光熔覆高熔点 Ni60 的合金处理,研究激光功率和激光扫描速度对熔凝层和熔覆层宏观尺寸的影响。研究结果表明,随着激光功率的增加或扫描速度的减小,熔凝层和熔覆层的宏观尺寸增加,即熔宽和熔深均增大。

5.2.3 激光消融预处理

理论上,激光消融预处理属于激光表面改性的内涵,但激光消融更倾向于对基体表面预处理的内容,因此本节将激光消融单独阐述。激光消融方法主要用于医学领域。在医学上,激光消融是利用波长为 1 064 nm 的 Nd:YAG 激光或一种连续波长为 820 nm 的激光作为能量源,通过激光与组织的相互作用,将光能转化为热能的一种消融方法,用于肿瘤消除治疗等。与之类似,将激光用于碳纤维复合材料表面,将其表面附着物或环氧树脂消融去除,就能到达对材料表面预处理的目的。

1. 激光消融表面预处理的依据

具有代表性的环氧树脂和碳纤维的性能参数见表 5.1。可以看出,环氧树脂的热导率为 0.7 W/(m·K),碳纤维的热导率为 1.56 W/(m·K),即碳纤维在受热时热量更容易传导出去;环氧树脂的比热容为 1.6 J/(kg·℃),碳纤维的比热容为 0.17 J/(kg·℃),即碳纤维温度升高 1 ℃所吸收的能量比环氧树脂要显著减少;环氧树脂的汽化温度为 510 ℃,而碳纤维的汽化温度高达 3 317 ℃。由于采用了高频脉冲激光,因此通过调整激光功率来控制热输入量,应该会有某一功率区间,既能使环氧树脂被完全汽化,又能将碳纤维较为完好地保留下来,从而形成一个立体的表面结构。

表 5.1 环氧树脂和碳纤维的性能参数

材料	热导率/[W·(m·K)$^{-1}$]	比热容/[J·(kg·℃)$^{-1}$]	气化温度/℃
环氧树脂	0.70	1.60	510
碳纤维	1.56	0.17	3 317

2. 激光消融处理工艺方法

用激光器对碳纤维增强环氧树脂基复合材料层合板表面进行激光消融处理,其示意图如图 5.6 所示。按设定参数进行消融处理,激光消融参数设置见表 5.2。LD2 设置为 20 A,按照偶联剂质量分数 20%、酒精质量分数 72%、水质量分数 8%的比例配置偶联

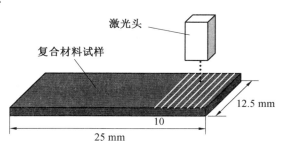

图 5.6 激光消融处理示意图

剂溶液,均匀涂在激光消融处理后的碳纤维增强环氧树脂基复合材料层合板表

面后晾干。然后,将 5015 环氧树脂和 5015 固化剂按照 5∶1 的比例混合,在低速搅拌机中搅拌 10 min,在高速搅拌机中搅拌 2 min,使得树脂与固化剂充分混合。将调好的胶粘剂均匀地涂在激光消融处理后的碳纤维增强环氧树脂基复合材料层合板表面。在真空条件下,用复合材料热补仪进行加热固化。

表 5.2 激光消融参数设置

功率导数 LD2/A	扫描速度/ $(mm \cdot s^{-1})$	扫描次数	脉冲宽度 /ms	频率 /kHz
0	500	1	10	15
7.5	500	1	10	15
15	500	1	10	15
20	500	1	10	15
27.5	500	1	10	15
32.5	500	1	10	15

5.2.4 激光消融预处理零件粘接修复性能

激光消融后,工件基体表面发生微观结构和组织成分的变化,起到预处理性能强化的作用,对工件黏结性能产生影响。结合本书无人机结构件复合材料修复背景需求,重点对碳纤维复合材料激光消融预处理的黏结性能进行研究。采用 Enpon－Nano－L10－1064 型激光器对复合材料层合板进行处理,消融路径为平行于复合材料层合板宽度方向直线 300 μm 间距,将复合材料层合板置于纯净水中,超声清洗 5 min 后自然干燥。

1. 激光消融处理后复合材料表面三维轮廓

图 5.7 所示为激光消融处理后复合材料的表面三维形貌,可见激光消融形成了明显的界面,处理区域内具有一定的深度,并呈出 45°方向的规则突出条纹。从彩色图片来看,树脂有明显被碳化的痕迹。图 5.8 所示为复合材料表面消融深度与激光功率的关系。可见,随着激光功率的不断增加,复合材料的烧蚀深度也呈现上升趋势。其中,LD2 在 0～15 A 时深度增加的速度较慢,15～27.5 A 时深度增加的速度较快,27.5～32.5 A 时深度增加的速度又变慢,表明碳纤维已经裸露出来。LD2 为 15 A 以下时激光烧蚀深度增加较慢,这是因为激光的功率偏低,能量散失较快,不足以把全部的树脂汽化,所以激光烧蚀的深度增加得较慢。LD2 为 15～17.5 A 时,环氧树脂汽化,而碳纤维保存了下来,所以烧蚀深度增加较快。LD2 为 17.5 A 之后,激光的功率较大,不仅将环氧树脂全部汽化,而且碳纤维也开始产生汽化,所以烧蚀的深度增加较慢。

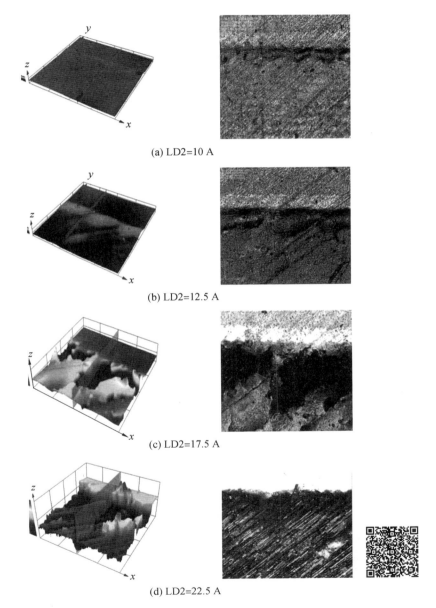

图 5.7 激光消融处理后复合材料的表面三维形貌

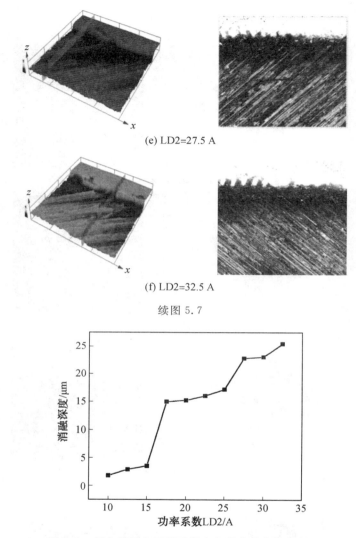

(e) LD2=27.5 A

(f) LD2=32.5 A

续图 5.7

图 5.8 复合材料表面消融深度与激光功率的关系

2. 激光消融处理后复合材料表面形貌

图 5.9 所示为激光消融处理前后复合材料层合板的表面显微形貌。未经激光消融的复合材料(图 5.9(a))表层被树脂覆盖。当功率系数 LD2 为 15 A 时(图 5.9(b)),碳纤维已经显露出来,但是树脂并没有完全消融。当 LD2 为 20 A 时(图 5.9(c)),复合材料表层的碳纤维已经完全显露出来,树脂也已经近乎完全消融。此时,可以认为实现了较好的选择性消融。LD2 进一步增加到 27.5 A 时(图 5.9(d)),不仅表层树脂完全消融,而且碳纤维也被激光严重烧

蚀,有的甚至被烧断。

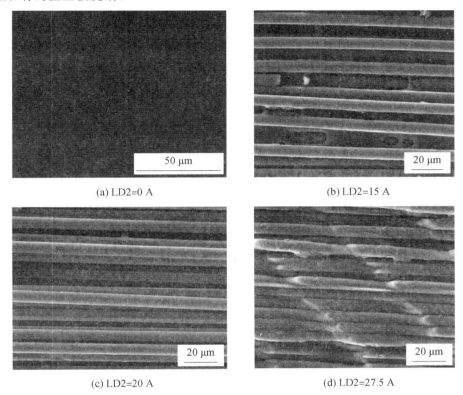

图 5.9 激光消融处理前后复合材料层合板的表面显微形貌

3. 理化性能分析

很多被粘材料经不同方法进行表面预处理之后,虽然得到了清洁的表面,能被胶粘剂浸润,但粘接强度却相差很大。这是因为表面的化学基团对界面粘接强度也有很大的影响。表面化学基团的存在,一方面可为表面的极性做出贡献,提高表面,改善浸润性;另一方面增加了粘接界面化学键结合的几率,显著提高了粘接强度和抗介质腐蚀能力。

图 5.10 所示为复合材料板表面 XPS 谱的 O1s 拟合图。根据 XPS 光电子能谱实验结果,O1s 谱被拟合成两种组成峰,结合能在 531 eV 左右的位置峰对应于碳氧双键,533 eV 左右的位置峰对应于碳氧单键。O1s 峰的峰形左右不对称,峰位向右方结合能高的位置偏移,说明 O 原子与电负性更强的原子结合,使其结合能变大。采用激光消融处理后(图 5.10(b)、(c)),碳氧双键峰的面积大于激光处理前的试样(图 5.10(a)),而碳氧单键峰的面积基本持平。采用元素灵敏度因子法对 O1s 谱进一步处理得到 O1s/C1s 的比值,原始复合材

料 O1s/C1s 的比值为 0.219,LD2 为 15 A 时的 O1s/C1s 的比值为 0.494,LD2 为 20 A 时的 O1s/C1s 的比值为 0.629。可见,激光消融后复合材料表面的含氧官能团有所增加,最大增加了 1.87 倍。

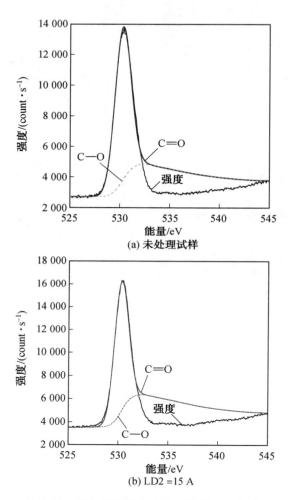

图 5.10 复合材料板表面 XPS 谱的 O1s 拟合图

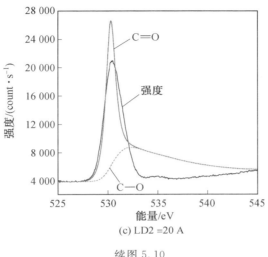

(c) LD2 =20 A

续图 5.10

4. 粘接修复力学性能

复合材料损伤修复的方法主要是补片式修理方法,测试碳纤维增强环氧树脂基复合材料层合板粘接的拉剪强度是判定工艺好坏最重要的依据。根据扫描电镜观察到了激光消融处理后碳纤维增强树脂基环氧复合材料层合板的形貌,初步认为当 LD2 为 20 A 和 12.5 A 时,扫描四次为较优的激光功率参数。虽然这两种工艺都能够实现激光的选择性消融,但是否达到了最好的力学性能还需要进一步确认。为进行对比,还需要将未进行激光消融处理的和较大激光功率的碳纤维增强环氧树脂基复合材料层合板一起进行拉剪强度分析。优化激光功率参数后,再进行其他工艺的探索,实现工艺的最优化。

将两块分别经过激光消融处理的复合材料板进行粘接,图 5.11 所示为激光功率与粘接复合材料板剪切强度的关系。可以看出,随着激光功率的增大,拉剪强度先增加然后下降。与未处理试样相比,当功率系数 LD2 为 15 A 时,拉剪强度提高了 17%;当 LD2 为 20 A 时,拉剪强度提高了 36%。随着激光功率的进一步增加,拉剪强度呈现下降趋势,并且低于未处理的复合材料。

试样粘接表面的机械粘接力为试样提供抗拉伸剪切强度,其大小主要由粘接剂与待粘接表面的浸润性以及待粘接表面的活性、极性基团、表面粗糙度等多方面因素共同决定。由前面分析可知,激光消融处理后的复合材料表面含氧活性官能团增加,活性增强,有利于粘接性能的提升。激光消融处理后表面粗糙度显著增加,即粘接剂和复合材料表面的实际粘接面积显著增加,也导致机械粘接力明显增加,拉剪强度提升。

图 5.12 所示为激光消融处理前后复合材料板的拉伸剪切断口形貌。

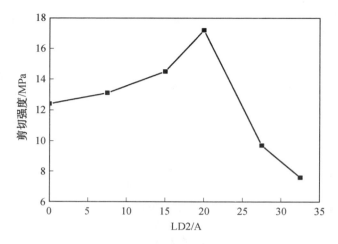

图 5.11 激光功率与粘接复合材料板剪切强度的关系

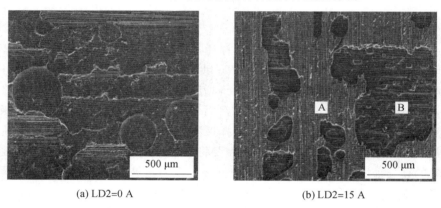

图 5.12 激光消融处理前后复合材料板的拉伸剪切断口形貌

可以看出,未处理试样表面大部分为树脂材料(图 5.12(a)),局部树脂被破坏,露出碳纤维材料。激光消融处理后(图 5.12(b)),拉剪破坏表面大致由两部分组成,其中 A 部分为单向排列的碳纤维,而 B 部分则为纤维被黏附到另一块复合材料板后表面留下的规则条形凹槽。

激光选择性消融、表面保留高强度纤维提升复合材料粘接强度的原理示意图如图 5.13 所示。未经选择性消融处理时,两个粘接表面之间仅为一层树脂材料,其内聚强度相对较低。剪切破坏发生在树脂内部,破坏抗力小。选择性消融处理后,复合材料表面存在一层相对自由的碳纤维,其一端与复合材料牢固连接。此时,粘接结构形成一个多界面、多组分的立体复杂结构。这种粘接结构中,粘接剂不仅与复合材料板的表层内部树脂形成结合,而且将对偶件消融出的碳纤维完全包裹黏合。在承受拉伸剪切力时,承载的不仅是粘接材料,而且包括碳纤维材料。由于碳纤维强度远高于树脂,拉断需要更大的载荷,因此提高了拉剪强度。

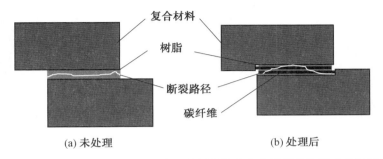

图 5.13 激光选择性消融、表面保留高强度纤维提升复合材料粘接强度的原理示意图

综合分析,在一定的工艺参数下,采用高频脉冲激光对碳纤维增强树脂基复合材料进行消融预处理能够使表层树脂烧蚀汽化,而碳纤维能够较好地保留,从而实现选择性消融。经激光消融处理后,复合材料表面的活性增强,含氧官能团碳氧双键(C=O)数量增加了约87%。在一定范围内,激光消融处理可提高复合材料粘接后的拉剪强度,当激光功率系数 LD2 为 15A 和 20A 时,拉剪强度分别提高了约 17% 和 26%,在一定范围内与选择性消融的效果呈正相关关系。

5.3 复合材料加热固化修复方法

复合材料热补仪具有便携、易操作、成本低、无特殊环境要求等优点,在复合材料修补中应用最为广泛。波音、空客等大型飞机制造公司都将复合材料热补仪列为飞机复合材料损伤修复的主要技术手段,在其他装备的复合材料损伤修复中也大多将复合材料热补仪修复方法作为标准修复工艺。本节重点介绍复合材料热补仪及其修复工艺方法。

5.3.1 热补仪的基本组成及工作原理

本节以 CMR-02S 型复合材料热补仪为例,说明其主要工作原理及工作过程。

1. 基本组成

图 5.14 所示为 CMR-02S 型复合材料热补仪控制面板。复合材料热补仪是一个由计算机进行监控的电热综合修理系统,有多个传感器输入。复合材料热补仪能为树脂基复合材料预浸料的固化成型提供必要的加热、抽真空和时间上的控制,控制参数通俗易懂,图形界面直观简洁,用户友好程度高。该修理仪器小型轻便,可用于修理厂或野外环境。

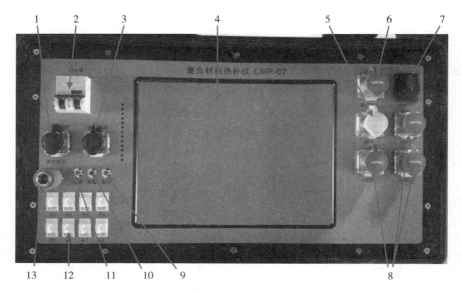

图 5.14　CMR-02S 型复合材料热补仪控制面板

1—输入电源插座；2—空气开关；3—输出电源插座；4—LED 显示屏；5—网线接口；6—调试接口；7—电源开关；8—USB 接口；9—加热指示灯；10—报警指示灯；11—电源指示灯；12—热电偶插座；13—真空接头

2. 工作原理和过程

(1)温度控制。

温度控制是复合材料热补仪的主要功能。CMR-02S 型复合材料热补仪采用比例、积分、微分(proportion,integral,differential,PID)控制方法对加热固化成型的温度进行控制，以保证控制过程的精度及控制的可靠性。

PID 控制器是连续控制系统中技术成熟、应用广泛的控制器。在模拟控制系统中，最常用的控制规律是 PID 控制。常规 PID 控制系统原理框图如图 5.15 所示，系统由模拟控制器和被控对象组成。

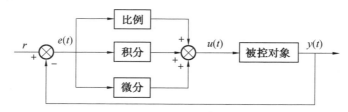

图 5.15　常规 PID 控制系统原理框图

PID 是一种线性控制器，它根据给定值 $r(t)$ 和实际输出 $y(t)$ 构成控制偏差，即

$$e(t) = r(t) - y(t)$$

将偏差比例(P)、积分(I)和微分(D)通过一定的线性组合构成控制量$u(t)$对被控对象进行控制,其控制规律为

$$u(t) = K_P(e(t)+1)$$

$$u(t) = K_P \left(e(t) + \frac{1}{T_I} \int e(t) \mathrm{d}t + \frac{T_D \mathrm{d}e(t)}{\mathrm{d}t} \right)$$

式中　K_P——比例系数;

　　　T_I——积分时间常数;

　　　T_D——微分时间常数。

热补仪配置八个热电偶接口,可同时测试八个测量点的温度。温反馈温度的标定模式有三种:最高温度、最低温度、平均温度。根据实际工作情况,可选取不同的模式对加热过程进行控制。

热电偶可以实时测试复合材料补片的温度,并将温度反馈给控制器。控制器将实际测得的温度与预设的温度进行对比,通过 PID 控制方法调整加热元器件的输出功率,从而对加热温度进行精确控制。

加热元器件是复合材料热补仪的加热执行元器件,通常为电热毯形式。按照材质不同,大致可分为硅橡胶电热毯和聚酰亚胺树脂电热毯等类别(图 5.16)。根据加热温度及具体工况,可选择不同的电热毯。通常来说,硅橡胶电热毯的加热温度不大于 180 ℃,而聚酰亚胺树脂的长期使用温度可达 300 ℃以上,因此可以在更高加热温度要求的场合使用。

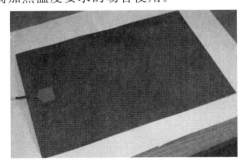

图 5.16　电热毯实物图

(2)真空控制。

热补仪内置一台小型电动真空泵,通过控制软件,可实现真空泵的开关操作。同时,热补仪内部集成了真空度检测组件,可以实时对复合材料修补的真空度进行检测。

在复合材料补片固化成型修补过程中施加抽真空工艺,主要目的有两个:首先,无论是采用湿法还是干法制作复合修补材料,都会不同程度地夹杂气泡,

这些气泡若不能在固化过程中排除,会作为杂质存留在固化物中,对修复结构的力学性能和抗疲劳性能造成较大影响,而在固化成型过程中施加抽真空工艺可以有效排除气泡,并且使树脂和增强纤维材料更好地结合;其次,复合材料补片在固化成型过程中抽真空,相当于施加了 1 atm(1 atm=1.013 kPa)的外部压力,使增强纤维排列更加紧密,多余树脂材料能有效排除,大幅减少了局部富脂、缺胶等缺陷的产生,有效增加了树脂与增强纤维的结合性能和复合材料补片与被修补零件表面的结合强度,并增加了复合材料补片自身的层间剪切强度等力学性能指标。

3. 复合材料热补仪控制软件

以 Matlab 和 Delphi 为工具,采用模块化设计思想,实现了应用层与驱动层的各自封装及合理对接,结构鲜明、层次合理、可移植性强。根据硬件配置,采用 Matlab/Target Support Package TC2 中的相应模块,搭建了热补仪控制程序主框架;采用 Delphi 编写了控制程序可视化界面,将操作者的控制意图转化为硬件电路的控制指令,实现人机交互。

图 5.17 所示为复合材料热补仪控制软件主界面。主界面分三部分,最上一部分用图形曲线的方式显示当前的修补进程和所使用的工艺曲线;中间部分显示热电偶测量值和真空压力值;最后一部分则是主界面的功能按钮,是用户的操作区域。

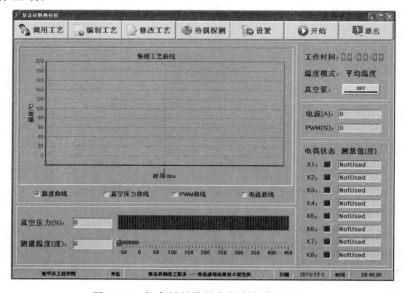

图 5.17　复合材料热补仪控制软件主界面

5.3.2 复合材料补片修补的封装

采用复合材料热补仪对损伤复合材料结构进行修复,需要将补片在损伤部位进行封装。封装工艺中,最重要的是复合材料补片的粘贴。不同的零部件材质、结构和损伤形式,复合材料补片的贴敷方法也有所不同。热补仪修复封装示意图如图 5.18 所示。

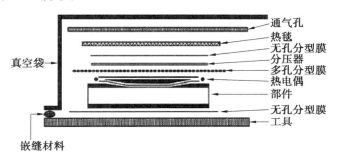

图 5.18 热补仪修复封装示意图

1. 复合材料结构损伤修复的封装

图 5.19 所示的贴补修理方法以树脂基复合材料的几种典型损伤为例,说明使用复合材料热补仪进行修补过程中复合材料补片的贴敷方法。

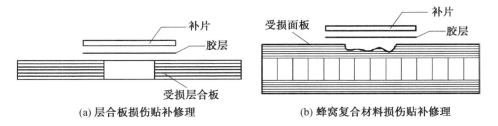

图 5.19 贴补修理方法

飞机复合材料粘接修理可分为贴补和挖补两种基本的修理方法。贴补修理是在损伤结构的外部粘贴贴片以恢复结构的强度、刚度及使用性能,可分为预浸贴片与胶粘剂共同固化和将已固化的贴片用胶粘剂粘贴这两种方法(图 5.20)。挖补修理方法操作简单,施工效率高,通常能恢复原有强度的 70%~80%,适用于损伤较轻和对气动外形要求不严的结构表面的维修。

挖补修理是采用铣切等方式将损伤结构挖除,并形成斜接式或阶梯式的粘接面,然后采用预浸料或其他填充物填充挖补区,最后经固化得到平整修理表面(图 5.21)。这种修理方式能获得良好的气动外形,胶接面上的剪应力分布较均匀。此外,由于不存在偏心载荷,因此补强板的剥离应力较小。但是,挖补

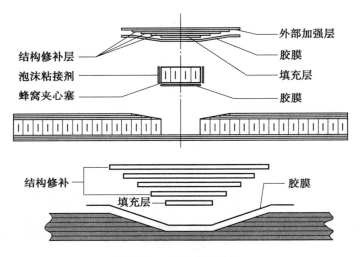

图 5.20 挖补修理方法

修理比贴补修理工艺复杂,对操作的要求较高,在无人机具体损伤修补时,气动性能要求不高的表面损伤可以采用贴补法,对于气动性能和强度要求较高的损伤和严重损伤则需要采取挖补法。

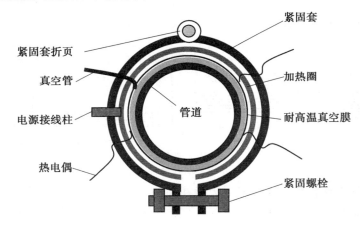

图 5.21 管道高温修补复合材料固化成型装置示意图

2. 高温管道损伤修复成型固化

针对高温高压管道的损伤,设计了专门的封装及固化成型装置,管道修复复合材料缠绕示意图如图 5.22 所示。固化成型装置为复合材料修补系统的执行机构,承担加热、温度探测、抽真空、真空探测、加压等固化修补所需的全部功能。

被修复管道外面缠绕聚酰亚胺/碳纤维复合修补材料,然后贴附一层耐高

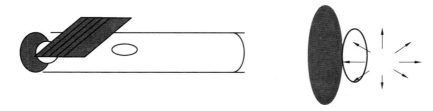

图 5.22 管道修复复合材料缠绕示意图

温真空膜,真空膜通过耐高温密封条与管道壁密封,抽真空接头穿过真空膜,对真空膜包覆的复合材料进行抽真空处理。

真空膜外层包覆加热器,由于加热温度高,因此通常复合材料修补设备常用的硅橡胶加热器无法使用,需要选择温度更高、易于成型的加热器。在对比了主要加热元件的基础上,选择云母电加热材料作为复合材料高温固化的加热器。

该云母电加热器以 0.5 mm 厚的不锈钢为外壳,里面采用绝缘性好、耐高温性能优异的云母材料作为填充,均匀分布镍铬电加热丝作为发热体。该加热器可耐 600 ℃ 的高温,功率达 1 000 W,质量轻,体积小,加热层薄,容易设计成各种形状。

加热器外层为紧固套,用于在固化成型过程中对复合材料进行加压,采用不锈钢材料制作,用螺栓进行紧固。

热电偶探测头放置在加热器与真空膜之间,多个热电偶均匀分布,并与加热器和真空膜之间压紧,保障温度测试的准确性。为防止加热器的强电对热电偶温度测定产生影响,热电偶探测头通常采用绝缘处理。

真空管道通过预置在真空膜内的接头,将内部气体抽出。主机真空系统中安装了真空度探测单元,实时对真空度进行探测。

5.3.3 复合材料热补仪的操作工艺过程

采用复合材料热补仪对损伤装备零部件进行修理,复合材料热补仪修复图如图 5.23 所示。

1. 设备安装

(1)设备安放。

(2)连接电源线。

(3)连接真空软管。

(4)根据损伤情况选择电热毯的尺寸和规格。

(5)按照需要连接 1~8 根热电偶。

图 5.23　复合材料热补仪修复图

2. 编制和调用工艺

每一种复合材料补片,其固化成型的工艺要求都不相同。有针对性地设置固化成型工艺可以最好地实现修复效果。

(1)编制工艺。

热补仪工艺编制和调用界面图如图 5.24 所示,在主界面上有"编制工艺"和"修改工艺"按钮。在主界面上点击"编制工艺"按钮进入工艺编制程序,编制的工艺参数主要包括加热阶段数量、升温速率、保温温度、保温时间、降温速率、终止温度、报警参数等。

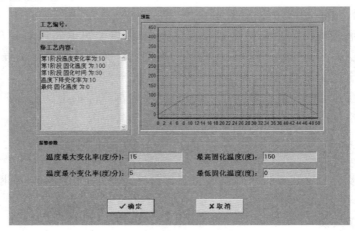

图 5.24　热补仪工艺编制和调用界面图

(2)修改工艺。

在主界面上点击"修改工艺"按钮进入工艺编制程序,在该界面中可实现对修理工艺的修改、删除等操作。

3. 复合修补材料封装

根据损伤零部件的具体情况,参照上一节内容,选择合适的封装方式进行复合材料补片的封装处理。

4. 开始工作

点击开始按钮后,复合材料热补仪将控制复合材料补片在抽真空状态下沿着预设的温度曲线进行加热固化成型。

5. 工作完毕,拆除封装

加热成型完成后,断开电源及各连线,拆除封装材料,对修补部位周边进行清理和加工。

5.4 复合材料补片紫外光固化成型修复

光固化法是利用光敏胶固化速度快的特点,以光敏胶作为基体树脂,以高强纤维作为增强材料,制成预浸料修理补片,根据修复对象的需求,选用合适的修理补片,在光的辐照下迅速固化,以对裂纹、孔洞、腐蚀等损伤形式进行快速修复的方法。从理论上讲,各种波长的光段都可以引发固化反应,目前主要以紫外固化修理为主。

紫外线(ultra violet,UV)属于电磁波辐射的一段,电磁波谱包括无线电波、红外线、可见光、紫外线、X 射线、γ 射线等。紫外线只是其中很窄的一段,波长范围为 10~400 nm,可划分为长波紫外线(UVA)、中波紫外(UVB)、短波紫外线(UVC)和超短波紫外线。波长越短,能量越强,穿透能力越弱。

UVA 的波长介于 320~400 nm,具有较强的穿透能力,能穿透玻璃,这一波段的紫外线能量与多数化学键能相当,容易引起光化学反应,通常用于光固化的就是 UVA。UVB 的波长介于 280~320 nm,穿透力较弱,玻璃对它有强烈的吸收。太阳光中含有丰富的 UVA 和 UVB。UVC 的波长介于 200~280 nm,臭氧层对它有强烈的吸收,所以太阳光中 UVC 在到地面之前就被臭氧层吸收了,UVC 对生物体就很强的破坏作用,可杀死细菌、病毒,因此常用于消毒。紫外线会损害皮肤和眼睛,UVA 会使皮肤变黑、松驰、皱纹,UVB 会产生急性皮炎(即晒伤)等症,皮肤会变红、发痛,长期照射还容易导致皮肤癌变,因此在进行光固化作业时应注意防护。

5.4.1 紫外光固化的特点

1. 紫外光固化的优点

(1)无须混合的单组分体系,使用方便。

(2)固化速度快,几秒至几十秒即可完成固化,有利于自动化生产线,提高劳动生产率。

(3)固化温度低,节省能源,室温即可固化,可用于不宜高温固化的材料,紫外光固化所消耗的能量与热固化树脂相比可节约能耗90%。

(4)无污染,可采用低挥发性单体和齐聚物,不使用溶剂,100%固化,故基本上无大气污染,也没有废水污染问题。

(5)性能优良,耐磨、抗溶剂、抗冲击、强度高。

2. 紫外光固化的缺点

(1)设备投资较大,特别是电子束固化设备,辐射固化胶粘剂的价格高于常规胶粘剂的价格,这部分可通过能耗低、生产效率高得到补偿。

(2)由于紫外光穿透力较弱,固化深度有限,因此可固化产品的几何形状受到限制,不透光的部位及紫外光照射不到的死角不易固化。

(3)紫外光能产生臭氧,需要排风系统。

5.4.2 固化机理

UV光固化体系分为自由基体系和阳离子体系,二者固化机理成分都有所不同。自由基体系由光引发剂受UV照射激发产生自由基,引发单体和预聚物聚合交联;阳离子体系由阳离子光引发剂受辐射产生强质子酸,催化加成聚合,使树脂固化。下面以自由基体系为例进行说明。

UV自由基固化经过以下步骤。

(1)自由基光引发剂受到UV照射后,激发分解产生自由基。

(2)链引发。引发剂产生的自由基引发树脂和单体分子的不饱和双键产生新的自由基。

(3)链增长。由树脂和单体产生的自由基可以继续引发树脂和单体分子中的不饱和双键产生自由基,进行自由基连锁反应。

(4)链终止。化学反应中,由于自由基含有未偶化电子,非常活泼,极易与其自由基偶合或发生酸化作用,因此链反应终止。

上述反应结果生成高分子化合物,因此胶液转变为固体。

5.4.3 紫外光固化胶的组成

1. 预聚物

预聚物是UV光固化胶的骨架,它是具有反应活性的低分子聚合物。预聚物的主要功能是提供胶层的关键性能,如黏度、抗张强度、剪切强度、硬度和柔顺性等。在光固化自由基体系中使用的预聚物是一些含双键的不饱和聚合物,主要有聚丙烯酸酯、环氧丙烯酸酯、聚氨酯丙烯酸酯、不饱和聚酯、聚烯烃/硫醇等,其中环氧丙烯酸酯和聚氨酯丙烯酸酯反应活性高、原料丰富、品种多、价格适中,所以用量最多。

2. 单体

辐射固化组分中单体又称活性稀释剂,其主要作用是调节黏度和参加聚合反应。单体按官能度的多少可分为单官能单体、二官能单体及多官能单体。单官能单体固化生成线型聚合物,有利于提高胶层的柔韧性和附着;二官能和多官能单体不仅起反应性稀释剂的作用,而且起交联剂的作用,它们对胶层的硬度、韧性和强度有重要影响。增加单体的官能度可加速固化过程,为适应生产具有良好性能的黏合剂,常使用单官能、二官能和多官能的混合物。

自由基固化体系所用的单体主要用于(甲基)丙烯酸酯类、乙烯基类和乙烯基醚类等,如苯乙烯、丙烯酸丁酯、丙烯酸异辛酯、丙烯酸异冰片酯、二缩三丙二醇二丙烯酸酯、己二醇二丙烯酸酯、三羟甲基丙烷三丙烯酸酯等。应用这些单体除考虑黏合的性能和成本等因素外,还要考虑刺激性和毒性,一些刺激性和毒性较大的品种逐渐被淘汰,更多刺激性和毒性低的品种被开发出来并用于工业生产。阳离子固化体系所用的预聚物和单体与环氧树脂胶粘剂类似。

3. 光引发剂

光引发剂是任何 UV 固化体系都需要的主要组分之一,对 UV 固化体系的灵敏度(固化速率)起决定作用。光引发剂可分为自由基光引发剂和阳离子光引发剂,分别应用于自由基体系和阳离子体系。常用的自由基光引发剂有羰基化合物、偶氮化合物、有机硫化物、氧化还原物质、卤素化合物、有机金属化合物、增显染料等,应用较广泛且效果较好的是羰基化合物,主要有联苯甲酰、二苯甲酮、安息香及其醚化合物(如安息香乙醚、安息香丁醚)等。

与自由基光固化体系相比,阳离子光固化体系具有以下优点。

(1)固化时体积收缩小,附着力强。

(2)不被氧气阻聚,在空气氛围中可获得快速而完全的固化。

(3)固化反应不易终止,适用于厚膜和色漆的固化。

总之,由于基础研究、开发的时间较短,以及价格等因素,因此阳离子光引发体系目前仅占整个 UV 固化市场约 5%,但鉴于上述较之自由基固化体系的优点,阳离子光固化体系将是一类大有前途的光引发体系。

4. 其他助剂

其他助剂有稳定剂、附着力增强剂、颜料色素、触变剂等,种类和要求大体上与一般丙烯酸黏合剂相同。唯独颜料和色素的使用需注意对紫外线的吸收和散射,可能会影响固化速度和固化深度。

5.4.4 固化装置

用于 UV 胶固化的辐射装置通称光固化机,可分为履带式、箱式、点光源系列。它的构造比较简单,主要由光源、反射器、冷却系统(风冷或水冷)和传动装置(传送带)组成。

紫外线由紫外灯产生,常用的紫外灯源有低压汞灯、中压汞灯、高压汞灯、氙灯、金属卤化物灯及最新式的无极灯。其中,中压汞灯相对便宜,易于安装和维护,且在 340～380 nm 范围波长的强烈辐射峰正好落在许多光引发体系的吸收谱。因此,中压汞灯获得了广泛的应用。

5.4.5 紫外光固化在快速修复中应用

在飞行训练中发现某型飞机机翼出现两处损伤(图 5.25),抢修技术人员利用光固化复合贴片快速修复技术对其进行修复(图 5.26 和图 5.27)。修复受损的部位有飞机机翼、副油箱和座舱盖等,修复一处损伤的时间不超过 30 min,修复部位的静强度比铆接高 50%,疲劳强度比铆接高 10 倍以上,有效提高了紧急情况下的维修保障能力。受损机翼修复后情况如图 5.28 所示。

图 5.25 飞机机翼损伤照片

图 5.26 打磨损伤部位照片

图 5.27 紫外光固化复合贴片

图 5.28 受损机翼修复后情况

紫外光固化修复技术因其修复速度快、修复质量好、稳定可靠、作业方便而获得快速发展与应用,在装备维修、管道抢修等许多行业领域具有广泛的应用前景。随着相关工艺技术、固化新材料、固化装备的更新换代,紫外光固化将在更多行业领域得到广泛的应用。

5.5 微波固化修补技术

微波是一种高频率的电磁波,具有波长短(1 mm～1 m)、频率高(300 MHz～300 GHz)、量子特性等明显特征。微波技术广泛应用于雷达、导航、多路通信、遥感及电视等方面。1946 年,美国雷声公司的研究员斯潘瑟发现微波溶化了糖果。事实证明,微波辐射能引起食物内部的分子振动,从而产生热量。1947 年,第一台微波炉问世。20 世纪 60 年代开始,人们逐渐将微波加热技术应用于纸类、木材、树脂挤出等物理加工过程。近年来,微波钼工业的生产过程中导入微波加热技术,不仅可有效提高反应转化率和选择性,而且体现出节能环保等诸多优点,其作为实现绿色工艺的手段之一,得到了人们的广泛重视。

微波固化是一种依靠物体吸收微波能将其转换成热能,使自身整体同时升温的加热方式,该方法完全区别于其他常规加热方式。传统加热方式是根据热传导、对流和辐射原理使热量从外部传至物料热量,热量总是由表及里传递进行物料加热,物料中不可避免地存在温度梯度,故加热的物料不均匀,致使物料出现局部过热。微波加热技术与传统加热方式不同,是被加热体内部偶极分子高频往复运动,产生"内摩擦热"而使被加热物料温度升高,不需要任何热传导过程,就能使物料内外部同时加热、同时升温,加热速度快且均匀,仅需传统加热方式能耗的几分之一或几十分之一即可达到加热目的。

5.5.1　微波加热原理

微波是一种能量(而不是热量)形式,但在介质中可以转化为热量。材料对微波的反应可以分为四种情况:穿透微波、反射微波、吸收微波和部分吸收微波。

一般在能束加工领域中,所处理的材料大多是介质材料,而介质材料通常都不同程度地吸收微波能,介质材料与微波电磁场相互耦合,会形成各种功率耗散,从而达到能量转化的目的。能量转化的方式有许多种,如离子传导、偶极子转动、界面极化、磁滞、压电现象、电致伸缩、核磁共振、铁磁共振等,其中离子传导及偶极子转动是微波加热的主要原理。

微波加热的基础是微波对介质进行加热。根据物理理论可知,介质分子可分为有极分子和无极分子两大类。有极分子正、负电荷的中心不重合,其间有一段距离,可等效为一个电偶极子(如水),在外电场的作用下,使原来杂乱无章的有极分子沿着外电场的方向转向,产生转向极化(无极分子的正、负电荷中心重合,在外电场的作用下使分子中的正负电荷中心沿电场方向只产生位移极化)。如果外电场是交变的,那么有极分子的转向也要随电场的变化而不断改变方向。在这个过程中,由于分子间的相互碰撞,因此电能转化为分子的动能,然后再转化为热能,使物体的温度升高。由此可见,对于有极分子组成的物体,交变电场就容易对它进行加热。

表征介质在外电场作用下极化程度的物理量称为介电常数(在交变电场作用下,介质的介电常数是复数,虚数部分反映了介质的损耗)。实际上,介电常数并不是一个不变的数,在不同的条件下,其介电常数也不相同。例如,水在微波条件下的介电常数和损耗比一般物质大很多,因此较容易吸收微波能量而被加热。

5.5.2 微波加热的特点

采用微波加热具有加热速度快、热量损失小、操作方便等特点,既可以缩短工艺时间、提高生产率、降低成本,又可以提高产品质量。与传统加热方式相比,微波加热有以下特点。

1. 加热均匀、速度快

一般加热方法凭借加热周围的环境,以热量的辐射或热空气对流的方式使物体的表面先得到加热,然后通过热传导传到物体的内部。这种方法效率低,加热时间长。微波加热的最大特点是微波是在被加热物内部产生的,热源来自物体内部,加热均匀,不会造成"外焦里不熟"的夹生现象,有利于提高产品质量,同时由于"里外同时加热"大大缩短了加热时间,加热效率高,因此有利于提高产品产量。微波加热的惯性很小,可以实现温度升降的快速控制,便于自动化和连续性生产。

2. 选择性加热

微波加热所产生的热量与被加热物的损耗有着密切关系。各种介质的介电常数在 0.000 1~0.5 的范围内,所以各种物体吸收微波的能力有很大的差异。一般来说,介电常数大的介质很容易用微波加热,介电常数太小的介质就很难用微波加热,这就是微波对物体具有选择性加热的特点。

3. 控制及时、反应灵敏

常规的加热方法,如蒸气加热、电热、红外加热等,要达到一定的温度,需要一定的时间,在发生故障或停止加热时,温度的下降又要较长时间。而微波加热可在几秒的时间内迅速地将微波功率调到所需的数值,加热到适当的温度,便于自动化和连续化生产。

4. 强场高温

介质中单位体积内吸收的微波功率正比于电场强度的平方,这样就可以在很高的场强下使加工物件在极短的时间内上升到需要的加工温度。强场高温还能在产品的质量不受影响下产生杀菌作用。

5. 微波加热穿透能力强

远红外加热的频率比微波加热的频率更高,理论上加热效率要更好,但其实不然,这里面还存在一个穿透能力的概念。远红外加热虽然有许多优点,应用也比较广泛,但从对物体的穿透能力看,远红外远不如微波。穿透能力即电磁波穿透到介质内部的本领,电磁波从表面进入介质并在其内部传播时,由于能量不断被吸收并能转化为热能,因此它所携带热量就随着深入介质表面的距离以指数形式衰减。电磁波的穿透深度与波长是同一数量级,除较大的物体外,一般可以做到表里一起加热。而远红外加热的波长很短,加热时穿透能力差,在远红外线照射下,只有物体一薄层发热,而热量要到内部主要靠传导,这样不仅加热时间长,而且容易造成加热不均匀。根据对比,微波加热的穿透能力比远红外加热强得多。

6. 清洁卫生、无污染

一般工业加热设备较大,占地多,周围环境温度也较高,操作工人劳动条件差,强度大。而微波加热占地面积小,避免了环境高温,工人的劳动条件得到了大大的改善。

5.5.3 便携式微波快速修复设备

微波快速固化技术是将微波技术与粘接技术综合集成,利用微波"选择性加热"和"场强高温、高频高温"的致热特点,对粘贴于装备零部件损伤部位的粘接复合材料进行微波固化,快速修复损伤,达到使用要求。微波快速修复损伤零部件示意图如图 5.29 所示。

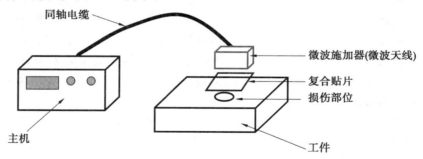

图 5.29 微波快速修复损伤零部件示意图

传统的微波加热装置多采用箱式结构。箱体过大,不便于携带;箱体过小,不能处理大型零件。此外,针对装备大型零部件及不便于拆卸的零部件来说,必须将微波从箱内引出到箱外,才能实现原位和现场快速维修,大大提高修复效率。

便携式微波快速修复设备主要由微波源、激励腔、波导同轴转换器、同轴电缆和微波施加器五个关键器件组成,其示意图如图 5.30 所示。

微波源主要是产生微波和控制微波输出的装置。在激励腔中,通常会使用一些特殊的材料和结构产生高强度的激励场,以提高反应速率和效率。波导同轴转换器主要是转换微波传输波形,确保微波在不同元器件中顺利传输。同轴电缆是一种由内、外导体构成的双导体传输线,又称同轴波导,主要是用来传输微波的。微波施加器是将微波源产生的微波能通过一定的转换装置向外部辐射。根据装备损伤修复快速固化的特点,将施加器设计成喇叭形状。由喇叭天

第 5 章 常用无人机维修工艺

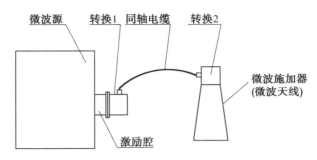

图 5.30 便携式微波快速修复设备示意图

线组成的加热器可以把微波能量辐射到装备及零部件损伤表面,再穿透到物质的内部。

通过对设备各关键部件进行优化配置,并通过微波泄漏检测及功率测试,开发出了便携式 BMR-01 型微波修复设备(图 5.31),其主要技术参数见表 5.3。

图 5.31 BMR-01 型微波修复设备

表 5.3 BMR-01 型微波修复设备的主要技术参数

频率 /MHz	功率 /W	工作时间 /s	质量 /kg	外形尺寸(长×宽×高) /(mm×mm×mm)
2450	0~500	0~3 600	17	400×200×300

5.5.4 微波快速固化纳米复合贴片

微波快速修复技术主要使用的是纳米复合贴片,其将添加了纳米微波吸收材料的胶粘剂与纤维增强材料复合,在微波作用下快速固化,显著提高被修复零件材料的力学性能。与其他形式的复合贴片相比,该贴片的最大优点是充分利用微波加热速度快、加热均匀、温度可控,实现贴片的制备、成型一体化,大大缩短了维修时间,提高了维修效率。

微波快速固化纳米复合贴片拉伸试验结果见表5.4。表中给出了不同基体材料,采用不同微波固化工艺固化后纳米复合贴片的拉伸强度值。可以看出,对于45钢和LY12铝合金材料,采用微波功率200 W,固化时间为20 min时效果最佳,静强度恢复率分别为96.1%和102.9%;而对于玻璃纤维复合材料,采用微波功率200 W,固化时间为4 min时效果最好,静强度恢复率可达142.8%。

表5.4 微波快速固化纳米复合贴片拉伸试验结果

基体材料	固化工艺	拉伸强度/MPa			静强度恢复率/%
		无损伤试件	未修复试件	修复后试件	
45钢	200 W,20 min	491.6	377.3	447.4	91.0
LY12铝合金	200 W,20 min	416.3	288.2	379.0	102.9
环氧/玻璃纤维复合材料	200 W,4 min	165.3	126.7	236.1	142.8

5.5.5 微波快速修复技术的应用

微波快速修复技术可以有效地解决装备及其零部件的划伤、裂纹、断裂、撕裂、穿孔等结构损伤问题,不仅可以用于快速修复损伤的装备及其零部件,而且可以提升其性能。

某单位在对车辆进行保养时发现一燃油箱漏油,在对漏油部位进行打磨后,发现该损伤为长6 cm的裂纹(图5.32),采用微波修复技术对其进行修复(图5.33)。

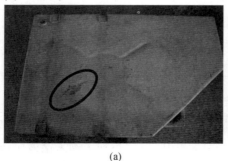 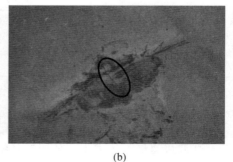

(a) (b)

图5.32 燃油箱裂纹损伤照片

 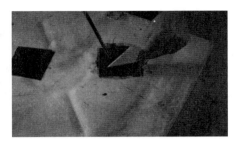

(a) 打磨后　　　　　　　　　　　(b) 粘贴复合贴片

 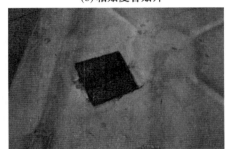

(c) 微波固化　　　　　　　　　　(d) 修复后

图 5.33　微波修复燃油箱裂纹损伤过程

微波修复技术作为一种新型的快速修复手段,受到了国内外学者和工程技术人员的高度重视,投入了大量人力、物力和时间对其进行系统研究,加速了该技术的工程性应用进程。实验证明,微波修复与常规修复手段相比,节约了修复时间,修复后工件力学性能和服役可靠性能够得到保证,且适用于野外各种环境中的快速维修作业,是一种优质高效低成本的快速修复技术。

5.6　复合贴片修补技术

5.6.1　复合贴片胶接修复技术特点

复合贴片修复技术是指用高性能的纤维增强复合材料,如硼纤维增强复合材料和碳纤维增强复合材料粘接于缺陷或损伤结构件表面,以加强缺陷区域,或使受损伤结构件的功能和传递载荷特性能够得到最大限度的恢复,以达到延长结构件使用寿命的目的。

复合贴片胶接修复技术是一种优质、高效、低成本的结构修复技术,与传统的机械修复方法相比,该技术具有以下特点。

(1)结构增重小。

由于复合材料具有高比强度和高比模量,因此要达到同样的修复效果,所需复合材料补片的质量轻,厚度仅为金属补片厚度的 1/3～1/2。且可设计性较强,可以根据结构的具体受力特点,通过改变贴片铺层方式达到最佳受力状态,充分发挥复合材料的优势,降低修复结构的质量。

(2)修复所需时间短,成本较低。

复合贴片胶接修复可以大大缩短修复时间,降低修复成本,其修理时间约为常规方法的 1/3。

(3)修复效率高。

与传统的修补方法相比,胶接修复时不需要对修补结构开孔,不会形成新的应力集中源,有利于提高结构的抗拉性能和损伤容限。

(4)成形性能好。

通过复合材料的二次共固化技术改变复合材料贴片的表面形状,特别是对于一些复杂曲面结构,容易实施,且贴片与原结构结合较好,具有恢复原有结构形状和保持光滑气动外形的能力。复合材料贴片修理方法受结构施工条件限制较少。

(5)所需设备简易。

目前已经开发研制出了便携式修理系统,是适合于外场修复的简易设备,主要有修补工具包、便携式修补仪等。

由于该技术采用的复合贴片可以是已固化、半固化或未固化的复合材料预浸料,因此损伤结构件经过复合贴片粘接修复后能够满足以下要求:修复后结构的强度和刚度达到设计要求,同时能够恢复结构件的耐久性;能够恢复结构件使用功能或使功能降低很小;结构件修复后质量增加较小,尤其对于飞机控制面,修复后结构件的质量分布满足气动平衡要求;可操作性要求能够满足在战场环境下的修复效率和修复方法。

5.6.2 复合贴片胶接修复技术研究

自从澳大利亚皇家空军在 20 世纪 70 年代首次采用复合材料贴片修补了飞机金属损伤构件以来,利用复合材料贴片修复金属构件的结构损伤已在国内外得到了广泛的研究和应用。20 世纪 80 年代,这项技术进入美国并得到了快速发展,且利用复合材料贴片胶接修复技术对 B-1 轰炸机和军舰的损伤结构件进行了修复。结果显示,修理效果良好,应力集中降低了 15%～20%,疲劳寿命得到很大程度的提高。

(1)国内研究状况。

殷强等考查了用碳纤维/环氧复合材料补片对双向受载的裂纹板进行单面胶接修补时对裂纹尖端应力集中强度因子的影响规律。结果发现,裂纹板尖端的应力强度因子得到了有效的降低。杨孚标等对复合材料补片单面修补铝合金裂纹板的疲劳破坏特性进行了研究,结果发现经单面修复的铝合金板破坏强度恢复到完好板的85.83%,疲劳寿命增加了2.06倍,裂纹板的临界裂纹长度增加了10.78 mm。文思维等研究了铝合金板厚度对硼/环氧补片单面修复试件疲劳性能的影响,结果发现经修复后,铝合金板的疲劳寿命随铝合金板厚度的增加而降低,且裂纹扩展速率随铝合金板厚度增大而增大。蔡洪能等采用单向碳纤维环氧补片,双面修复含边裂纹的厚度为12 mm桥梁钢结构,研究了不同表面处理方法对补片与钢结构粘接接头剪切强度和复合材料补片胶接修复对疲劳裂纹扩展的影响。邢素丽等采用碳/环氧补片双面修复含孔铝合金薄板,研究了开孔损伤对铝合金板结构刚度和应力扰动区范围的影响,结果表明开孔损伤对铝合金板的平均刚度有很大的影响,且修补所用复合材料补片存在一个临界长度。复合贴片修复飞机翼尖腐蚀损伤如图5.34所示。

图5.34 复合贴片修复飞机翼尖腐蚀损伤

(2)国外研究状况。

L. Aminallah等对复合材料胶接修补航空金属结构中热残余应力分布状态进行了研究,结果显示残余热应力的增加使裂纹应力强度因子增加,从而使修补效果降低。H. Fekirini等研究了一种新的修补方法,即将粘接层分成能确保力正常传递的裂纹区和避免粘接层失效的非裂纹区,结果表明通过这种修补方法,由于两个区域的特点不同,因此裂纹尖端的应力强度因子(stress intensity factor,SIF)得到了明显的减小,从而使结构的疲劳寿命得到了提高。J. C. Klug等研究了碳纤维复合材料补片胶接修复2024-T3铝合金薄板的疲劳特性,结果表明单面修复损伤的 2024-T3 铝合金薄板结构可以使其疲劳寿命提高 4 倍左右,而双面修复提高了 10 倍以上。A. Megueni 等研究了补片尺寸、补片厚度及单双面修复对损伤结构修补效果的影响,结果显示单双面修补对 SIF 减小量的影响存在明显的区别。Denney 和 S. Mall 研究了胶粘剂层脱粘位置、脱粘尺寸、初始裂纹长度、最大应力和应力比对损伤结构疲劳裂纹扩展速率和疲劳寿命的影响。Toudseshky 和 Mohammadi 采用有限元分析与实验相结合的方法研究预测了单面修复损伤结构试件的疲劳寿命,理论预测值与实验结果比较吻合。Bachir 等采用三维有限元分析的方法对损伤结构进行了双面对称修补和单面修补对比,结果表明双面对称修补效果较好且粘接性能比较理想。Guyt 等讨论了粘接界面分层对修复效果的影响。Tone 等采用有限元方法对贴片参数进行了部分优化。

5.6.3 复合材料胶接修补技术在维修中的应用

飞机构件修复技术的研究应用始于 20 世纪 70 年代末。澳大利亚皇家空军研究室的 Baker 首先进行了这方面的工作。他曾在第十届国际复合材料会议上做了有关"金属构件修复问题"的大会报告。该报告综述了美国一设备公司与澳大利亚空军采用复合材料技术修复美国 F-111 战斗机金属构件损伤断裂破损区的最新理论及技术,包括可恢复强度、断裂扩展临界尺寸、疲劳破坏机理、环境效应、可靠性、质量控制、共固化技术及智能贴补技术等方面内容。随后世界各国开拓了金属构件快速修复的新领域,认识到金属构件快速修复问题的重要性和紧迫性,并对现代武器装备战伤快速修复做了大量深入研究。美国海军研究实验室于 20 世纪 80 年代初首先利用复合材料技术进行军机和军舰结构件的修复。美国罗宾孙空军基地软件中心(WR-ALC、AFBGA)、洛克希德航空系统公司(LASC-GA)、澳大利亚皇家空军航空研究实验室(ARL、RAAF)和加拿大国防部(NDH)等单位已经成功地将碳纤维、硼纤维增强聚合物基复合材料及其技术应用于 C141(机体)、C-141B(武器系统)、C-130(大力神)、Mirage(幻影)、F-111、B-1、Macchi、P-3(猎户座)等军机和 B767、B747 等民机中的近 500 种结构件的修复,以及声纳罩和其他舰船结构件的修复。美国空军动力飞行实验室和动力分部与麦道飞机公司共同研制出了一种能快速修补碳/环氧树脂复合材料结构的强度临界结构,考虑了低温影响和高载荷情况。这种临时性修复技术能够完全恢复飞机的操作能力,并能在前线飞行基地进行维修。从科索沃行动的北约和美军的飞机战伤情况来看,飞机的损失率在 2% 以上,同时还可能存在着大量的战伤情况。另外,复合贴片修复技术还用于商用飞机的修理。1997 年 5 月,由美国 Sanda 国家实验室实施修复的 Deltal—1011 飞机重新投入了横穿大西洋的飞行,这是复合贴片修补技术第一次用于商务飞机的修理。这种新的飞机修复工艺已通过联邦航空局(Federal Aviation Administration,FAA)的认证,从而使该技术向工业上的应用迈了一大步。

本章参考文献

[1] 黄发荣,周燕. 先进树脂基复合材料[M]. 北京:化学工业出版社,2008.

[2] KADDOURI K, OUINAS D, BACHIR B B. FE analysis of the behaviour of octagonal bonded composite repair in aircraft structures[J]. Computational Materials Science, 2008, 43(4):1109-1111.

[3] WANG J, STANKIEWICZ M, ZHOU Z, et al. Battle damage repair of a helicopter composite frame-to-skin junction-A sole external repair approach[J]. Composite Structures, 2010, 92(4):936-949.

[4] MANDOLFINO C, LERTORA E, GENNA S, et al. Effect of laser and plasma surface cleaning on mechanical properties of adhesive bonded joints[J]. Procedia CIRP, 2015(33):459-464.

[5] AMANO R S, ROHATGI P K. Laser engineered net shaping process for SAE 4140 low alloy steel[J]. Materials Science & Engineering A, 2011(528):6680-6693.

[6] 牛立言. 聚酰胺和聚酯织物紫外固体激光表面处理[D]. 上海:东华大学,2008.

[7] 郭燕阳,陈蕾. 纯钛修复体黏结前表面处理方法研究进展[J]. 中国实用口腔科杂志,2015,8(6):378-382.

[8] NARMIN M, SIAVASH S O, MEHDI A K, et al. Effect of Er,Cr:YSGG pretreatment on bond strength of fiber posts to root canal dentin using a self-adhesive resin cement[J]. Lasers in Medical Science, 2013, 28(1):65-69.

[9] 李晓杰,胡书海. 不同参数铒:钇激光表面处理后纤维桩的黏结强度[J]. 中国组织工程研究,2014,18(47):7627-7632.

[10] 李雅娣,吴平,马喜梅,等. 碳纤维/环氧树脂复合材料层板连续激光烧蚀试验研究[J]. 纤维复合材料,2010,28(2):21-24.

[11] 南宝江,李雅娣,吴平. 不同波长激光能量对碳纤维复合材料损伤实验研究[J]. 纤维复合材料,2008,25(2):28-30.

[12] 黄永光,刘世炳,龙连春,等. Nd:YAG 激光辐照碳纤维复合材料的质量烧蚀[J]. 复合材料学报,2009,26(1):118-122.

[13] 王晓澎. 热补仪在复合材料部件湿法修理中的应用[J]. 航空制造技术,2008(15):102-103.

[14] 汪海,陈秀华,郭杏林,等. 复合材料蜂窝夫芯结构修理后强度研究[J]. 航空学报,2001(22):270-273.

[15] 罗辑,杨永忠,陈新萍,等. 复合材料蜂窝夹芯结构挖补工艺[J]. 航空制造技术,2010,6:100-101.

[16] 严晓照,张兴国. 增量式 PID 控制在温控系统中的应用[J]. 南通大学学报,2006,5(4):48-51.

第6章 无人机维修固化材料

采用复合材料修补技术对装备损伤零部件进行修复,主要包括材料和工艺两大部分。其中,修补材料是复合材料补片修补技术的核心,主要包括修补胶体、增强掺杂和贴片等。只有高性能修补材料与先进工艺手段进行配合,才能实现损伤修复的最佳效果。装备损伤复合修复材料的种类很多,按照固化温度分类,可分为室温快速固化修补材料、中温快速固化修补材料、高温快速固化修补材料等;按照固化成型机理进行分类,可分为加热固化成型修补材料、辐照固化成型修补材料等。

6.1 室温快速固化树脂

6.1.1 室温快速固化胶粘剂

室温固化胶粘剂通常是指室温下为液状,调制后可于室温15～40 ℃条件下,在不加热的情况下,几分钟到几小时内凝胶,于不超过7 d的时间内完全固化并可达到可用强度的一类胶粘剂。室温固化的胶粘剂在使用时具有省时、省力、省工、节省能源、使用方便等一系列优点,长期以来被人们广泛关注。半个世纪以来,伴随着增韧技术和核壳微观结构理论的探讨与应用,室温固化胶粘剂的研制工作取得了重大进展,已在航空、航天飞行器材制造,汽车、电器、仪表制造,建筑的装饰、维修,医用、医药,舰船的制造,日常生活用品的维修等行业得到广泛应用,成为胶粘剂领域中应用面广且量大的重要品种之一。

(1)环氧树脂类快固胶粘剂。

室温快速固化环氧胶因固化快、强度高、耐久性好、储存稳定、粘接材料广泛等一系列优点而得到广泛应用。近年来,室温固化环氧胶的研究取得了很大进展,但现在市售各牌号的胶大都是单项或几项性能突出而综合性能优异者极少,这类胶研制难度较大的主要原因如下。

①不能加热固化。这就使固化过程中反应物的分子、链段及活性端基没有足够的能量进行运动、迁移或转动,特别是在部分端基相互反应后,分子质量相对增大,使未反应的分子或活性端基相对定位,反应机会减少,反应程度降低,

使固化反应难以完全进行。

②材料以及化学反应的类型有限。其中主要有双酚 A 型环氧树脂与胺类活泼氢的加成反应、二官能度以上异氰酸酯与二官能度以上端羟基聚醚的活泼氢的加成反应、双酚 A 型环氧树脂在叔胺催化剂作用下的离子型加聚反应,以及含烯类双键的丙烯酸酯单体在氧化还原体系的催化作用下由过氧化物引发的自由基加成反应。

③需要预先合成。使胶粘剂具有耐高温机制的三个官能结构的单体、高强度机制的核壳结构、内增韧机制的结构或链段,必须预先合成出来,固化反应只能用于在室温下将上述结构连接或组装起来。

虽然面临诸多困难,但近年来一系列各种用途的室温固化结构胶粘剂被研制出来。自 20 世纪 70 年代初开始研制,到 20 世纪 90 年代中期已有近百个品种,其中 5 min 固化的品种占多数,主要生产厂商有瑞士 CIBA－GEIGY 公司、美国的 Dvecon 公司和德国的 Henkel 公司。

解决环氧类树脂室温快速固化的关键在于使胶液获得足够的反应活性,其中最主要的是环氧树脂和固化剂本身的反应活性。环氧树脂的开环活性由其自身分子结构决定,选择反应活性大的环氧树脂如间苯二酚型、羟甲基双酚 A 型、多官能团树脂等与双酚 A 型树脂配合使用,可以提高环氧树脂的反应活性。

上述环氧树脂胶粘剂已能够满足快速固化和粘接强度的要求,而在实际工程应用中,对结构胶耐热性能和施工工艺性能的要求也日益增强。因此,对改性环氧树脂的应用变得更加重要。

(2)丙烯酸类胶粘剂。

丙烯酸类胶粘剂因其原料来源广泛、易合成、耐久性好、低温性能好、透明性好、制造及储运时无火灾危险、适用面广、粘接性能好等特点而被广泛应用。它的品种很多,按照所用单体的性质,可将其分为四类:反应型丙烯酸酯胶、α—氰基丙烯酸酯胶、厌氧胶及压敏胶。

快固丙烯酸酯结构胶粘剂(quick set acrylic structure adhesives)又称反应型丙烯酸酯胶粘剂、第 2 代丙烯酸酯结构胶粘剂或 SGA 胶。快固丙烯酸酯胶粘剂是 20 世纪 70 年代由美国杜邦公司成功开发的一种新型胶粘剂。快固丙烯酸酯结构胶粘剂与其他种类胶粘剂相比有许多独到之处,一般几十秒或十几分钟便可固化,使用方便,目前多为双组分,不需要精确计量,可混合后使用,也可将两组分单独涂布,然后叠合粘接,表面处理简单,粘接金属的室温剪切强度大于 20 MPa,韧性好,剥离强度和冲击强度高,收缩性小,耐热耐久性好,对许多材料都具有较好的粘接性能,因此广泛用于宇航、航空、汽车、机械、舰船、电子、电器仪表、建筑等行业的结构粘接,以及小件装配、大件组装、应急修复、防渗堵漏等。

SGA 胶在 20 世纪 80 年代渐趋成熟,工业应用已具相当规模,一般由主剂和底剂组成。高分子弹性体、活性单体、引发剂、阻聚剂等组成主剂;底剂为促进剂和助促进剂。当两组分接触后,室温下由高效氧化-还原引发促进体系作用,反应形成优异强度和性能的粘接层。国产 SGA 胶的品种有 SA-101、SA-102、SA-202、SA-401、J-39、J-56、WH901-2、184 蜜月胶、BS-2 等。日本电气化学株式会社开发底剂型的产品,如主剂(A)含有树脂、增粘剂、丙烯酸异冰片酯、甲基丙烯酸羟已基酯、糖精等,底剂(B)含有醛胺缩合物、萘酸酮和丙酮,粘接 20 s 就固化。日本大仓工业株式会社专利很多,是丙烯酸酯胶粘剂活跃的研究开发者和生产厂商之一,其将含有甲基丙烯酸羟丙酯、甲基丙烯酸—双酚 A 乙氧基醚双酯、磷酸单丁酯、对苯醌、甲基丙烯酸甲酯—丁二烯—苯乙烯(MBS)树脂、异丙苯过氧化氢、丁醇、乙酰丙酮钒等组成双主剂体系,固化定位时间为 2 min,表面干燥时间为 80 min,剪切强度(Fe-Fe)为 16 MPa。此外,美国的杜邦、德国的 BASF,以及国内的上海市合成树脂研究所、上海无纺布厂、上海新光化工厂、黑龙江石油化学研究院等也经销此类产品。但该胶还存在一些不足之处,主要有臭味大、快速固化与储存稳定性矛盾、有毒性和有刺激性等。目前国内生产厂家多注重 SGA 胶固化速度、粘接强度等性能的提高。

α-氰基丙烯酸酯胶又名瞬干胶,是美国伊斯特曼化学公司在 1958 年发明的,随后在美国、日本、德国等国相继投产。我国在 20 世纪 60 年代也开始研究和生产该胶。由于该胶具有单组分、无溶剂、室温快速固化、强度高、对多种材料均有较好的粘接力等特点,因此在电子、机械、医疗和日常生活等领域得到了广泛应用,发展速度很快。我国的"502""504"已广为人知。该胶在推广过程中也暴露出耐热性能差、耐湿性差、性脆、冲击剥离强度低等方面的缺点,其应用范围受到一定的限制。

厌氧胶起源于 20 世纪 40 年代末,由美国 GE 公司首先发现,20 世纪 60 年代中期由 Loctite 公司制成厌氧胶粘剂出售。厌氧胶粘剂是一种单组分、无溶剂、室温固化液体胶粘剂,是一种引发(金属起促进聚合的作用使粘接牢固)与阻聚(大量氧抑制引发剂产生游离基)共存的平衡体系,它能够在氧气存在时以液体状态长期储存。由于厌氧胶粘剂粘合力强、密封效果好、使用方便,因此适合于生产线使用,目前多作为锁固密封胶,如用来锁固间隙较大的螺栓、做金属与玻璃之间的密封等。

丙烯酸压敏胶粘剂主要是由丙烯酸酯和极性丙烯酸系单体组成的。常温下,它有优良的压敏性和粘接性、耐老化性、耐光性、耐水性、耐油性优良,而且可剥离性能优良。同时,其与官能性单体容易共聚,可按被粘物质的特性在聚合物分子中任意引入极性基团。但用作丙烯酸酯压敏胶的聚合物的玻璃化温度如果高于－30 ℃,则在室温无压敏性。

丙烯酸酯类胶作为快固胶的一个重要品种,引起了人们的广泛重视。比较四类胶种的品性可发现,丙烯酸酯类胶的突出特性就是可室温固化、固化速度快、具有一定的胶接强度,此共性特征归因于其主要成分是丙烯酸酯类聚合物基料。但其配方液的组分和制备工艺复杂,使用时重在强调固化速度和胶接强度,对其他性能的改进措施局限性较大,一般需要在较长的研究周期后,产品才可初步定型。

(3)环氧树脂胶粘剂的改性方法。

环氧树脂(EP)可通过化学方法和物理方法进行改性。化学方法改性主要是合成新型结构的环氧树脂及新型结构的固化剂;物理方法改性主要是通过与改性剂形成共混结构来达到提高性能的目的。两种方法比较起来,第一种方法从工艺、成本及难易程度来说都比第二种方法更处于劣势。因此,目前对环氧树脂的改性主要是通过共混结构实现的。

环氧树脂的增韧途径主要有三类:通过刚性无机材料、橡胶弹性体和热塑性塑料聚合物等形成两相结构进行增韧;用热塑性塑料连续贯穿于环氧树脂网络中形成半互穿网络型聚合物来增韧改性;通过改变交联网络的化学结构组成(如在交联网络中引入"柔性段")来提高交联网络的活动能力。

①液体橡胶增韧环氧树脂。增韧橡胶有反应性端基液态丁腈橡胶、硅橡胶、各种含环氧基的丙烯酸酯类弹性体及其他类型的橡胶。液体橡胶增韧环氧树脂的性能不仅取决于橡胶与环氧树脂连接的牢固强度,也与二者的相容性和分散性有关。

用液体橡胶羧基丁腈橡胶(CTBN)增韧双马来酰亚胺/环氧树脂,不仅可以提高韧性,而且可以降低固化温度。孙振华通过对15份CTBN、15份奇士增韧剂增韧的酸酐环氧树脂和纯酸酐环氧树脂的低周疲劳寿命进行研究后,发现橡胶增韧环氧树脂的机理有两个,即基体剪切屈服和空穴塑性体积增长,它们控制着疲劳裂纹的形核和萌生。用双异官能团端羟基聚丁二烯橡胶增韧环氧树脂,活性端基橡胶和环氧树脂在反应过程中发生相分离,橡胶首先在环氧树脂中形成分散的颗粒,并与环氧树脂有化学键合,当有外力作用时,在分散相中产生大量银纹,形成微裂纹或剪切带,吸收应变能,起到增韧作用。丁腈羟可聚集在一起,在基体中形成橡胶相微区,微区能够分散拉伸时产生的应力,终止裂纹增长。但丁腈羟含量过高,会出现相反转,导致体系力学性能变差。

②热塑性树脂增韧环氧树脂。由于高性能热塑性聚合物具有韧性好、模量高和耐热性能较高等特点,因此用耐热性热塑性聚合物来改性环氧树脂,不仅能改进环氧树脂的韧性,而且不降低环氧树脂的刚度和耐热性能。

以芳香胺为固化剂,用热塑性树脂聚醚酮(PEK)增韧环氧树脂,在PEK/环氧树脂体系固化过程中,环氧树脂和PEK同时进行各自的交联反应。由于二者机理不同,因此其相容性差异较大,环氧树脂逐渐被树脂分离出来,最终形成了PEK树脂包裹环氧树脂球形颗粒的网络-球粒结构,这种结构可以分散应力、吸收能量、产生塑性变形、抑制断裂裂纹的扩展,实现对环氧树脂的增韧。在研究聚碳酸酯与环氧树脂共混时发现,只要加入少量的聚碳酸酯,就能加快环氧树脂在胺系固化剂中的固化反应速度,碳酸酯链末端的酚基具有催化作用。当采用溶液混合使二者良好混溶时,在环氧固化早期,聚碳酸酯会发生结晶,故有助于提高体系的热稳定性和热力学性能。

③互穿网络(IPN)体系增韧环氧树脂。环氧树脂互穿网络体系研究最多的是环氧树脂聚氨酯体系和环氧树脂聚丙烯酸酯体系。环氧/聚氨酯IPN具有细胞状结构,胞壁为聚氨酯,其内部存在更为精细的细胞结构。当环氧/聚氨酯质量比为70∶30时,二者互穿充分,可有效地提高环氧树脂的韧性。在丙烯酸酯共聚物上引入环氧基团来增韧环氧树脂,发现环氧基团的引入使体系的冲击性能得以提高。由于环氧基团的存在,因此固化时通过交联将共聚物嵌入到环氧树脂网络中,并且通过控制共聚物中丙烯酸缩水甘油酯含量,获得不同长度的柔性链,形成紧密、疏松相间的两相网络结构。

④液晶聚合物(LCP)增韧环氧树脂。液晶聚合物中都含有大量的刚性介晶单元和一定量的柔性间隔段,其结构特点决定了它具有高强度、高模量和自增强等优异性能。热致性液晶聚合物(TLCP)既能提高环氧树脂的韧性,又能保证不降低环氧树脂的其他力学性能和耐热性能。但TLCP造价高,熔点高,在基体内均匀分布也非易事。钟文斌等用液晶环氧树脂(LCPE)与环氧树脂共混固化,共混固化物的力学性能和热稳定性均比普通环氧树脂固化物有明显的提高。由于它们都含有环氧基和醚键,极性相似,且溶度参数相近,相容性很好,LCPE与环氧树脂都参与固化反应,形成了一个大网络,因此LCPE微区内有环氧树脂网络穿入,达到了分子水平的相互贯穿,而LCPE微区内液晶分子的排列仍有取向趋势,从而使力学性能和耐热性能得以改善。

⑤核壳聚合物增韧环氧树脂。核壳聚合物是指由两种或两种以上单体通过乳液聚合而获得的一类聚合物复合粒子,它与环氧树脂混合,可减少内应力,提高粘接强度和冲击性。张明耀利用分步乳液聚合,通过改变核壳结构的粒径大小和壳层组成,制备具有不同性质的聚丙烯酸丁酯(PBA)/聚甲基丙烯酸甲

酯（PMMA）核壳弹性粒子来增韧环氧树脂，缺口冲击强度显著提高，断裂方式由脆性断裂转变为韧性断裂。这是因为橡胶增韧环氧树脂的好坏主要取决于橡胶在环氧基体中的粒径尺寸、粒子间距离和橡塑两相间的界面结合力，而采用核壳结构的粒子增韧环氧树脂可以很好地控制橡胶粒径尺寸和橡胶微粒在基体中的分散状况，提高了两相间的界面结合力，从而使环氧基体的韧性显著提高。

6.1.2 聚合物基复合材料纳米化

纳米复合材料的概念最早是由 Rustun Roy 于 1984 年提出的，是指分散相尺寸至少有一维方向上小于 100 nm 的复合材料，主要有无机载体的纳米复合材料和聚合物载体的纳米复合材料两大类型。自 1987 年日本首先利用原位插层复合方法制备聚已内酰胺/粘土纳米复合材料以来，聚合物材料某些性能得到了明显的提高，如拉伸强度、模量、冲击强度及热变形温度等。由于聚合物基纳米复合材料与常规聚合物复合材料相比具有更好的力学性能和热性能，因此其受到了广泛的注意和研究。

（1）聚合物基纳米复合材料的制备方法。

①共混法。包括机械共混、熔融共混、溶液共混等。机械共混是将纳米粒子与聚合物粉末放在研磨机中充分研磨，混合好后，再制成各种用途的聚合物基纳米复合材料；熔融共混是利用捏合机、塑炼机或双螺杆挤出机将聚合物与纳米粒子在聚合物的熔点以上熔融混合均匀，然后除去溶剂或使之聚合而得到聚合物基的纳米复合材料；溶液共混是把基体树脂溶解于适当的溶剂中，然后加入纳米粒子，利用超声波技术或球磨机充分搅拌溶液使粒子在溶液中分散混合均匀，除去溶剂或使之聚合制得样品。共混法的优点是简单易行，适于工业化大规模生产；不足在于纳米粒子易于团聚，粒子在体系中的均匀分散较困难。该法的关键是在共混前要对纳米粒子进行表面处理。

纳米粉体的表面改性可大致分为六种：表面覆盖改性，利用表面活性剂覆盖于超微粉体表面，赋予粒子表面新的性质，常用的表面改性剂有硅烷偶联剂、钛酸酯类偶联剂、硬脂酸、有机硅等；高能量表面改性，利用高能电晕放电、紫外线、等离子射线等对纳米粒子表面改性；外膜层改性，在超微粉体表面均匀的包覆一层其他物质的膜，使粒子表面性质发生变化；局部活性改性，利用化学反应在超微粉体表面接枝带有不同功能基团的聚合物，使之具有新的功能；机械化学改性，运用粉碎、摩擦等方法，利用机械应力作用对超微粉体表面进行激活，以改变表面晶体结构和物理化学结构，这种方法使分子晶格发生位移，内能增大，在外力的作用下活性的粉末表面与其他物质发生反应、附着，达到表面改性的目的;利用沉淀反应进行改性,利用有机物或无机物在超微粉体表面沉淀一层包覆物,以改变其表面性质。

纳米粉体表面改性的目的在于:首先,提高纳米粉体的分散性,由于纳米颗粒巨大的比表面积和很高的表面能,因此它们很容易团聚在一起,形成带有若干连接界面的尺寸较大的团聚体,这种纳米粒子的团聚可能发生在合成阶段、干燥阶段及后来的处理过程中,团聚体的形成使得纳米颗粒不能以其单一的纳米颗粒均匀分散,不能发挥其应有的纳米粒子效应,对纳米粉体的应用性能产生不利的影响;其次,改善或提高无机纳米粉体与其他物质之间的相容性,良好的相容性是获取高性能纳米复合材料的重要条件;最后,使纳米粉体表面产生新的物理、化学性能及新的功能,纳米粉体在催化、环保、微电子、医药卫生等领域的应用需要特定的表面物理化学特性及功能,因此有选择地赋予无机纳米粉体材料新的物理化学性能及新的功能也是纳米粉表面改性的主要目的之一。

②原位生成法。将基体与金属离子(M^+)预先混合组成前驱体,金属离子在聚合物网络中均匀稳定地分散,然后暴露在对应组分(S^-、Se^{2-})气体或溶液中,就地反应生成粒子。原位生成法的优点是很适合制备过渡金属硫化物、卤化物聚合物复合材料。

③插层复合技术。将单体或聚合物(插层剂)插进层状硅酸盐(云母类,如蒙脱土)片层之间,进而破坏硅酸盐的片层结构,剥离成厚为 1 nm,长、宽各为 100 nm 的基本单元,并使其均匀分散在聚合物基体中,实现高分子与层状硅酸盐片层在纳米尺度上的复合。插层复合技术分为两大类,即插层聚合法和聚合物插层法。插层聚合法先将聚合物单体分散,插入层状硅酸盐片层中,然后原位聚合,利用聚合释放出的大量热,克服硅酸盐片层间的库仑力,使其剥离,从而使纳米尺度的硅酸盐片层与聚合物基体以化学键方式相结合。聚合物插层法将聚合物熔体或溶液与层状硅酸盐混合,利用化学及热力学作用使层状硅酸盐剥离成纳米尺度的片层,并均匀地分散于聚合物基体中。利用插层复合技术制得的聚合物/层状硅酸盐纳米复合材料与常规聚合物基复合材料相比具有以下优点:质量轻,只需要很少填料即可具有很高强度、韧性及阻隔性能,而常规纤维、矿物填充的复合材料需要高得多的填充量,且各项性能指标还不能兼顾;具有优良的热稳定性和尺寸稳定性;力学性能有望优于纤维增强聚合物体系,片层硅酸盐可以在二维方向上起到增强作用,无须特殊的层压处理。

④辐射合成法。将聚合物单体与金属盐在分子级别混合,即先形成金属盐的单体溶液,再利用钴源进行辐照,电离辐射产生的初级产物(主要是自由基 OH·、H·及水化电子 e_{aq}^- 等)同时引发聚合及金属离子的还原。辐射合成法的优点是适合制备聚合物基纳米金属复合材料。

⑤溶胶—凝胶法。首先将金属或硅的烷氧基化合物有控制地水解,使其生成溶胶,水解后的化合物再与聚合物共缩聚,形成凝胶,然后对凝胶进行高温处理,除去溶剂等小分子即可得到聚合物纳米复合材料。溶胶—凝胶法的不足是前驱物大多为正硅酸甲酯和乙酯,价格较贵而且有毒,且在凝胶干燥过程中,溶剂、小分子、水的挥发可能导致材料收缩脆裂,反应过程复杂。

(2)纳米粒子对聚合物基纳米复合材料性能的影响。

纳米是一种物态,具有异常的物理、化学性能,强度高、抗辐射、耐老化。已经制造出的纳米级材料有二氧化硅、氧化锌、氧化铝、氧化钛、氧化铁、碳酸钙、金刚石等。其中,纳米二氧化硅适宜于环氧树脂胶粘剂。纳米氧化硅的表面有羟基等特征基团存在,其类型有三种:隔离羟基、硅氧基和相邻羟基。无定型二氧化硅表面的羟基类型和硅氧烷如图6.1所示。

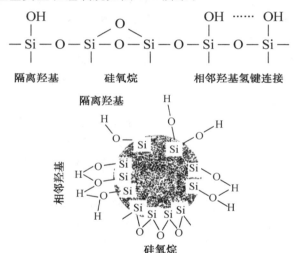

图6.1 无定型二氧化硅表面的羟基类型和硅氧烷

在环氧树脂/纳米 SiO_2 复合材料研究中发现,纳米 SiO_2 对环氧树脂具有增刚、增强、增韧作用。许多试验现象表明,无论是直接共混法还是溶胶凝胶原位生成法制备的纳米复合材料,纳米填料用量都有一最佳值,当含量进一步增加时,性能反而下降。例如,纳米 TiO_2 经表面处理后,填充质量为3%时,与原有的环氧树脂相比,材料的拉伸强度提高了44%,冲击强度提高了8.78%,实现了环氧树脂的增强增韧。采用纳米 $CaCO_3$ 对环氧树脂进行改性也显著提高了复合材料的力学性能。在环氧树脂/Al_2O_3 研究中发现,当粒径为1%~5%时,纳米复合材料的玻璃化温度和模量提高;当加入量超过10%时,模量反而下降。在研究聚酰亚胺(PI)/SiO_2 纳米复合材料的力学性能时发现,随着PI/

SiO_2 纳米复合材料中 SiO_2 含量的增加,其拉伸弹性模量成线性提高,而拉伸强度和断裂伸长率则随着 SiO_2 含量的增加先提高后降低,均在 SiO_2 含量为 10% 时具有最大值,表明在此范围内 SiO_2 微粒对 PI 同时具有增强增韧的效果。

聚合物基纳米复合材料的优越性主要体现在以下三点:一是组分的协同效应,它是复合材料中各组分任何一种材料都不具备的性能,而在聚合物基纳米复合材料中这种协同效应非常突出;二是性能具可设计性,可根据应用需求对材料的组分、结构进行设计,通过设计的加工方法得到预期的性能;三是聚合物基纳米材料的一次成型性在于其可以在制备过程中直接加工成最终产品,避免了多次加工和重复加工。

虽然目前聚合物基的纳米复合材料已经得到了广泛的发展,但仍然存在几个问题:要达到精确地调节并控制粉末组成和化学计量比以及粒子的粒度和形状都还有相当大的困难;要制成成分准确、粒度均匀的高质量超微粉亦非易事,其收集和存放也有些问题;纳米粒子的表面改性要涉及几个原子层界面和性质的控制,与有机相间的有效结合还需进一步探索;纳米粒子在聚合物中的分散方法还有待进一步的探索和研究。目前还只能在为数不多的聚合物体系中成功地制备出纳米复合材料。

综上所述,通过对环氧树脂类和丙烯酸酯类两大室温快速固化胶的广泛调研比较发现,两类胶中许多胶的某单一方面性能突出,但是难以兼顾固化温度、速度、耐热性能和粘接强度等多种性能要求;有些胶粘剂可以在室温条件下固化,但其他性能特别是耐热性能、固化速度不能满足修复要求,而一些具有令人比较满意的使用性能和较高耐热性能的胶粘剂体系固化温度却较高,多为中高温固化。

6.1.3 室温快速固化环氧胶粘剂体系

室温快速固化环氧树脂的配方可以有很多,但总体设计思路是一致的。本节以野外自然环境下无人机结构件损伤快速胶固修复为背景,分析一种配方体系及其性能指标。

(1)室温快速固化环氧树脂胶粘剂基本组成。

针对现场抢修对复合贴片胶粘剂的要求,提出胶粘剂的主要设计技术指标,见表 6.1。

表 6.1 胶粘剂的主要设计技术指标

性能	固化温度	固化速度	拉伸剪切强度	玻璃化温度
技术指标	25 ℃±10 ℃	初凝胶时间<10 min	≥15 MPa	≥100 ℃

在对几类主要树脂原料的具体特性进行分析比较的基础上,根据胶粘剂能够室温固化且需具有良好耐热性能的要求,确定了以改性环氧树脂体系为主胶液体系。优选具体的环氧树脂品种,同时针对环氧树脂韧性较差的问题,优选增韧剂进行改良,根据快速固化的要求确定主要固化剂为胺类固化剂。此外,为使所选主要原料能够充分配合,达到各取所长的设计目标,根据各组分的作用进行它辅助原料的设计。

① 树脂基料。

基料又称粘料或胶料,是胶粘剂的主要组分,它决定了胶粘剂的基本特性,也是区分胶粘剂类别的重要标志。胶粘剂的性能如何,主要与基料有关。基料的分子结构直接影响胶粘剂的特性,尤其是它的特征基团的反应特性往往决定了固化剂的选择范围。

a. 双酚 A 型环氧树脂。双酚 A 型环氧树脂化学名称为双酚 A 二缩水甘油醚,是环氧树脂中产量最大、用途最广的重要品种,胶合力强、机械强度高为其主要特性。环氧树脂结构中含有脂肪族羟基、醚基和极为活泼的环氧基。羟基和醚基都有极高的极性,使环氧树脂分子能与相邻界面产生静电引力。环氧基团能与介质表面的游离键起反应,形成化学键,所以环氧树脂的胶合力特别强,固化后的环氧树脂结构紧密,机械强度高。它比酚醛树脂、聚酯树脂及其他高分子材料的机械性能都好。

此外,双酚 A 型环氧树脂可以配成不含溶剂的胶料,并具有内聚强度高、收缩性小、稳定性好、室温下可用于多种固化剂快速固化、掺和性好等特点。其不足是未改性固化物性脆,且配制后的环氧树脂胶一般使用期较短。

b. 环氧丙烯酸类乙烯基酯树脂。环氧丙烯酸类乙烯基酯树脂又称环氧丙烯酸酯树脂,是由环氧树脂与含双键的不饱和一元酸加成聚合而成的,其结构式为

$$H_2C=C-C-O-[C-C-C-O-\langle\rangle-C-\langle\rangle-O]_n-C-C-C-O-C-C=CH_2$$

环氧丙烯酸酯树脂性质和性能因其组成原料种类的不同而异,如环氧树脂、不饱和一元酸、可溶性聚合单体或反应性稀释剂等。但通常有如下特点:固化速度快,位于端基的乙烯基是一个活性很高的不饱和基团,可与不饱和单体快速发生自由基聚合,使树脂快速固化;耐水解性好,甲基可以屏蔽酯键,提高酯键耐水解性,乙烯基酯树脂每单位质量中酯基比不饱和聚酯少 35%~50%,这样就提高了树脂在碱性溶液中的耐水解性;一定的耐化学品腐蚀性,减少酯键和羟基含量将会减少或延缓酯键的水解作用,提高抗水性,特别是耐碱性能

等一系列耐化学品性能;较好的交联性能,由于环氧树脂及其开环后的产物中均含有羟基,因此环氧丙烯酸酯树脂具有优良的粘接性能,分子链上的仲羟基与玻璃纤维表面上单体羟基相互作用,可以改善对玻璃纤维的浸润性和粘接性。

反应活性高的其他树脂还有:羟甲基双酚 A 型环氧树脂,其反应活性比双酚 A 型环氧树脂高出 10 倍以上,如 712、CEQ－45、EL－50;酚醛环氧树脂,其酚羟基对环氧基的开环有促进作用,因此活性较大,耐热性能好但黏度大,可作为室温固化环氧胶粘剂的辅助树脂,以提高高温强度,如 F－44、F－46。

c. TDE－85 环氧树脂。TDE－85 环氧树脂属脂环族环氧化合物,是一种性能优异的三官能团环氧树脂,分子结构上带有三个环氧基,在脂环上直接相连一个环氧基,另外两个环氧基在脂环相邻的两个侧链上,这是两个具有高反应活性的缩水甘油酯基。因此,TDE－85 环氧树脂的反应活性比一般的脂环族环氧树脂大,环氧值较高,黏度小。TDE－85 环氧树脂与固化剂混溶性好,可采用脂肪族和芳香胺类、酸酐及咪唑类作为固化剂。它克服了双酚 A 型环氧树脂热变形温度低的缺点,工艺性好。其固化物交联密度大,还夹有脂环,因此具有较高的刚性、耐热性能、力学性能、电性能、耐候性及耐低温性,尤其是高温粘接性能更为突出,是环氧树脂中综合性能较好的品种之一,但成本较高。其结构式为

$$\underset{O}{\overset{}{\bigtriangleup}}\!$$

脂环族环氧树脂与双酚 A 型环氧树脂相比,具有以下特点:热稳定性良好,由于脂环族环氧树脂的环氧基直接连接在脂环上,能形成紧密的刚性分子结构,固化后交联密度增大,因此热变形温度较高,耐热可以达到 190 ℃以上;热分解温度大于 360 ℃;固化收缩率小,拉伸强度高;耐候性好,脂环族环氧树脂的分子结构中不含苯环,具有良好的耐候性能和抗紫外辐射;工艺性能好,脂环族环氧树脂的黏度都比较小,在浇注和压制制件时作业较方便。

选用 TDE－85 树脂主要在于:良好的耐热性能,有利于实现胶粘剂具备较高耐热性能的使用要求;与固化剂良好的混溶性,有利于扩大固化剂的选择范围;工艺性能好,是制造纤维复合材料即补片材料的好选择。

②偶联剂。环氧树脂胶粘剂绝大多数都是高分子材料共混体系,高分子材料间因固化或加工过程中的相分离而呈现出相互交混的非均相共混结构。各

相分内部往往还混杂有作为补强剂的无机填料。共混胶粘剂体系仅当各有机相之间、无机填料与所接触的有机相之间牢固地黏合成一体,材料才能显示出良好的性能。如果相之间粘接不佳,则在疲劳负荷、外力冲击、高低温变换作用等情况下,由于热膨胀系数、收缩率不同,因此各相间将产生黏附破坏,不利于消除内应力,从而影响其整体力学性能。为改进界面之间的粘接,就需要一种界面交联剂,此界面交联剂称为偶联剂。

偶联剂就是分子两端含有性质不同基团的功能性化合物。其一端能与无机物表面反应,另一端则与有机物分子反应,以化学键的形式将两种性质不大相同的材料牢固地结合在一起。偶联剂在两种不同物质之间起着桥梁作用,从而改善了胶粘剂表面性能,增加了界面的黏附性能,提高了使用的耐久性。

偶联剂按照化学结构可分为有机硅烷类和非硅烷类,后者又分为钛酸酯类、锆酸酯类、锆铝酸酯类、有机络合物等。

硅烷偶联剂是研究最早、应用最广的一类重要的偶联剂,其化学通式为$R'SiX_3$。其中,R'为活性基因,如胺基、环氧基、乙烯基、硫基等,能与聚合物分子反应形成化学键;X 为能够水解的烷氧基(OR),如甲氧基、乙氧基或氯,X 先水解生成硅醇,再与无机物表面的羧基发生缩合反应。配方中选用偶联剂,旨在提高共混体系各组分的相容性。

③固化剂。胶粘剂必须在流动状态涂布并浸润被粘物表面,然后通过适当的方法使其成为固体,才能承受各种负荷。固化可以是物理过程,如溶剂的挥发、乳液的凝聚、熔融体的凝固等,以上过程通常称为硬化;也可以是化学的方法,使胶粘剂聚合成为固体的高分子物质,胶粘剂直接参与化学反应,使胶粘剂主体发生固化的成分称为固化剂。

环氧树脂必须加入固化剂,组成配方树脂,并且在一定条件下进行固化反应,生成立体网状结构的产物,才会显现出优良的性能,成为真正具有使用价值的环氧材料。

采用硫脲-多元胺缩合物(二乙烯三胺、硫脲、DMP-30 缩聚物)作为固化剂,将其与改性胺类固化剂 A50 配合使用,既可使固化时间达到要求,又降低了固化剂的黏度。此固化剂可看作含芳香环的脂肪族多胺,结构上接近芳香胺,室温固化又类似脂肪多胺,兼具芳香胺和脂肪胺的优点。

二乙烯三胺属直链脂肪族多胺,脂肪族多胺固化物中含有$-C-NH_2$键,所以粘接性以及耐碱、耐水性均优良,但其耐热性能不佳,可在室温固化,其用量一般采用理论用量或接近理论用量。为加快固化,必须添加促进剂,如酚类、三苯基亚磷酸酯、DMP-30 等。

④增韧剂。未经改性的热固性树脂胶粘剂如环氧树脂固化后延伸率低,脆

性较大,不耐疲劳,当粘接部位承受外力时,很容易产生裂纹并迅速扩展,导致胶层开裂。增韧剂一般都含有活性基团,能够与树脂发生反应,固化后不完全相容,有时还要分相,能获得较理想的增韧效果,抗冲击性能明显改善,而热变形温度下降甚微。增韧剂将环氧树脂固化物均相体系变成一个多相体系,即增韧剂聚集成球形颗粒,于环氧树脂的交联网络构成的连续相中形成分散相,抵抗开裂性能突变,使韧性大幅度提高,机械性能、耐热性能损失较小。

选用液体端羧基丁腈橡胶(CTBN)作为增韧剂。CTBN 具有良好的耐腐蚀、耐老化、耐热性能、耐低温性和机械稳定性。CTBN 在胺催化作用下,羧基可以和环氧树脂中的环氧基反应,并在固化过程中分相析出,形成分散相,呈海岛结构,在室温下具有较高的剥离强度。

⑤填料。在胶粘剂中,填料是一类在结构、功能上与树脂完全不同的添加剂。它们的加入不仅是作为一种填充物、增量剂使用,而且能大大地降低成本,更重要的是填料的配合使用可改善树脂胶粘剂的物理机械性能,如提高抗压、抗弯强度及弹性模量,增加韧性,提高粘接强度,改善耐热性能、电性能(如绝缘、导电)等,还可提高耐介质性、耐老化性、耐水性,降低胶层固化过程中的热应力和体积收缩率,增加硬度、耐磨性,同时还因之加入而可改进胶粘剂的施工性能,如增黏、增稠、具有触变性、延长适用期等。功能性填料的出现,使填充剂早已不止是致廉助剂了,而是在改进胶粘剂性能、改进施工工艺性能及降低成本上有着很重要的作用。

纳米 SiO_2 是常用的改性填料之一,其是一种无定型的白色粉末,表面存在不饱和的残键及不同键合状态的羟基,其分子状态是呈三维链状结构,或称之为三维网状结构、三维硅石结构等。它庞大的比表面积及表面严重的配位不足使得其表现出极强的活性和吸附能力。由于纳米 SiO_2 的表面非配对原子多,与环氧树脂发生物理或化学结合的机会也多,增强了粒子与基体界面的结合,因此可承担一定的负荷,能够增韧并增强。选用纳米 SiO_2 作为改性填料,有望获得性能优良的环氧树脂胶粘剂。

(2)固化反应机理。

①聚合物相容理论。采用共混法制备主胶液,得到的多组分聚合物可能是非均相体系,也可能是均相体系,依赖于共混组分之间的相容性。

若严格地从热力学上讲,两聚合物是否相容,就看其共混自由能 $\Delta G = \Delta H - T\Delta S$ 大小。如果 $\Delta G < 0$,同时在 ΔG 组成关系曲线上无拐点,则两组分是相容的,如果在 ΔG 组成关系曲线上有拐点,则仅有部分相容性;反之,当 $\Delta G > 0$ 时,则是不互容的。从微观结构上看,热力学相容性是指在任意比例下都能形成均相体系的能力。而在工艺上,相容性往往具有不同的涵义,一般指两种聚合物容易相互分散而制得性能稳定的共混物的能力。由于聚合物的分子结构、极性、分子量等的差别很大,再加上高分子量造成的高黏度等,因此即使在强烈的机械作用下,能够达到微观均相体系的也很少。部分相容或完全不相容的聚合物共混物大都是微观相分离的多相体系。在这些多相体系中,两相间的界面面积(主要由分散性好坏决定)、界面层厚度及界面黏合强度是决定共混物性能的重要因素,而制约这些因素大小的正是聚合物间的相容性。当两种聚合物相互接触时,首先在界面处相互湿润,然后两相大分子链段通过热运动而相互扩散,扩散的结果使得两种聚合物在界面两边产生明显的浓度梯度,这种具有明显浓度梯度的区域构成了两相间的界面层。界面层的厚度主要决定于两种聚合物的相容性。完全不相容的聚合物,链段之间只有轻微程度的相互扩散,因此两相之间具有非常明显和确定的界面。随着相容性的增加,扩散程度提高,相界面越来越模糊,界面层厚度越来越大,以致最终相界面完全消失,成为均相共混物,达到完全相容。

影响聚合物间相容性的因素很多,除共混方法和工艺条件外,主要是聚合物本身的性质,如分子结构、分子量、极性和溶解度参数等。其中,极性和溶解度参数是最重要的因素。两聚合物的极性或溶解度参数越接近,则相容性越好,这就是"极性相近"和"溶解度参数相近"原则。

通常根据溶解度参数来判断聚合物间的相容性,溶解度参数 δ 记为 $(\Delta E/V)^{1/2}$。两种树脂的溶解度参数见表 6.2。

表 6.2 两种树脂的溶解度参数

树脂	$\delta/(J^{1/2} \cdot cm^{-3/2})$
环氧树脂	19.8
环氧丙烯酸类乙烯基酯树脂	19.8

由表 6.2 可见,环氧树脂与环氧丙烯酸类乙烯基酯树脂溶解度参数接近,从理论上分析应有很好的相容性。这两种树脂均含有极性官能团,二者之间可形成强有力的氢键作用,这种氢键作用在两种树脂混合后,有利于形成强有力的分子间作用力,对聚合物混合体系有很强的增容作用。由于脂环族环氧树脂具有黏度小的特点,因此基料中的 TDE-85 环氧树脂可作为环氧树脂活性稀释剂之用,也利于增进体系的相容。此外,通过添加相容剂来提高聚合物共混体系的相容性也是常用的方法。相容剂在聚合物共混过程中分散在两相界面上,大幅度地降低界面张力,提高相互分散性,增加界面黏和力,从而大大提高聚合物合金的性能。在共混聚合物中加入低分子化合物(具有反应功能),可以通过催化、嫁接方式,共混聚合物形成接枝或嵌段共聚物而提高相容性,采用具

有 RSiX$_3$ 结构的硅烷偶联剂(其中 R 是功能化基团)与聚合物发生反应形成接枝或嵌段共聚物进行增容等。低分子相容剂具有添加量少、经济方便等优点。本书使用偶联剂作为相容剂也利于增进体系的相容。

室温快速固化胶粘剂体系基本组成见表 6.3。

表 6.3 室温快速固化胶粘剂体系基本组成

组分	基料	固化剂	偶联剂	增韧剂
配方	环氧树脂 E-51、环氧丙烯酸酯树脂、环氧树脂 TDE-85 共混体系	硫脲-多元胺缩合物+A50	有机硅烷偶联剂	端羧基液体丁腈橡胶

②固化反应机理。采用典型的胺类固化剂二乙烯三胺,且所用的改性胺类固化剂可看作含芳香环的脂肪族多胺。多胺固化剂在与环氧树脂反应时遵循开环逐步聚合反应机理。首先伯胺中的活性氢与环氧基反应,生成仲胺;然后仲胺中的活泼氢与环氧基再进一步反应,生成叔胺;最后形成交联网络结构,即

$$R_1NH_2 + H_2C\underset{O}{-}\!\!\!\overset{H}{\underset{|}{C}}\!\!\!-R_2 \xrightarrow{K_1} R_1NH_2-\overset{H_2}{\underset{}{C}}-\overset{H}{\underset{OH}{C}}-R_2$$

TDE-85 树脂在其分子中含有两种不同类型的环氧基,因此它同时具有这两类环氧树脂的特性,从而在其固化性能和使用性能上带来一些单一类型环氧树脂所不具有的特点。由于两类环氧基的活性不同,因此有可能实现低温固化高温使用的要求。

乙烯基酯树脂是过引发剂所产生的自由基激活树脂,遵循自由基聚合反应的规律。激活环氧乙烯基酯最常用的交联剂是苯乙烯,苯乙烯可按各种连锁机理聚合。

固化剂由硫脲-多元胺缩合物与改性胺类固化剂按一定比例混合而得。树脂固化时的热效应在胶粘剂体系的固化反应过程中起到了非常重要的作用。二乙烯三胺由于固化时放热,配料温度可以上升至 200 ℃,所用 A50 固化剂的固化温度相对高些,因此可通过调节二乙烯三胺与 A50 固化剂的比例,以期获得适合外场条件下使用的固化剂。此外,胺类固化剂反应释放出大量的热,亦有利于乙烯基酯树脂、TDE-85 树脂固化反应的进行。

③树脂基料的配比对固化时间的影响(表 6.4)。对比初凝胶时间可知,环氧丙烯酸酯树脂含量对固化时间影响较大,其所占比例越大,固化速度越快。主要原因在于其位于端基的乙烯基是一个活性很高的不饱和基团,起到了重要的作用。

表 6.4　树脂基料配比对固化时间的影响

双酚 A 环氧树脂/份	环氧丙烯酸酯树脂/份	TDE－85 环氧树脂/份	初凝胶时间/min	备注
30	30	40	6	偶联剂添加量按经验值取 2%～2.5%
40	40	20	5	
50	30	20	6	
60	30	10	7	
30	40	30	5.5	

此外，由于 TDE－85 环氧树脂价格较高，因此在配方中的份数不宜过高，以降低成本。

④固化剂用量对固化时间的影响。

固化剂用量不能超过 30%。超过 30% 用量时，反应放出大量的热造成配料温度的上升，大大减少了施工操作时间，且由于放出的热无法散出，因此加剧了固化反应，气泡无法排除，甚至产生局部过热烧焦。固化剂用量亦不能低于 15%，此用量下固化反应较为缓慢，难以达到初凝胶时间在 10min 内的要求。由于本试验采用的是胺类固化剂，易挥发，因此用量需适当过量。

（3）室温快速固化环氧树脂胶粘剂性能。

①表面处理对胶粘剂粘接性能的影响。金属表面经过喷砂处理后，获得了粗糙度均匀的表面，其与基体的浸润性和粘接性大大提高，导致喷砂处理后的试件拉伸剪切值比磷酸溶液处理后的试件拉伸剪切值高。

②端羧基液体丁腈橡胶对胶粘剂改性。采用 CTBN 改性胶粘剂后，CTBN 添加量对胶粘剂剪切强度和初凝胶时间的影响分别如图 6.2 和图 6.3 所示。

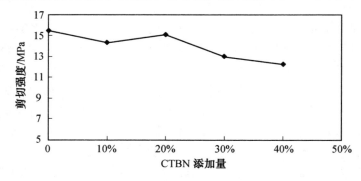

图 6.2　CTBN 添加量对胶粘剂剪切强度的影响

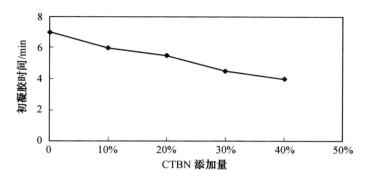

图 6.3　CTBN 添加量对胶粘剂初凝胶时间的影响

随着 CTBN 添加量的增多,固化时间呈缩短趋势缩短,当 CTBN 添加量达到 40% 时,初凝胶时间仅有 4 min。同时,随着 CTBN 含量的增加,胶粘剂的剪切性能呈下降趋势。当 CTBN 添加量为 20% 时,剪切强度值较佳且固化时间适中,可保证施工工艺质量及较佳的施工时机,因此选择添加 CTBN 含量为 20% 时的胶液体系作为研究重点。

③固化反应程度。图 6.4(a)中,环氧树脂环氧特征谱 1 294 cm^{-1}、911 cm^{-1} 和环氧丙烯酸酯树脂中的乙烯基酯—C=CH 吸收峰 973 cm^{-1} 在图 6.4(b)中均已消失,说明固化反应较为完全,且 CTBN 部分溶解在基体中。图 6.4(a)中 CTBN 的特征谱 1 455 cm^{-1} 在图 6.4(b)中仍有保留,且图 6.4(b)中出现—CN 基吸收峰 2 244 cm^{-1}。CTBN 与环氧树脂的固化过程存在两种反应,即环氧树脂在固化剂作用下的开环固化反应和 CTBN 与环氧树脂的嵌段反应。CTBN 与环氧树脂的反应是否与环氧树脂的固化反应相同,将直接影响到胶接头的力学性能。

④增韧剂对断面形貌的影响。胶粘剂含不同质量分数 CTBN 的扫描电镜照片如图 6.5 所示。比较图 6.5(a)和(b)可知,CTBN 的加入量从 10% 增加到 20% 时,析出的橡胶颗粒数量逐渐增多,河流线状裂纹变得更加密集,方向一致。从树脂基体中分相出来的橡胶颗粒引发了河流线状裂纹束,但同时橡胶颗粒"钉扎"在裂缝前沿线或中间处,使材料断裂时吸收的能量增加,从而提高了材料的韧性。CTBN 分子两端有两个活性基团,能与环氧树脂互溶并发生化学反应,从而嵌段在环氧树脂结构中。CTBN 橡胶相随固化反应的进行,从环氧树脂本体中沉淀出来,从而形成以环氧树脂为连续相、橡胶粒子为分散相的结构。

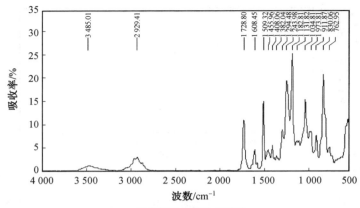

(a) 胶液体系固化前图谱

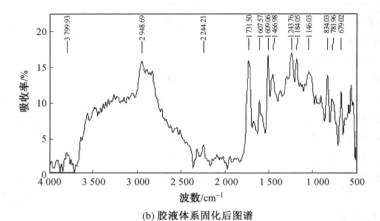

(b) 胶液体系固化后图谱

图 6.4　胶液体系固化前后的红外光谱图

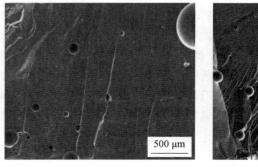

(a) 含 CTBN 10%

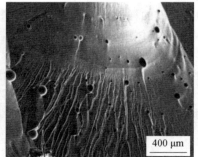

(b) 含 CTBN 20%

图 6.5　胶粘剂含不同质量分数 CTBN 的扫描电镜照片

6.1.4 室温快速固化树脂的纳米 SiO_2 改性

(1) 纳米 SiO_2 的表面修饰及分散。

纳米颗粒只有在树脂材料中弥散均匀分布,并与之形成良好的相容,才能充分发挥作用。纳米材料的分散性关键在于纳米颗粒的表面能,表面处理在这一领域的作用十分重要。采用纳米粒子表面改性剂,可以防止纳米粒子之间形成硬团聚。表面活性剂本身就是一种微粒表面改性剂。一般情况下,纳米粒子只要达到较好的表面活性和分散性,就可以在无机、有机(聚合物)基体中进行有效的分散,形成纳米复合胶粘剂。

选用阳、阴离子表面活性剂,其亲水亲油平衡(hydrophile lipohile balance, HLB)值均小于 10,且因非离子表面活性剂与其他表面活性剂和离子的相容性好,所以与阴、阳离子表面活性剂复配使用。

①纳米 SiO_2 表面修饰。采用球磨处理方式,使表面活性剂的作用得到了充分的发挥,通过表面活性剂改性后的纳米 SiO_2 粒子,由于 SiO_2 粒子与改性剂的官能团之间形成物理吸附和化学键合,因此粒子由亲水性转变为亲油性,有利于其与树脂的结合。

根据"相似共溶原理",所选用助剂是以乙醇溶液为主的助剂,这种助剂与所选阳离子型表面活性剂的相容性比其他改性剂好。改性剂可作为相转移的表面活性剂,实现纳米 SiO_2 颗粒从水相到油相的转移。

②纳米 SiO_2 的分散性。纳米 SiO_2 悬浮液沉降体积随时间变化图如图 6.6 所示。未经改性的纳米 SiO_2 分散较差,纳米 SiO_2 与悬浮液的上部清液形成清晰界面,完全沉降后沉积物较厚;而经过改性的纳米 SiO_2 悬浮液稳定性均得到改善,沉降缓慢,其悬浮液中纳米 SiO_2 颗粒自上而下呈逐渐增浓的弥散分布,并且沉积物厚度薄。对比 A、B、C、D 四种改性剂对纳米 SiO_2 分散性的改性结果可见,改性剂 B 的效果最好。

表面活性剂在纳米 SiO_2 粒子表面吸附、静电吸引或成键,使纳米 SiO_2 粒子表面能发生改变,起到了活化的作用,提高了纳米 SiO_2 的分散性,使其较均匀地分散在悬浮液及其复合胶粘剂中。经过球磨处理后的纳米 SiO_2 粒子表面具有相当高的表面能,使粒子处于极不稳定状态,为趋于稳定,它们之间相互吸引,重新产生较为松散的团聚结构,即表现出软团聚现象,但测试结果表明软团聚现象较弱,对纳米 SiO_2 分散性影响不显著。

纳米 SiO_2 在复合胶粘剂中主要起到应力传递的作用,纳米 SiO_2 分散性越好,应力传递越均匀,纳米 SiO_2 复合胶粘剂的力学性能越提高。综合纳米 SiO_2 复合胶粘剂力学性能和分散性实验研究结果,最终选定纳米 SiO_2 表面修饰改

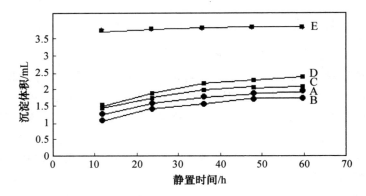

图 6.6　纳米 SiO_2 悬浮液沉降体积随时间变化图

性剂为 B,即阳离子/非离子复配表面活性剂。

(2)纳米 SiO_2 对复合胶粘剂性能影响。

①纳米 SiO_2 添加量对复合胶粘剂剪切强度的影响。纳米 SiO_2 添加量对复合胶粘剂剪切强度的影响如图 6.7 所示。添加纳米 SiO_2 能有效提高胶粘剂的剪切强度。随着纳米 SiO_2 含量的增加,复合胶粘剂的剪切强度值基本呈先增大后减小的趋势。质量分数为 2% 时,纳米 SiO_2 复合胶粘剂的剪切强度值最大,与不添加纳米材料相比提高了近 15%。从分子间作用角度讲,由于纳米粒子尺寸与大分子链的尺寸属同一数量级,因此纳米 SiO_2 粒子加入后,其表面严重的配位不足和庞大的比表面积使它表现出极强的活性,纳米 SiO_2 易与环氧基中氧原子发生键合作用,并有利于应力传递。因此,在复合胶粘剂中填充纳米 SiO_2 可以提高材料的力学性能,起到改性的作用。然而,当添加量进一步增加并超过临界值时,纳米 SiO_2 粒子间过于接近,重新团聚,纳米 SiO_2 复合胶粘剂体系黏度增加,分散性变差,导致剪切强度值下降。

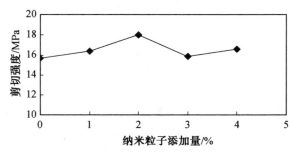

图 6.7　纳米 SiO_2 添加量对复合胶粘剂剪切强度的影响

②纳米 SiO_2 添加量对复合胶粘剂耐热性能的影响。纳米 SiO_2 添加量对复合胶粘剂玻璃化温度的影响如图 6.8 所示。高分子聚合物在受热过程中会发

生一系列的物理变化和化学变化,从表观上看,一旦聚合物材料受热后发生软化、熔融或分解,即认为它丧失了实用性。因此,玻璃化温度 T_g 越高,说明材料使用上限温度越高,实用性越好。由图 6.8 可知,随着纳米 SiO_2 添加量的增多,体系的玻璃化温度逐渐升高。当添加量为 4% 时,玻璃化温度最高,达到 223.6 ℃,与未加改性纳米 SiO_2 相比提高了 4.23 倍。

纳米材料提高胶粘剂玻璃化温度的主要原因:纳米 SiO_2 粒子的加入使固化体系结构中部分纳米 SiO_2 颗粒与树脂之间产生了化学键合,结合力极强,对体系交联网络的束缚能力大大增强,所以对外界热力影响的抵抗能力增强;共混聚合物的 T_g 基本上由两种相混聚合物的相容性决定,如果两种聚合物热力学互溶,则 T_g 介于相应聚合物的 T_g 之间;纳米 SiO_2 属于无机纳米材料,本身的元素组成特点决定了其良好的耐热性能,添加纳米 SiO_2 后,体系中无机组分的含量增加,亦有利于提高体系的玻璃化温度。实验结果表明,经表面活性剂改性后的纳米 SiO_2 添加量为 2% 时,纳米 SiO_2 复合胶粘剂体系的相容性较好,提高了玻璃化转变温度。

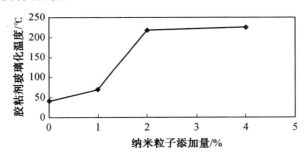

图 6.8 纳米 SiO_2 添加量对复合胶粘剂玻璃化温度的影响

③纳米 SiO_2 添加量对复合胶粘剂断口微观形貌影响。不同纳米 SiO_2 添加量的纳米复合胶粘剂断面形貌如图 6.9 所示。未加纳米 SiO_2 时,环氧树脂基体的冲击断口断面出现了大量大小不一的圆形颗粒,且有部分颗粒在断面上形成圆孔,孔洞发生变形,起到一定的增韧效果。纳米 SiO_2 添加量为 1% 时,断面上形成了密集的蜂窝状孔洞,且孔洞发生明显变形;纳米 SiO_2 添加量为 2% 时,断面处出现撕裂棱脊且存在着一定数量的脱粘粒子;纳米 SiO_2 添加量为 3% 时,断面处脱粘粒子进一步增多,且出现粘连现象;纳米 SiO_2 添加量为 4% 时,橡胶由颗粒状转变为"岛屿"状,形貌特征改变甚大。将添加纳米 SiO_2 后胶粘剂的断口形貌与未添加纳米 SiO_2 的断口形貌比较,可看出纳米 SiO_2 的加入促使断口形貌发生改变。形貌的变化亦反映出纳米 SiO_2 有促进液体橡胶与胶粘剂中其他组分之间发生反应的作用。

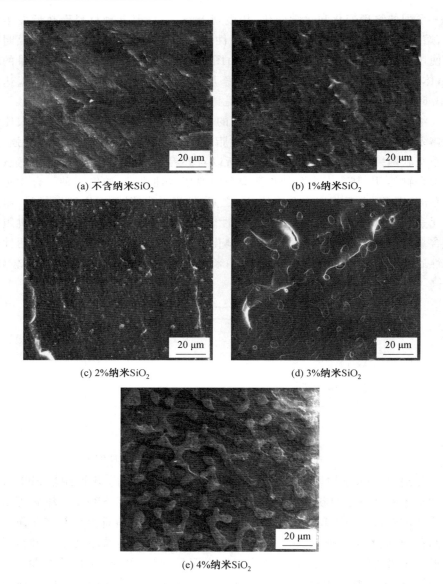

图 6.9 不同纳米 SiO_2 添加量的纳米复合胶粘剂断面形貌

纳米 SiO_2 的作用机理是胶粘剂基体的冲击断口较为光滑,其使用了液体橡胶进行增韧改性,有明显的圆孔,橡胶颗粒在断面所形成的圆孔都是下陷的,孔洞发生变形,起到了一定的增韧效果。添加了纳米 SiO_2 粒子后,其形貌发生了一定的变化。断面处的撕裂棱明显增多。断面上还存在着一定数量的脱粘粒子。从裂纹的扩展过程来看,当纳米 SiO_2 粒子与基体结合牢固时,对裂纹的扩展起着一定的阻碍作用。通过纳米 SiO_2 粒子与基体的界面脱粘、增加裂纹扩展途径等方式消耗断裂功,从而对材料力学性能的改善做出贡献。断面出现了密集的孔洞和银纹,二者相互作用,产生明显的变形,且大的孔洞内嵌了许多小变形孔洞及裂缝。根据"裂缝与银纹相互转化"机理可解释为聚合物在外力(或外部能量)作用下因结构缺陷或结构不均匀性所造成的应力集中而产生银纹化。形成银纹需要消耗大量能量,这些能量包括生成银纹时的塑性功、银纹扩展时的黏弹功、形成银纹孔洞的表面功及高分子链断裂的化学链断裂能等,在应力作用下进一步发展成裂缝。在无纳米 SiO_2 粒子时,聚合物在内、外应力作用下形成的银纹可进一步发展成破坏性裂纹缝,导致材料宏观断裂;而在纳米 SiO_2 粒子存在下,纳米 SiO_2 粒子进入裂缝空隙内部,通过纳米无机粒子活性表面和活性原子中心与高分子链的作用力形成"丝状连接"结构,而使产生的裂缝又转化为银纹状态。由于裂缝被终止而转化为银纹状态阻延了材料的断裂,因此需要消耗更多的外界能量或更大的应力才能使材料断裂,从而提高了力学性能,起到增强增韧的效果。

当纳米 SiO_2 粒子的添加量继续增加时,从图 6.9(d)中可以看到断面处出现大量的浮凸,在这些浮凸上发现微小的孔洞。当纳米 SiO_2 粒子含量过多时,由于纳米 SiO_2 粒子不能进入裂缝内部,因此裂缝不能转化成银纹状态,此时纳米 SiO_2 粒子起到应力集中点作用,而使材料的强度降低。

④纳米 SiO_2 复合胶粘剂的红外光谱(IR)。图 6.10 所示为不同纳米 SiO_2 添加量时纳米 SiO_2 复合胶粘剂的 IR 谱图,采用压片法制样。

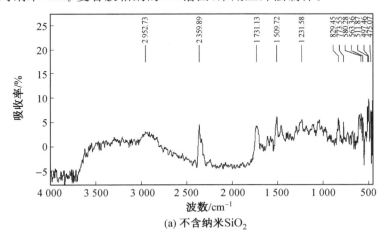

图 6.10 不同纳米 SiO_2 添加量时纳米 SiO_2 复合胶粘剂的 IR 谱图

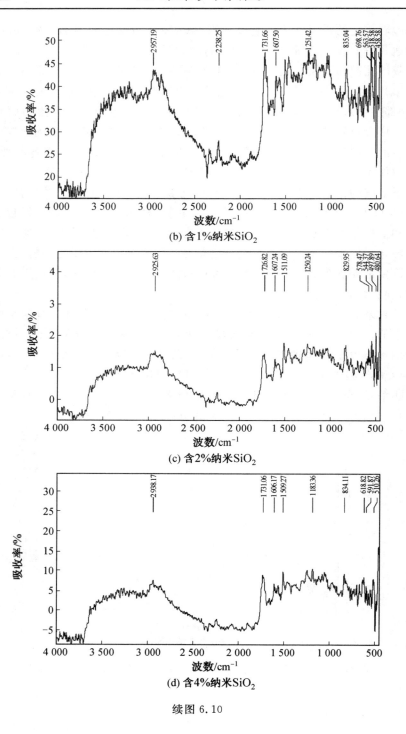

(b) 含1%纳米SiO_2

(c) 含2%纳米SiO_2

(d) 含4%纳米SiO_2

续图 6.10

添加纳米 SiO_2 后,纳米复合胶粘剂中液体丁腈橡胶—CN 基吸收峰 2 240 cm^{-1} 在纳米 SiO_2 粒子添加量为 1% 时仍存在于固化产物中,强度变弱。当添加量继续增大超过 2% 时,此特征峰在图 6.10(c)、(d)中消失了,说明纳米 SiO_2 促使液体丁腈橡胶中—CN 基与胶粘剂组分继续发生反应。从图 6.10(b)、(c)、(d)中可知,纳米 SiO_2 粒子添加后复合胶粘剂固化物中出现的特征峰1 607 cm^{-1} 属于胺类的特征吸收频率,N—H 弯曲振动,这与扫描电镜中所观察到的橡胶在基体断面形貌发生明显变化的情况相吻合。此外,由于选用的是无定型纳米 SiO_2,因此图中 SiO_2 的特征吸收峰不明显,改性剂的加入并没有改变纳米 SiO_2 的整体物质组成,但将纳米 SiO_2 添加量继续提高后其峰面积增大,这可能是因为复配表面活性剂与纳米 SiO_2 颗粒之间形成了很好的相容性,其反应基团与 SiO_2 微粒表面基团反应形成新的化学键,从而对 SiO_2 微粒表面进行了修饰和改性。

(3) 纳米 SiO_2 对纤维增强复合材料力学性能影响。

分析纳米材料岁纤维增强复合材料性能的影响,可为新型材料的应用提供支撑。

① 拉伸强度。复合贴片粘贴前后含边缘裂纹钢片的拉伸强度见表 6.5。其中,A 组为钢片自身的抗拉强度平均值;B 组为采用不含纳米 SiO_2 的复合贴片修复钢片的抗拉强度平均值;C 组为采用添加 2% 纳米 SiO_2 的复合贴片修复钢片的抗拉强度平均值。

当钢片缺口裂纹为 5 mm 时,采用复合贴片修补可显著提高钢片的抗拉强度。同时,采用添加纳米 SiO_2 改性的胶粘剂制备的复合贴片,其拉伸强度达到 616.02 MPa,明显高于未经纳米 SiO_2 改性的复合贴片。

表 6.5 复合贴片粘贴前后含边缘裂纹钢片的试样拉伸强度

试样	A	B	C
拉伸强度/MPa	555.8	587.5	616.0

② 纳米 SiO_2 对碳纤维增强复合贴片拉伸强度的影响。复合贴片力学性能见表 6.6。可以看出,加入纳米材料有效地改善了碳纤维和树脂制备的贴片的力学性能。纳米材料的加入增强了树脂的活性,修复后贴片试样的拉伸强度得到了显著提高,幅度高达 20%。

表 6.6　复合贴片力学性能

	断裂拉伸应变 ε_B/%	拉伸弹性模量 E_t/MPa	拉伸断裂应力 σ_B/MPa	拉伸强度 σ_t/MPa	拉伸屈服应力 σ_y/MPa
未添加	15.46	948.96	579.96	595.23	537.54
添加纳米材料	25.37	1 856.25	694.87	704.16	560.51

由测试数据得到四种不同预处理工艺的碳纤维丝和两种不同树脂基料制备的复合贴片拉伸强度,复合贴片试样平均拉伸强度对比如图 6.11 所示。

经复合贴片修补后,铝合金试样的拉伸强度大幅度提高,即使是拉伸强度最低的 2#纤维、在树脂不加纳米材料条件下,拉伸强度也比原铝合金试样提高了 40%;而拉伸强度最高的 3#纤维加纳米材料的复合贴片,其修补后的试片拉伸强度达 734 MPa,比原始试样提高了 62%。可见,采用复合贴片可以显著提高铝合金材料的力学性能,起到很好的补强作用。

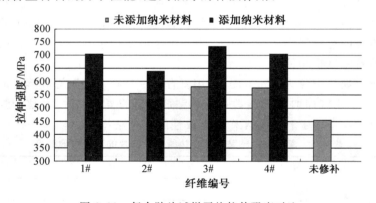

图 6.11　复合贴片试样平均拉伸强度对比

6.1.5　胶粘剂与碳纤维界面力学性能

胶粘剂与碳纤维丝之间的界面结合性能对于复合材料的传递及整体力学性能十分重要,是构成结构强度的关键因素。

(1)测试基本原理。

胶粘剂与纤维之间结合状况是影响复合贴片力学性能的重要因素。采用了可检测和评价胶粘剂与纤维材料之间界面剪切强度的先进的 MODEL HM410 型复合材料界面性能评价装置,通过制备专门的试样,在试验机上对树脂球和纤维进行拉伸,检测出纤维与胶粘剂之间的剪切强度。图6.12所示的拉拔树脂球过程图显示了测试设备拉拔已粘接树脂球的碳纤维单丝的过程,拉伸过程中,树脂球被卡在仪器上的卡口上。随着纤维承受拉力的增加,树脂球与纤维之间承受的剪切力不断增加,并在某一剪切力时二者之间发生界面分离,树脂球脱落。根据树脂球脱落前的最大拉伸力计算树脂球和纤维界面的剪切强度。

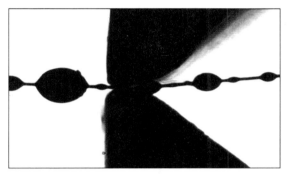

图6.12 拉拔树脂球过程图

图6.13所示为树脂球与碳纤维单丝之间界面剪切强度计算原理图。

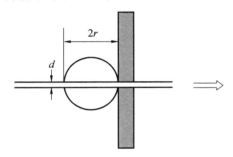

图6.13 树脂球与碳纤维单丝之间界面剪切强度计算原理图

剪切强度计算公式为

$$\delta = \frac{F}{2\pi r d}$$

式中 F——在拉伸至树脂球脱落过程中产生最大拉力;
r——树脂球半径;
d——碳纤维丝自身直径。

(2)界面剪切强度。

图6.14所示为纤维与胶粘剂界面剪切强度平均值。添加纳米SiO_2颗粒能显著提升纤维与胶粘剂之间的界面剪切强度。在聚丙烯腈基(PAN)、沥青

基、粘胶基、气相生长四种碳纤维单丝中,添加纳米材料后剪切强度均明显提高,平均提高幅度高达46%。

碳纤维丝经过活化处理后,能有效提高其与胶粘剂的界面剪切强度。1♯、3♯碳纤维丝处理过程中均加入了偶联剂KH560,引入了活性基团,提高了纤维丝表面活性,有利于碳纤维丝和树脂的结合。在500 ℃下氧化1.5 h,再经过活化处理后,碳纤维丝与两种胶粘剂的剪切强度分别提高了35%和49%;而在400 ℃下氧化2 h,再经过活化处理后,碳纤维丝与两种胶粘剂的剪切强度分别提高了50%和79%,剪切强度的最大值超过50 MPa。

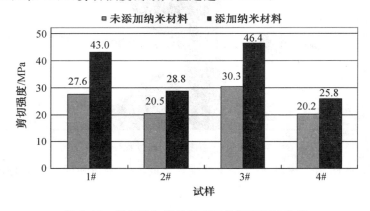

图6.14 碳纤维与胶粘剂界面剪切强度平均值

两种碳纤维的热处理工艺对其与胶粘剂的剪切强度有一定影响,但影响并不明显。在没有加偶联剂处理的2♯、4♯碳纤维丝中,处理温度分别为500 ℃和400 ℃,但是碳纤维与树脂之间的剪切强度差别不显著。这说明在达到一定温度后,碳纤维丝的含氧极性基团含量不再随着温度的变化而有明显改变。同时,加温时间对碳纤维丝表面影响也无明显变化。对比1♯、3♯碳纤维丝,处理时间分别为1.5 h和2 h,但是碳纤维丝和树脂的剪切强度也没有随着时间的增加而显著增大。通常而言,碳纤维的加温时间不宜过长,在保证一定温度的条件下,时间增长反而有可能降低碳纤维的强度。

(3) 纳米材料提高碳纤维/树脂界面结合性能的机理。

通过对拉断试样的观察比较可以发现,被拉断试样的纤维与基体的界面破坏最初发生于纤维间距最小处,然后裂纹沿着界面发展,直至与铝合金片结合失效,即铝合金片与粘接的部分纤维丝发生破断失效,或纤维层与铝合金片发生脱粘失效。宏观力学测试和纤维单丝测试结果表明,纳米颗粒的加入能够有效提高纤维丝与基体的界面结合力。添加纳米材料及碳纤维表面处理的作用机理可能包含以下几点。

① 纳米颗粒能够有效地钉扎在裂纹尖端并促使其分叉,同时提高基体韧性。此外,胶粘剂配方中选用液体橡胶作为增韧剂。Rcbwe 等认为,要想使橡胶起到增韧环氧树脂的作用,必须符合的条件有:橡胶相能很好地溶解在未固化的树脂体系中,并能在树脂凝胶过程中析出第二相,分散于基体树脂中;橡胶的分子结构中必须含有能与树脂基体进行反应的活性基团。树脂基体在纳米粒子与橡胶协同作用,韧性得到了有效的提高。综上,正是纤维与基体的界面及附近区域韧性的提高,有效地阻止了界面上裂纹的发展,提高了碳纤维与树脂界面的结合强度。

② 纳米材料的粒度测试结果表明纳米粒子的粒径分布主要集中在 100～200 nm 范围内,大小较为一致,虽然存在软团聚现象,但仍有利于其均匀分布在树脂中。根据颗粒周围的中间相来解释其增韧机理,由于纳米颗粒与基体的高分子链结合良好,因此在纳米颗粒的周围产生了较强的中间相,也有利于阻止裂纹的扩展(图 6.15)。

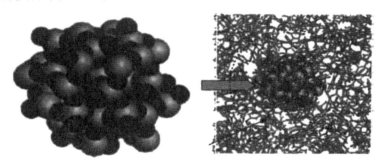

图 6.15 高分子链包裹的纳米粒子

③ 碳纤维一般是用分解温度低于熔融点温度的纤维状聚合物通过千度以上固相热解制成的,在高温条件下可被氧化产生含氧极性基团,如 C—O 型(酚基、醚基)、COOR 型(羧基或酯基)、C═O 型(羰基)等。采用气相氧化法,一方面,其表面粗糙度明显提高,有利于与基体树脂机械嵌合,复合材料两相间的机械嵌合是基于基体树脂流入和填充碳纤维表面存在的孔隙和氧化刻蚀微斑,凹凸嵌合,固化后具有锚锭效应,从而使纤维与树脂两相间的粘接强度增大;另一方面,表面处理后,碳纤维表面含氧官能团浓度增加。碳纤维表面氧化过程如图 6.16 所示。

化学键理论认为,基体表面上的官能团可与纤维表面上的官能团起化学反应,因此在树脂基体与碳纤维之间可产生化学键结合,形成界面,一般认为这是两相粘接的主价键力。

此外,由于单一采用偶联剂溶液进行活化处理对高模量碳纤维效果不明

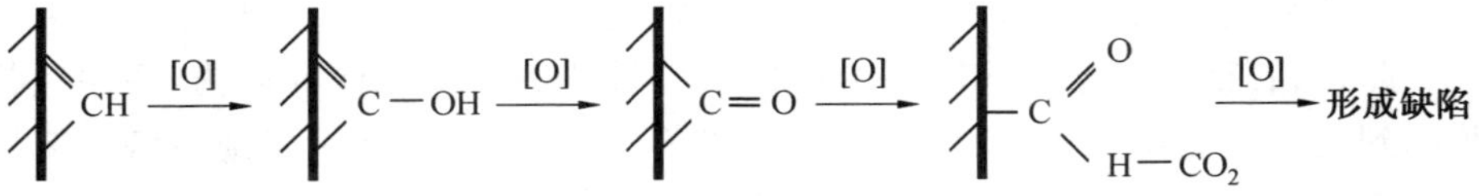

图 6.16　碳纤维表面氧化过程

显,因此将气相氧化法与偶联剂涂层法有机地结合起来。活化处理提高界面结合力可能的原因为,硅烷偶联剂的水解产物通过氢键与纤维表面作用,形成具有一定结构的膜。偶联剂膜含有物理吸附、化学吸附和化学键作用三个部分,部分偶联剂会形成硅烷聚合物,吸附于纤维表面的偶联剂将与纤维表面的含氧基团发生缩合,在二者之间形成牢固的化学键。偶联剂为双性分子,一部分官能团能与碳纤维表面反应形成化学键,另一部分官能团与树脂反应形成化学键,这样偶联剂就在树脂与碳纤维表面起到一个化学媒介的作用,将二者牢固地连在一起(图 6.17)。

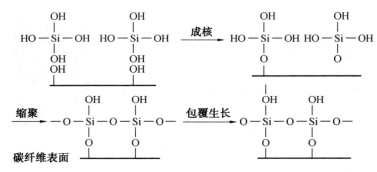

图 6.17　碳纤维表面上硅烷膜的形成过程示意图

综上,联合采用气相氧化法和偶联剂涂层法表面处理能够将树脂充分浸渍于碳纤维表面,这样能在裂纹最易产生处即纤维与树脂的界面使树脂基体中的纳米粒子更好地起到钉扎在裂纹尖端并阻碍其扩展的作用。

6.2　中温固化树脂

采用复合材料补片对装备零部件损伤进行修复时,在具备一定条件的情况下,可采用固化温度在不高于 200 ℃的中温固化树脂体系。一方面,可在预浸料中添加潜伏性固化剂,便于平时的保存;另一方面,中温固化的环氧树脂等材料具有比室温快速固化更好的综合性能。本节以环氧树脂为例,分析中温固化体系的组成、反应原理及性能指标。

6.2.1 多元共混中温固化环氧树脂体系

(1)基础体系组成。

选用双酚 A 型环氧树脂 E—51、E—44 以及树脂 TDE—85、AG—80,按一定比例在一定条件下混合作为基础树脂,采用一种新型增韧剂 CC,固化剂为 4,4—二氨基二苯砜(DDS),促进剂为咪唑。

将 E—51、E—44、TDE—85、AG—80、CC 按一定比例加热至 110 ℃ 进行熔融混合,机械搅拌均匀,然后降温加入固化剂和促进剂,将环氧树脂体系置于真空干燥箱中脱泡 20 min,取出后待用。

双酚 A 型环氧树脂 E—51、E—44 具有优异的性能,使用广泛且价格较低;收缩率较小,具有固化后无毒无味等优点,是常用的基础树脂。这两种树脂具有胶合力强、机械强度高、可配制成不含溶剂的胶料、热稳定性好等特点。

AG—80 环氧树脂是一种含氮环氧树脂,化学名称为 4,4'—二氨基二苯甲烷四缩水甘油胺。环氧当量为 115~133 g/eq,室温下的黏度为 7 000~120 000 mPa·s,环氧值为 0.7~0.8,挥发分数小于 1%。该树脂的特点是:多官能度,黏度低,固化产物交联密度高,收缩率低,具有优异的力学性能、耐热性、耐腐蚀性,但耐湿热性能较差,活性是双酚 A 型环氧树脂的 10 倍。

由于环氧树脂含有较多的刚性基团,质脆,抗冲击性能差,因此其拉伸剪切强度不高。为提高其性能,需在树脂中加入增韧剂。采用北京清大奇士公司生产的 CC 增韧剂,该增韧剂最大的特点是在改善树脂韧性的同时,显著降低树脂体系的黏度,从而有效改善抢修贴片的工艺性能。

根据前期试验及文献资料,选取 E51 和 E44 的含量比为 1∶1。以树脂的拉剪强度、拉伸强度等两项主要力学性能指标为判据,对 TDE—85、AG—80 两种环氧树脂的含量进行了优化。环氧树脂共混体系基本配方优化表见表 6.7。

表 6.7 环氧树脂共混体系基本配方优化表

序号	AG—80/%	TDE—85/%	拉剪强度/MPa	拉伸强度/MPa
1	5	5	12.41	32.57
2	5	10	17.41	24.89
3	5	20	18.04	31.63
4	10	5	16.35	24.47
5	10	10	16.65	26.51
6	10	20	24.78	23.47
7	20	5	15.25	25.85
8	20	10	14.2	26.66
9	20	20	19.67	30.44

从表 6.7 中可以看出,当 TDE-85 质量分数为 20%、AG-80 质量分数为 10%时,环氧树脂的拉剪强度为 24.78 MPa,本体拉伸强度为 23.47 MPa,综合性能相对最好。

(2)环氧树脂体系的黏温特性。

环氧树脂与纤维复合时,黏度不宜过大,过大会造成树脂和纤维浸润性差,容易使复合贴片产生部分区域富胶或缺胶,使贴片黏结性差,影响修补强度。图 6.18 所示为环氧树脂体系温度-黏度特性曲线,可以看出该环氧树脂体系黏度较低,相同温度下只是其他环氧树脂的 1/5~1/6,有利于树脂与纤维之间的充分浸润,增强树脂与纤维之间的界面结合,提高复合材料贴片的修补强度。

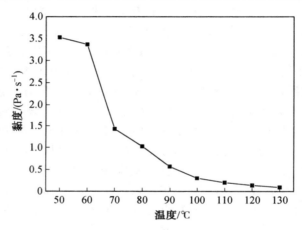

图 6.18 环氧树脂体系温度-黏度特性曲线

6.2.2 环氧树脂体系固化动力学特征

(1)环氧树脂体系固化反应过程。

不同升温速率下环氧树脂的 DSC 曲线图如图 6.19 所示。可以看出,对中温固化环氧树脂体系采用不同的升温速度,曲线的起始温度、峰值温度和终止温度存在明显的差异。而且升温速率的大小对 DSC 曲线的形状、反应热、固化反应温度等也存在明显的影响。随着升温速率的增加,反应放热峰向高温方向移动,这是因为升温速率的增加,热惯性也就变大,即单位时间产生的热效应大。因此,产生的温度差也越大,固化放热峰相应地向高温方向移动。从图中可以看出,中温固化环氧树脂体系呈现出两个放热峰。在升温速率为 5 ℃/min、10 ℃/min 时,第二个放热峰不是很明显,随着升温速率的增加,体系第二个放热峰开始明显呈现,且升温速率越大,第二个放热峰的面积也越大。这是因为随着升温速率的增加,体系在较低的温度下还没来得及固化。

第6章 无人机维修固化材料

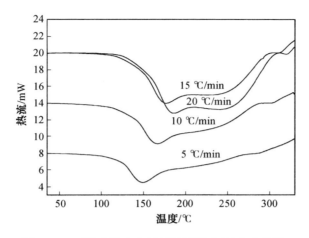

图 6.19 不同升温速率下环氧树脂的 DSC 曲线图

根据对第一个放热峰的分析,可对固化工艺参数进行确定。不同升温速率下环氧树脂特征固化温度和固化放热量见表6.8。固化放热量$-\Delta H$实际上反映的是树脂固化反应完全程度随升温速率β变化的关系。$-\Delta H$值越大,说明环氧树脂体系固化反应越完全。该多元共混环氧树脂体系固化反应$-\Delta H$值随升温速率的增加而减少,说明环氧树脂的固化反应完全程度随升温速率增加而降低。

表 6.8 不同升温速率下环氧树脂特征固化温度和固化放热量

β/(K·min^{-1})	T_i/K	T_p/K	T_f/K	$-\Delta H$/(J·g^{-1})
5	340.693	422.347	549.018	511.889
10	349.563	439.301	560.993	433.503
15	362.868	449.793	573.665	404.237
20	367.304	459.826	581.194	382.515

注:T_i为起始温度;T_p为峰值温度;T_f为终止温度;$-\Delta H$为体系放热量。

不同升温速率下的环氧树脂体系转化率与温度的关系可通过DSC曲线计算得出(图6.20)。从图6.20中可以看出,在转化率一定的前提下,升温速率越高,所需固化温度也越高,且在较高升温速率下,转化率曲线向较高温度方向移动;但在同一温度下,升温速率越低,转化率越高,这是因为在较低的升温速率下,固化体系有足够的时间进行反应,所以在较低的温度下就能达到较高的反应程度,当升温速率加快时,体系来不及反应,反应程度较低。

不同升温速率下的T_i、T_p、T_f分别对升温速率β作图,多元共混环氧树脂体系的$T-\beta$关系曲线如图6.21所示。随着升温速率的增加,放热峰向高温方向移动,对特征温度的确定产生了影响。因此,为消除升温速率对环氧树脂体系固化的影响,采用外推法得出升温速率为 $\beta=0$ 时的各参数,即分别以起始温度 T_i、峰顶温度 T_p 和终止温度 T_f 为纵坐标,以升温速率 β 为横坐标做曲线进行线性拟合,得到该直线与纵坐标的交点,即 $\beta=0$ 时的 T_i、T_p、T_f。图 6.21 中,三条拟合直线在纵坐标上的截距分别为 331.823 K、412.085 K、538.918 K,即为 $\beta=0$ 时的凝胶温度 $T_{gel}=58.823$ ℃、固化温度 $T_{cure}=139.085$ ℃ 和后处理温度 $T_{treat}=265.918$ ℃。

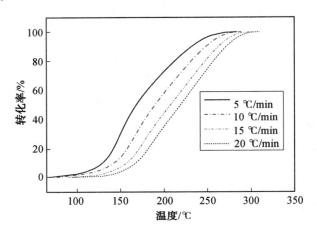

图 6.20 环氧树脂体系转化率与温度的关系曲线

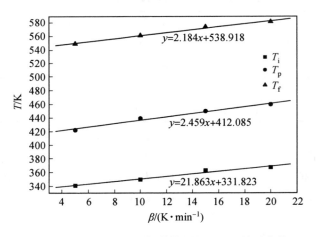

图 6.21 多元共混环氧树脂体系的 $T-\beta$ 关系曲线

(2) 环氧树脂体系固化反应动力学参数。

环氧树脂体系固化反应的表观活化能决定着固化反应是否能够进行,固化反应的难易程度直接由表观活化能的大小来反映。根据 Kissinger 和 Crane 方程对上述数据进行处理,以确定反应表现活化能和反应能级。

Kissinger 方程为

$$\frac{\mathrm{d}[\ln(\beta/T_\mathrm{p}^2)]}{\mathrm{d}(1-T_\mathrm{p})}=-\frac{E}{R} \tag{6.1}$$

Crane 方程为

$$\frac{\mathrm{d}(\ln \beta)}{\mathrm{d}(1/T_\mathrm{p})}=-\left(\frac{E}{nR}+2T_\mathrm{p}\right) \tag{6.2}$$

当 $E/nR \gg 2T_\mathrm{p}$ 时,式(6.2)可以简化为

$$\frac{\mathrm{d}(\ln \beta)}{\mathrm{d}(1/T_\mathrm{p})}=-\frac{E}{nR} \tag{6.3}$$

式中　T_p——峰值温度,K;

　　　E——表观活化能,J/mol;

　　　β——升温速率,℃/min;

　　　R——摩尔气体常数,8.314 J/(mol·K);

　　　n——反应能级。

由 Kissinger 方程,根据实验不同的升温速率及对应的固化反应放热峰的峰值温度,以 $-\ln(\beta/T_\mathrm{p}^2)$ 对 $1/T_\mathrm{p}$ 作曲线,采用线性回归,可得到体系固化反应的线性回归方程(图 6.22)。所得直线方程为 $y=6.383\ 2x-4.648\ 0$,相关系数达到了 0.997 2,说明采用 Kissinger 方程对上述环氧树脂体系的动力学研究是合理的。由线性回归方程可知,直线的斜率 E/R 为 6.383 2,故得到环氧树脂体系的固化反应表观活化能为 $E=53.1$ kJ/mol。

采用 Crane 方程对上述环氧树脂固化反应体系的固化反应级数进行计算,根据实验所用不同的升温速率及对应的固化反应放热峰的峰值温度,以 $\ln \beta$ 对 $1/T_\mathrm{p}$ 作图(图 6.23)。可以看出,$\ln \beta$ 对 $1/T_\mathrm{p}$ 有很好的线性关系。采用线性回归,可得到线性回归方程为 $y=-7.265\ 83x+18.828$,相关系数达到了 0.998 0,说明采用 Crane 方程对上述体系的分析是可靠的。由线性回归方程可知,直线的斜率 $-\dfrac{E}{nR}$ 为 $-7.265\ 83$,故可以得出体系的固化反应级数为 0.88。由此可知,上述体系的固化反应为复杂反应。

(3) 环氧树脂体系的固化动力学方程。

通过上述方法可计算出环氧树脂体系 A 为 6.67×10^6 s^{-1},将所得的 E、A 和 n 值分别代入非等温条件下的动力学方程,有

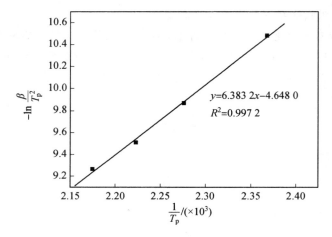

图 6.22 $-\ln\frac{\beta}{T_p^2}$ 对 $\frac{1}{T_p}$ 的拟合曲线

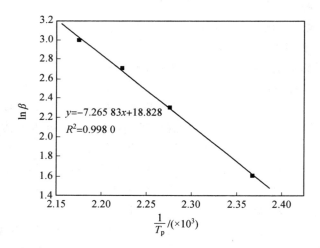

图 6.23 $\ln\beta$ 对 $\frac{1}{T_p}$ 的拟合曲线

$$\frac{d\alpha}{dt} = k(1-\alpha)^n \tag{6.4}$$

$$k = Ae^{\frac{-E}{RT}} \tag{6.5}$$

式中 α——固化度；

k——固化反应速率。

由此可以得出环氧树脂体系的固化动力学方程为

$$\frac{d\alpha}{dt} = 6.67 \times 10^6 e^{\frac{-53.1}{RT}} (1-\alpha)^{0.88} \tag{6.6}$$

应用式(6.6)可以预测树脂在不同的恒定温度条件下达到预定固化度所需要的时间或一定时间范围内达到预定的固化度所需要的温度。由此可以计算出该环氧树脂体系在不同温度下的固化反应速率(表 6.9)。可以看出,室温下的固化反应速率为 $k(25\ ℃)=3.28×10^{-3}\ s^{-1}$,而在 130 ℃时的固化反应速率为 $k(130\ ℃)=0.867\ s^{-1}$,是 25 ℃时的 264 倍。可见,该环氧树脂在室温条件下活性较低,有利于室温下的存储及低温下的长期保存。

表 6.9 不同温度下树脂的固化反应速率

k	−10 ℃	25 ℃	60 ℃	90 ℃	110 ℃	130 ℃
固化反应速率/s^{-1}	$1.89×10^{-4}$	$3.28×10^{-3}$	$2.67×10^{-2}$	$1.47×10^{-1}$	$3.8×10^{-1}$	$8.67×10^{-1}$

(4)环氧树脂固化特征。

图 6.24 所示为加热固化前后环氧树脂体系的红外光谱图。可知,树脂经过加热固化后,环氧基团 911.64 cm^{-1} 处的吸收峰均已基本消失了,说明在此

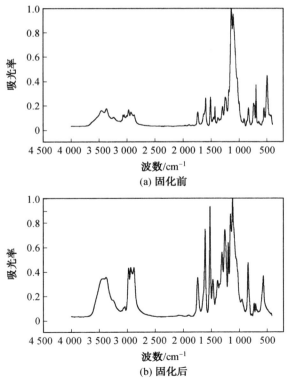

(a) 固化前

(b) 固化后

图 6.24 加热固化前后环氧树脂体系的红外光谱图

环氧树脂体系中,各基团的固化反应完全,发生了交联固化反应,形成了环氧聚合物网络。反应过程中,1 105.06~1 144.66 cm^{-1}范围内的醚键吸收峰基本不变,说明固化过程主要不是醚化反应。此外,经过加热固化后,1 509.65 cm^{-1}处的苯环变强,说明反应过程中苯环也参加了反应。3 421.02 cm^{-1}和2 929.70 cm^{-1}处的羟基吸收峰明显增强,这是因为环氧基与羧基进行开环反应并生成羟基,使羟基数量增加。

6.2.3 碳纳米管对环氧树脂力学性能影响

近年来,通过在环氧树脂中加入多壁碳纳米管(MWCNT)来提高环氧树脂的力学性能和改善增韧的方法已经成为一个新的热点。MWCNT作为一种新型的准一维功能材料,具有优良的力学性能、电学性能及热性能。因此,MWCNT与环氧树脂复合不仅可使树脂的强度、刚性、韧性得到明显的提高,而且还可以提高树脂的力学性能、电学性能及耐热性,扩大树脂的应用范围。

(1) 拉伸强度。

图6.25所示为MWCNT添加量对环氧树脂拉伸强度的影响曲线。可以看出,MWCNT的加入对树脂固化物的拉伸强度有很大的影响。未加入MWCNT时,树脂的拉伸强度较低,为28.32 MPa;当MWCNT质量分数为0.25%时,树脂拉伸强度达到最大值,为56.13 MPa,比纯环氧树脂提高了98.4%。随着MWCNT加入量的增加,拉伸强度呈下降的趋势,当MWCNT质量分数为0.7%时,拉伸强度为49.3 MPa。

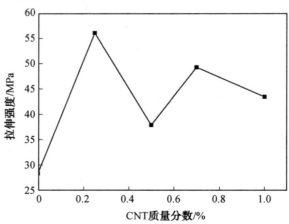

图6.25 MWCNT添加量对环氧树脂拉伸强度的影响曲线

(2) 弯曲强度。

图6.26所示为MWCNT添加量对环氧树脂弯曲强度的影响曲线。可以

看出,与纯环氧树脂相比,MWCNT/环氧树脂的弯曲强度都有一定程度上的增加,且在多壁碳纳米管质量分数为 0.7% 时,环氧树脂的弯曲强度达到最大值,由纯树脂的 48.4 MPa 上升到 83.2 MPa,提高了 71.9%。由此可见,MWCNT 的加入能够提高环氧树脂的弯曲强度,增加其韧性。

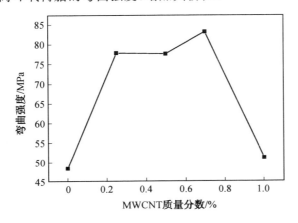

图 6.26 MWCNT 添加量对环氧树脂弯曲强度的影响曲线

(3) 抗冲击强度。

图 6.27 所示为 MWCNT 添加量对环氧树脂抗冲击强度的影响曲线。当 MWCNT 质量分数为 0.25% 时,抗冲击强度比纯环氧树脂降低了。这是因为当 MWCNT 质量分数较低时,其在环氧树脂中没有形成有效的增强网络,降低了树脂本身的性能。当 MWCNT 质量分数为 0.7% 时,抗冲击强度达到最大,为 8.25 kJ/m²,比纯环氧树脂的 5.55 kJ/m² 提高了 48.6%。随着 MWCNT 质量分数的增加,树脂的抗冲击强度降低。

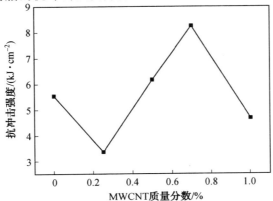

图 6.27 MWCNT 添加量对环氧树脂抗冲击强度的影响曲线

综上分析可以看出,随着 MWCNT 质量分数的增加,环氧树脂的力学性能呈现下降的趋势。这是因为环氧树脂相对黏度较大,MWCNT 加入会增加树脂的黏度,使其在基体中分散效果受制约,分散不均匀,固化后形成缺陷,使强度降低。

6.2.4 碳纳米管对环氧树脂断口形貌分析

图 6.28 所示为环氧树脂弯曲断口形貌。纯环氧树脂断裂面很光滑,是典

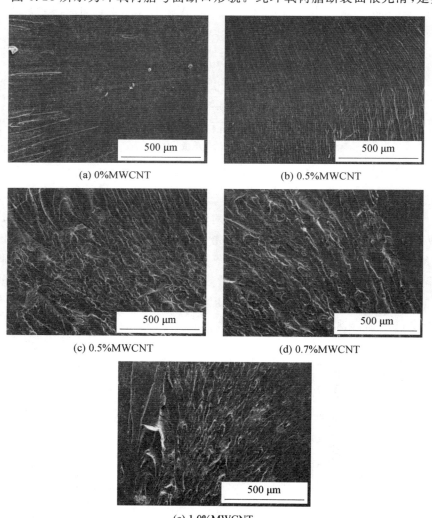

图 6.28 环氧树脂弯曲断口形貌

型脆性断裂,说明环氧树脂自身很脆,裂纹在扩展的过程中遇到的阻力较小,能量损耗小,裂纹扩展容易,弯曲强度较低。在环氧树脂中加入 MWCNT 后,弯曲断裂面变得比较粗糙,且不同 MWCNT 加入量的断口形貌也不同。当加入的 MWCNT 质量分数为 0.25% 时,断口裂纹均匀有序,为脆性断裂;当加入的 MWCNT 质量分数在 0.5% 以上时,裂纹杂乱无章,呈韧性断裂。其原因是 MWCNT 的加入起到了钉扎位错、承载外力且消耗断裂能量的作用,阻止了树脂基体裂纹的扩展,增加了裂纹的断裂能量,促使裂纹分布无序,防止裂纹增长过快而导致断裂。这说明 MWCNT 的加入不仅提高了树脂的弯曲强度,还使环氧树脂的韧性得到了很大的改善。

图 6.29 所示为环氧树脂冲击断口的显微形貌。纯环氧树脂冲击断面分为两个不同的区域(图中 A 区和 B 区)。其中,A 区断口裂纹均匀有序,且断裂发生在同一方向上,为脆性断裂;B 区断面比较粗糙,裂纹杂乱无章,为韧性断裂,即纯环氧树脂的断口为混合断裂。随着 MWCNT 的加入,环氧树脂冲击断面的形貌变得比较粗糙,条纹不清晰,且凹凸不平,呈现出明显的韧性断裂特征。MWCNT 在树脂基体中能较好地诱发银纹,当受到冲击载荷时,裂缝通过银纹化作用向各个方向展开,吸收较多的能量,使得韧性得到提高。当 MWCNT 的质量分数为 1.0% 时,断面变得较为平整,因为此时 MWCNT 添加量较大,在树脂基体中团聚,导致强度降低。

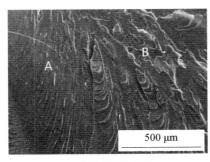
(a) 0%MWCNT

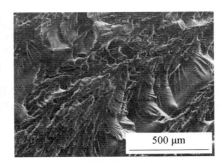
(b) 0.5%MWCNT

图 6.29 环氧树脂冲击断口的显微形貌

续图 6.29

6.3 耐高温树脂

苯乙炔封端的聚酰亚胺是20世纪80年代后期发展起来的带苯炔基的高性能热固性聚酰亚胺树脂,具有优异的耐热氧化性能,良好的耐湿热及耐各种溶剂性能,且成型加工的窗口宽,因此广泛地作为模压料和复合材料基体应用。

6.3.1 耐高温复合修补材料的原料

为提高树脂的力学性能,向树脂溶液体系中引入石墨烯和MWCNT,合成苯乙炔封端的聚酰亚胺低聚物溶液后,将石墨烯和MWCNT分散到纯树脂低聚物溶液中,通过热压成型制备不同的热固性聚酰亚胺树脂板。制备耐高温复合修补材料采用的主要原料见表6.10和表6.11。

表 6.10 合成原料

分子式	中文名称	纯度
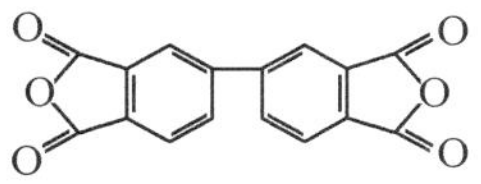	异构联苯二酐(BPDA)	分析纯(AR)
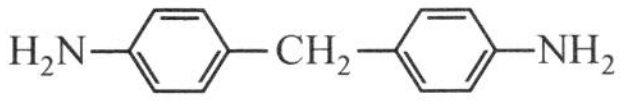	二氨基二苯甲烷(MDA)	AR
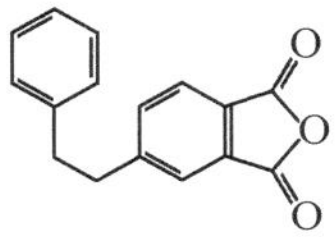	苯乙炔基苯酐(PEPA)	AR
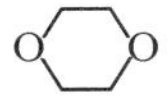	1,4-二氧六环	AR

表 6.11 增强材料

商品名称	尺寸	纯度
氨基化 MWCNT	内径:3~5 nm 外径:8~15 nm 长度:~50 μm 比表面积:>233 m²/g	>95%
石墨烯	尺寸:3~5 μm 层数:1~10 比表面积:500~1 000 m²/g	>99%

6.3.2 热固性基体树脂的制备方法

(1)合成热固性基体树脂。

①合成低聚物溶液。将摩尔比为 2∶2∶3 的 BDPA、PEPA 和 ODA 单体加入到带有机械搅拌的三口瓶中,加入二氧六环,使混合溶液的固含量达到 45%,然后加热回流 2 h,制备得到相对分子质量为 1 500 的棕褐色黏稠状低聚物溶液。聚酰亚胺树脂低聚物的合成过程如图 6.30 所示。

②合成热固性基体树脂。上述制备的低聚物溶液经过高温 370 ℃热压处理会发生交联固化反应,制得高分子量的热固性聚酰亚胺树脂基体(图 6.31)。

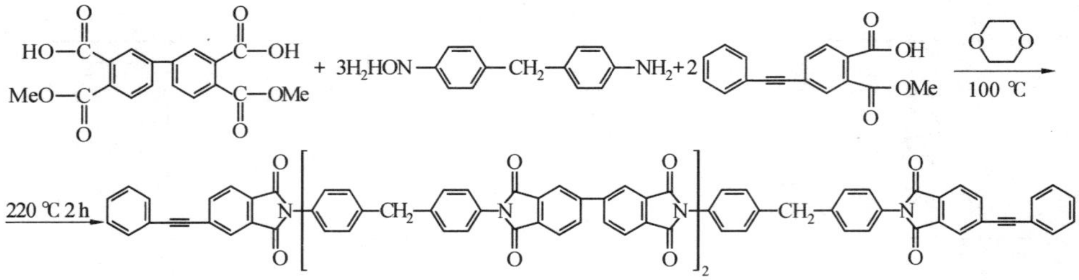

图 6.30 聚酰亚胺树脂低聚物的合成过程

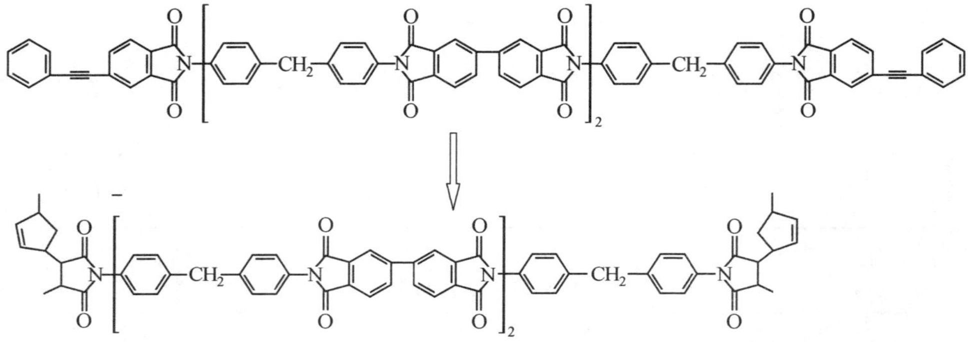

图 6.31 聚酰亚胺树脂的合成图

(2)纯热固性基体树脂制备。

在一定的真空度下,将第一步合成得到的棕褐色黏稠状溶液置于真空烘箱中,以一定的温度进行加热处理,除去溶剂。然后升高温度,继续真空干燥一段时间,得到金黄色块状脆性的模塑料,将其置于高速万能粉碎机中粉碎成金黄色模塑粉末。

称取适量的模塑粉放入金属模具中,将模具放入预热的平板硫化机上,施接触压,分阶段升温至 300 ℃左右,加压,恒温 30 min。然后升温至 370 ℃,在 2~3 MPa(表压)下保温 1 h。停止加热,待温度降至 200 ℃时卸压,降至 100 ℃以下开模,得到纯树脂模压件。

(3)碳纳米管和石墨烯增强树脂体系制备。

将一定量碳纳米管和石墨烯按一定的质量分数加入到聚酰亚胺预聚物溶液中,采用超声设备对原料进行分散,得到混合均匀的黏稠状混合物。

将上述黏稠的混合物平摊在玻璃杯中,放入真空烘箱,抽真空,升温,制得碳纳米管和石墨烯增强的聚酰亚胺树脂模塑料。再经过粉碎至规定细度,得到碳纳米管和石墨烯增强的聚酰亚胺模塑粉。将一定量的模塑粉放入金属模具,按纯树脂的成型工艺模压成型。

6.3.3 热固性基体树脂的基本性能

(1)理化性能。

①树脂的流变性能。大多数高分子化合物是在熔融状态下加工成型的,通常采用熔体黏度表示其流动性能。分子链结构、极性、相对分子量及其分布等因素都会对高分子化合物的熔体黏度产生影响。通常,含有柔性分子链、较低的相对分子量及分子量分布较宽的高分子化合物熔体黏度较低,流动性和加工性好,而分子链中含有刚性分子链及支链、极性大、分子间作用力大都会使熔体黏度增大。

图 6.32 所示为三种不同样品的流变曲线。样品的初始黏度较高,1♯样品为原树脂体系,2♯样品为添加碳纳米管的树脂,3♯样品为添加石墨烯的树脂。随着温度的升高,三个样品的黏度均先出现了快速降低的趋势。1♯样品、2♯样品和 3♯样品分别在温度 217 ℃、194 ℃和 240 ℃左右时达到最低值,三个样品在 217~302 ℃、194~324 ℃和 240~331 ℃温度范围内黏度的最低值分别为 24 Pa·s、28 Pa·s 和 27 Pa·s。随着温度继续升高,由于交联反应发生,因此分子链扩链增长,导致三个树脂体系黏度的均迅速升高。

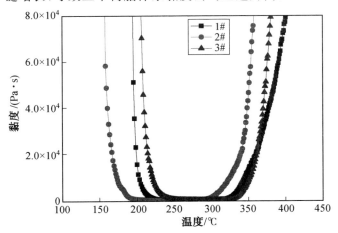

图 6.32 三种不同样品的流变曲线

②树脂的耐热性能。采用失重 5%时的温度来衡量聚酰亚胺的热稳定性。测试试样的编号及热分解温度的测试结果见表 6.12。

表 6.12 测试试样的编号及热分解温度的测试结果

升温速率	样品编号	材料名称	热分解温度（失重 5%）
5 ℃/min	1—1	聚酰亚胺树脂	533 ℃
	1—2	聚酰亚胺树脂（添加碳纳米管）	533 ℃
	1—3	聚酰亚胺树脂（添加石墨烯）	538 ℃
10 ℃/min	2—1	聚酰亚胺树脂	545 ℃
	2—2	聚酰亚胺树脂（添加碳纳米管）	546 ℃
	2—3	聚酰亚胺树脂（添加石墨烯）	547 ℃
20 ℃/min	3—1	聚酰亚胺树脂	548 ℃
	3—2	聚酰亚胺树脂（添加碳纳米管）	553 ℃
	3—3	聚酰亚胺树脂（添加石墨烯）	558 ℃

可见，各试样各温度下树脂材料的热分解温度都超过了 530 ℃，说明该材料具有十分优异的耐热性能。

图 6.33、图 6.34、图 6.35 所示分别为升温速率为 5 ℃/min、10 ℃/min、20 ℃/min 时树脂的热失重曲线。

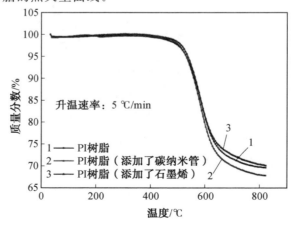

图 6.33 升温速率速率为 5 ℃/min 时树脂的热失重曲线

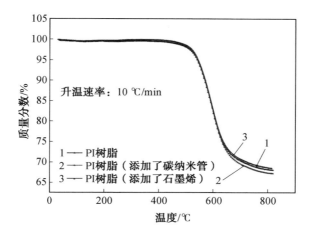

图 6.34 升温速率速率为 10 ℃/min 时树脂的热失重曲线

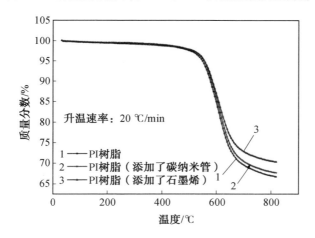

图 6.35 升温速率速率为 20 ℃/min 时树脂的热失重曲线

图 6.36、图 6.37、图 6.38 所示分别为不同升温速率条件下纯树脂、碳纳米管增强树脂、石墨烯增强树脂的热失重曲线。

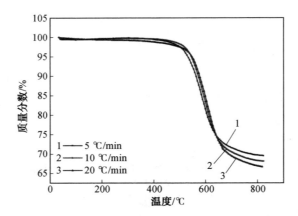

图 6.36　不同升温速率条件下纯树脂的热失重曲线

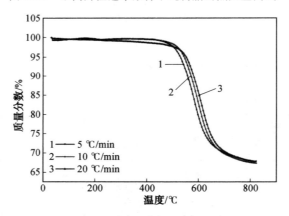

图 6.37　不同升温速率条件下碳纳米管增强树脂的热失重曲线

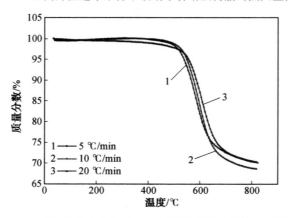

图 6.38　不同升温速率条件下石墨烯增强树脂的热失重曲线

图 6.39、图 6.40、图 6.41 所示分别为不同固化条件下纯树脂的差示扫描量热(differential scanning calorimetry,DSC)曲线、不同升温速率条件下纯树脂的 DSC 曲线、不同升温速率条件下碳纳米管增强树脂的 DSC 曲线。从曲线中可以看出,随着升温速率的提高,聚合物失重5%时的热分解温度越高。而不同配方的聚合物在氮气保护下加热,失重5%时的热分解温度均高于533 ℃。在 700 ℃下的氮气中碳化率保持在 70%左右。由此可见,该树脂有优异的热稳定性能。在各个升温速率下,添加石墨烯增强的树脂材料具有相对较好的耐热性能,在温度超过 600 ℃时热失重相对较小。

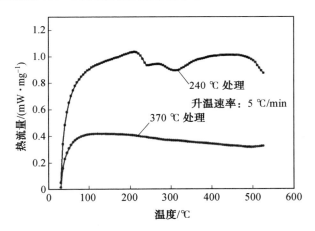

图 6.39 不同固化条件下纯树脂的 DSC 曲线

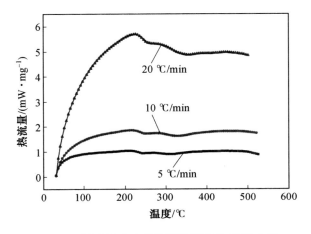

图 6.40 不同升温速率条件下纯树脂的 DSC 曲线

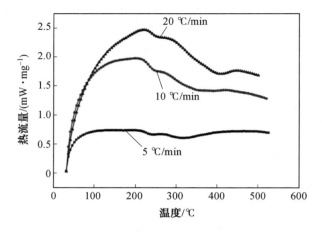

图 6.41　不同升温速率条件下碳纳米管增强树脂的 DSC 曲线

图 6.42 所示为不同升温速率条件下石墨烯增强树脂的 DSC 曲线，图 6.43、图 6.44、图 6.45 所示分别为升温速率为 5 ℃/min、10 ℃/min、20 ℃/min 时不同树脂的 DSC 曲线。

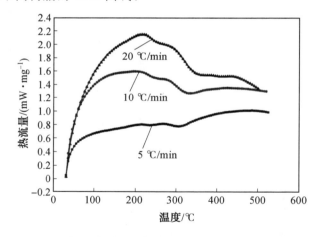

图 6.42　不同升温速率条件下石墨烯增强树脂的 DSC 曲线

选取 240 ℃和 370 ℃两个温度处理树脂，在同样的升温速率(5 ℃/min)下，热流率的值变化较大。显然，370 ℃条件下由于固化交联反应基本完成，因此树脂的 DSC 曲线趋向于水平线；而 240 ℃条件下由于固化交联反应尚未开始，因此随着温度的升高，树脂的热流率呈现一定的起伏，有明显的放热峰出现。240 ℃时，升温速率越高，树脂的放热峰越明显，固化反应的温度越高。分析 240 ℃时同一升温速率条件下不同树脂的 DSC 扫描图，可见热焓响应普遍不明显，所以测试 T_g 并不敏感，因此后面通过动态热机械分析(DMA)测试得到聚合物交联后的 T_g。

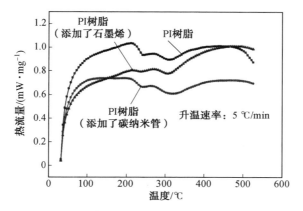

图 6.43　升温速率为 5 ℃/min 时不同树脂的 DSC 曲线

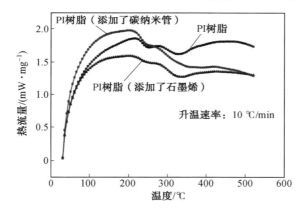

图 6.44　升温速率为 10 ℃/min 时不同树脂的 DSC 曲线

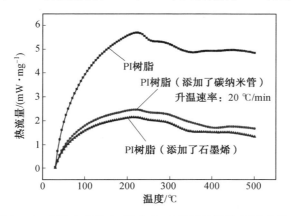

图 6.45　升温速率为 20 ℃/min 时不同树脂的 DSC 曲线

(2)动态力学性能。

动态力学分析是在程序控制温度下测量样品在振动负荷下其动态模量/力学损耗与温度之间关系的一种技术。动态力学分析技术是测试材料玻璃化转变温度的一种重要手段,而材料的玻璃化转变温度是表征材料在保持可用的性能时所能耐受的温度。因为 DMA 在材料黏弹性变化方面比 DSC 更敏感,所以用它来测定材料在不同温度下的各种模量值更精确。

图 6.46、图 6.47、图 6.48 所示分别为聚酰亚胺树脂、碳纳米管增强聚酰亚胺树脂、石墨烯增强聚酰亚胺树脂 DMA 测量图谱。图中,E'代表储能模量;E''代表损耗模量;$\tan\delta$ 代表损耗因子。可以看出,随着温度的升高,储能模量逐渐下降,损耗因子逐渐增加,当到达软化点之后,储能模量急剧下降,损耗模量和损耗因子继续升高一会后转而急剧下降。

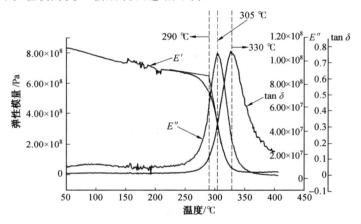

图 6.46　聚酰亚胺树脂 DMA 测量图谱

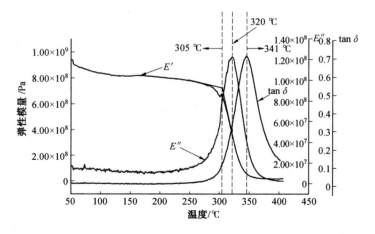

图 6.47　碳纳米管增强聚酰亚胺树脂 DMA 测量图谱

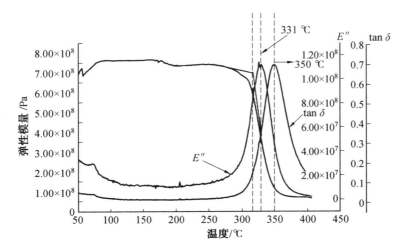

图 6.48 石墨烯增强聚酰亚胺树脂 DMA 测量图谱

DMA 温度扫描后得到树脂的软化温度、凝胶温度和玻璃化转变温度,这三个温度值可以作为确定树脂及复合材料的加工成型工艺的依据。其中,图中损耗因子 $\tan \delta$ 在玻璃化转变过程中表现为一个峰,峰值温度即 T_g 分别为 330 ℃、341 ℃、350 ℃。可以看出,添加了碳纳米管和石墨烯后的聚酰亚胺树脂固化物的 T_g 分别提高了 3% 和 6%,具有比纯树脂更好的耐热性。

(3)红外光谱分析。

红外光谱分析(FT-IR)是定性测定合成聚酰亚胺过程的常用方法。图 6.49 所示为 PI 聚合物在不同温度下的红外谱图($500 \sim 2\,000\ cm^{-1}$)。

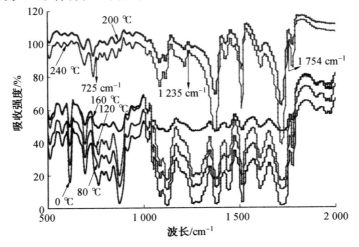

图 6.49 PI 聚合物在不同温度下测量的红外谱图($500 \sim 2\,000\ cm^{-1}$)

可以看出,PI 聚合物在升温到 240 ℃的过程中,725 cm^{-1}处代表 C=O 弯曲的弱特征吸收峰逐渐显现,1 235 cm^{-1}处代表酰亚胺化程度的 C—N 特征吸收峰逐渐加强,而在 1 754 cm^{-1}处的 C=O 对称伸展的特征吸收峰逐渐变强,说明在这一温度范围下低聚物的反应活性很高,经过 240 ℃下处理 2 h 后,酰亚胺化程度较高。

利用 FT—IR 初步研究 PI 聚合物在 240 ℃与 370 ℃之间的固化特性,选取温度 260 ℃、280 ℃、300 ℃、320 ℃进一步研究不同固化温度条件下的红外谱图,主要是利用苯乙炔基封端剂中苯乙炔基特征吸收峰(2 210 cm^{-1})的变化进行定性分析。聚合物在不同温度下测量的红外谱图(2 000~4 000 cm^{-1})如图 6.50 所示。进行谱图对比后发现,温度高于 240 ℃下处理 2 h 后,苯乙炔基 2 210 cm^{-1}处有弱的 C≡C 特征吸收峰存在,说明此时苯乙炔基几乎没有发生固化交联反应。随着温度的逐渐升高,其相对吸收强度逐渐减弱,高于 320 ℃后红外谱图中低聚物 2 210 cm^{-1}处的苯乙炔基 C≡C 特征吸收峰消失了,此时不存在游离的苯乙炔基,说明谱图中 2 210 cm^{-1}处的苯乙炔基 C≡C 特征吸收峰在温度达到 320 ℃后完成了固化交联反应。

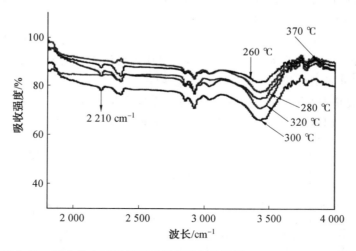

图 6.50 聚合物在不同温度下测量的红外谱图(2 000~4 000 cm^{-1})

(4)树脂的力学性能。

①拉伸性能。树脂样条的拉伸试验中 1♯样条受力后发生形变,其能承受的最大载荷为 39.3 MPa;3♯样条受力后发生形变,其能承受的最大载荷为 39.6 MPa。

②拉剪强度。不同温度下三种树脂基体的平均拉剪强度如图 6.51 所示。100 ℃下实验得到的平均拉剪强度分别是 12 MPa、6.44 MPa 和 11.4 MPa,

300 ℃下实验得到的平均拉剪强度分别是 9.36 MPa、6.04 MPa 和 11.2 MPa。显然,1♯树脂的拉剪强度值随着试验温度的升高,下降幅度较大;2♯树脂(添加碳纳米管)的平均拉剪强度值在两个测试温度下均偏低,但随着试验温度的升高有小幅度的下降;3♯树脂(添加石墨烯)的平均拉剪强度随着温度的升高几乎没什么变化。高温下测试时,3♯树脂即树脂(添加了石墨烯)拉剪强度保持最好。

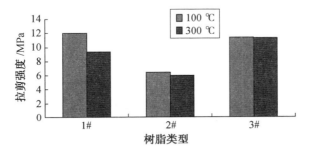

图 6.51　不同温度下三种树脂基体的平均拉剪强度

③断口形貌。纯树脂固化物、碳纳米管增强树脂固化物、石墨烯增强树脂固化物拉伸断口的显微形貌分别如图 6.52、图 6.53、图 6.54 所示。

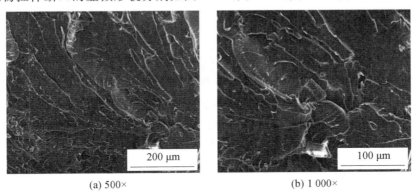

图 6.52　纯树脂固化物拉伸断口的显微形貌

观察三种树脂固化物拉伸断口的显微形貌,未添加增强材料的纯树脂材料断口相对较光滑,裂纹尖端不断扩展,终止现象较少,总的表面积相对其他两种材料要小,具有较为典型的脆性断裂特征,表明该树脂脆性较大。

添加碳纳米管增强后,表面粗糙度相对增加,呈现单向裂纹纹路,裂纹贯穿性强裂。进一步放大,表面出现大量的鱼鳞状纹理,且具有明显的有序性。这些类似银纹的断裂形貌表明断裂过程中裂纹出现不断产生和终止的过程,可以更好地消耗断裂的能量。

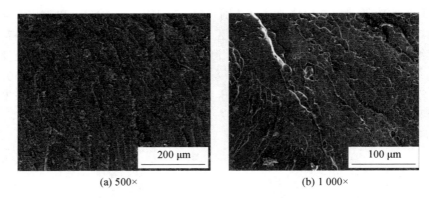

图 6.53　碳纳米管增强树脂固化物拉伸断口的显微形貌

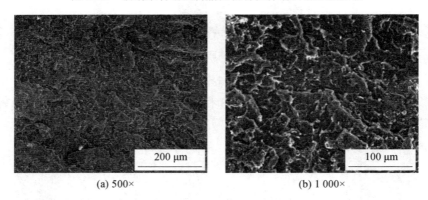

图 6.54　石墨烯增强树脂固化物拉伸断口的显微形貌

添加石墨烯增强后,断口表面粗糙度进一步加大,且存在明显的高度差,说明其比表面积比另外两种都要大,即克服裂纹扩展消耗的能量大。进一步放大观察(图 6.54(b)),其仍然是粗糙无序的状态。

6.4　树脂基碳纤维增强复合材料的力学性能

将环氧树脂与碳纤维布层层叠压并加热固化成形是制备树脂基碳纤维增强复合材料的常用方式。本节制备树脂基碳纤维增强复合材料采用的固化剂为耐高温环氧树脂固化剂,基本制备方式是将将碳纤维布裁剪为 258 mm× 224 mm尺寸,浸渍到耐高温环氧树脂中,制成碳纤维布预浸料,共计 13 层,重叠铺敷在一起,室温放置 12 h。然后将样品放入模具中,在平板硫化机中热压成型。聚酰亚胺复合材料的成型工艺如图 6.55 所示。

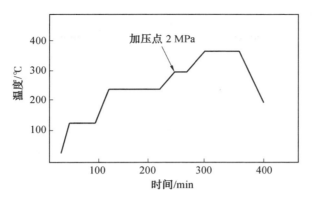

图 6.55 聚酰亚胺复合材料的成型工艺

6.4.1 复合材料的显微形貌分析

图 6.56~6.58 所示分别为三种树脂与碳纤维复合制备的复合材料的显微形貌。

图 6.56 碳纤维增强复合材料的显微形貌

图 6.57 碳纤维增强复合材料(添加碳纳米管)的显微形貌

图 6.58 碳纤维增强复合材料(添加石墨烯)的显微形貌

从三种复合材料截面的形貌来看,采用纯树脂时,复合材料固化物中树脂与碳纤维的界面结合稍差,界面处有明显缝隙或脱开现象。而采用石墨烯或碳纳米管增强的复合材料树脂与碳纤维之间表现出了更好的界面结合性能,脱开现象较少,树脂在纤维表面均匀分布。同时,由于聚酰亚胺树脂脆性较大,因此试样制备过程中的磨削导致较多磨削产生。

6.4.2 复合材料的力学性能测试分析

(1)拉伸性能测试。

分别选取室温、100 ℃、200 ℃、300 ℃、400 ℃进行拉伸性能实验,图 6.59 和图 6.60 所示分别为不同温度下三种复合材料拉伸强度和拉伸模量变化图。碳纤维增强的三种复合材料固化成型后,拉伸强度及拉伸模量随着测试温度的升高呈下降趋势。测试温度在 300 ℃ 时复合材料的拉伸强度值分别是 780 MPa、768 MPa、410 MPa,其中树脂基体中无添加的1♯复合材料拉伸强度最高;测试温度在 300 ℃ 时复合材料的拉伸模量值分别是 55.5 GPa、76.8 GPa、45.5 GPa,其中树脂基体中添加了碳纳米管的 2♯复合材料拉伸模量最高,与无添加的1♯复合材料相比,拉伸模量提高约 38%。

从实验现象上来看,400 ℃下的拉伸试验,复合材料均未拉断,而是夹头与试样脱开。因此,实际的拉伸强度应大于测得的数据。高温条件下,金属夹具硬度可能出现的降低、夹持力可能出现的减小,以及聚酰亚胺树脂自身强度、硬度的下降都可能是导致无法获得真实拉伸强度数据的原因。

(2)弯曲性能测试。

分别选取室温、100 ℃、200 ℃、300 ℃、400 ℃进行弯曲性能实验,图 6.61 和图 6.62 所示分别为三种复合材料的弯曲强度和弯曲模量随温度的变化曲线。在 300 ℃之前,三种复合材料的弯曲强度和弯曲模量的值起伏较小,大多

第 6 章 无人机维修固化材料

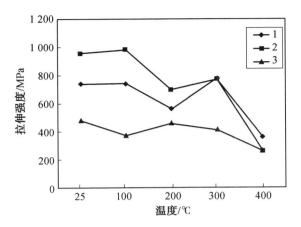

图 6.59 不同温度下三种复合材料拉伸强度变化图

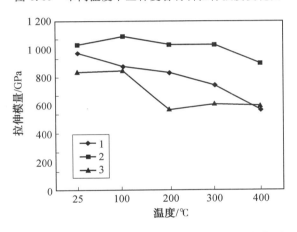

图 6.60 不同温度下三种复合材料拉伸模量变化图

在 650~850 MPa，随温度升高变化不大。当温度继续升高到 400 ℃时，三种复合材料的弯曲强度均出现了大幅下降。在 400 ℃的实验温度下得到三种复合材料的弯曲强度值分别为 250 MPa、247 MPa、320 MPa，3♯复合材料的弯曲强度值最大，比 1♯复合材料的弯曲强度提高约 28%；在 400 ℃的实验温度下得到三种复合材料的弯曲模量的值分别为 39.6 GPa、40.7 GPa、47.4 GPa，3♯复合材料的弯曲模量值最大，比 1♯复合材料的弯曲模量提高约 20%。

弯曲过程中，复合材料层间主要受力为沿层面方向的剪切力，主要由聚酰亚胺树脂承受。与前面数据吻合的是，在 400 ℃下，树脂的拉剪强度在下降，因此弯曲强度也呈现下降趋势。

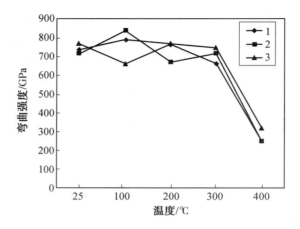

图 6.61 三种复合材料的弯曲强度随温度的变化曲线

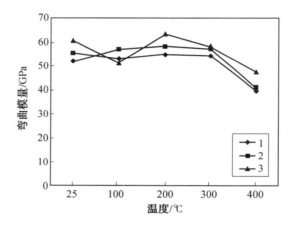

图 6.62 三种复合材料的弯曲模量随温度的变化曲线

(3)层间剪切性能测试。

分别选取室温、100 ℃、200 ℃、300 ℃、400 ℃进行短梁剪切实验,不同温度下复合材料的层间剪切强度如图 6.63 所示。图 6.63 对不同配方的碳布增强树脂基复合材料的层间剪切性能进行了比较。可以看出,随着温度升高,三种不同配方树脂基复合材料的层间剪切强度均出现轻微下降的趋势,总体变化不大。3♯试样的层间剪切强度始终保持较高。当温度低于 200 ℃时,三种复合材料的层间剪切强度下降趋势缓和。温度升至 300 ℃,1♯试样的层间剪切强度陡然下降,2♯、3♯试样的层间剪切强度下降仍较缓,其中 3♯试样即碳布增强树脂(添加石墨烯)基复合材料在 300 ℃的试验温度下保温 15 min 后,其层间剪切强度的平均值为 38.4 MPa。

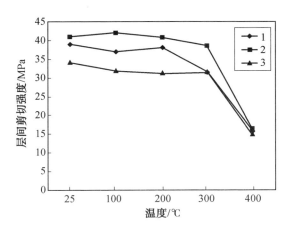

图 6.63 不同温度下复合材料的层间剪切强度

与弯曲强度类似，层间剪切性能测试过程中，复合材料层与层之间主要由聚酰亚胺树脂承受剪切应力。测试温度高于 300 ℃，树脂的抗剪切能力显著下降，进而导致复合材料的层间剪切强度下降。

随着各行业对无人机重视程度的日益提升，各类型无人机在工业、农业、军事领域的应用越来越多，大批量、高频度使用无人机成为生产、生活的必要选项，随之而来的是无人机装备损伤增多、完好率不高、作用发挥受限。由于无人机结构部件广泛采用轻质合金和复合材料，其结构损伤多为断裂、裂纹、局部脱落等特征，因此现场快速高质量损伤部位连接抢修手段非常重要，大量引入高科技维修手段是当前无人机装备结构件损伤快速修复的有效途径，在众多快速修复技术中，胶接、贴补是最简单易行的途径。高质量的快速胶固技术十分契合无人机的应急维修需要，作为典型结构件快速连接手段，目前先进的胶固技术还未广泛用于无人机结构件损伤修复。尽管科研和工程技术人员在无人机结构件快速胶固修复材料、工艺和设备方面做了大量工作，但在无人机的野外使用条件约束下，现有胶固技术的适用性存在很大问题，研制性能可靠的专用无人机结构件损伤胶固新材料，开发高环境适应性、作业简易、连接迅速的胶固新工艺，制定无人机结构件损伤现场胶固修复技术规范，发展满足无人机结构件损伤多材料界面、多损伤形式的轻质高强修复技术体系，对于解决无人机结构件损伤现场快速修复难题、提升无人机持续使用能力具有现实意义。

本章参考文献

[1] 朱乃姝.室温快速固化纳米复合胶粘剂的制备及性能研究[D].北京：装甲

兵工程学院,2007.

[2] 高濂,孙静,刘阳桥. 纳米粉体的分散及表面改性[M]. 北京:化学工业出版社,2003.

[3] 陈维君,张恩天. 室温固化环氧胶粘剂的研究现状与发展趋势[J]. 化学与粘合,2000(3):26.

[4] 张绪刚,张斌. 高温固化耐高温环氧树脂胶粘剂的研究[J]. 中国胶粘剂,2003,12(2):19-22.

[5] 洪范,俞昊,董卫卫,等. 超声分散原位聚合法制备纳米 TiO_2/聚酯复合材料[J]. 东华大学学报(自然科学版),2009,35(5):493-499.

[6] 潘蕾,吴文明,蔡雷,等. 超声辅助分散制备纳米 TiO_2/环氧复合材料[J]. 热固性树脂,2008,23(4):33-36..

[7] 王洪学,赵淑媛. J-139 常温固化结构胶的研制[J]. 中国胶粘剂,2000,9(2):14-16.

[8] 陈维君,单志鹏. J-182 室温快速固化环氧胶粘剂的研制[J]. 化学与粘合,2002(1):5-7.

[9] 赵升龙,刘清方. 一种室温固化耐热环氧胶粘剂的研究[J]. 航空材料学报,2003,10:156-158.

[10] 王新坤,王东峰. 战场抢修用复合材料补片胶粘剂的改性[J]. 粘接,2005(26):48-49.

[11] 周建文,罗军. 新型第二代丙烯酸酯结构胶[J]. 粘接,2004(2):18.

[12] 孙振华,罗辉阳,赵世琦. 橡胶增韧环氧树脂的低周疲劳行为[J]. 清华大学学报(自然科学版),1999,39(4):17-20.

[13] 王晓洁,张炜,谢群炜. 热塑性树脂改性环氧树脂基体配方研究[J]. 宇航材料工艺,1999(2):21-23.

[14] 余泳. 聚合物/粘土纳米复合材料的研究进展[J]. 产业用纺织品,2002,10:5-8.

[15] 朱光明,钱德丰. 聚合物基纳米复合材料的研究进展[J]. 化工新型材料,2001,9:16-21.

[16] 孙曼灵. 环氧树脂应用原理与技术[M]. 北京:机械工业出版社,2003.

[17] 孙绍晖, 环氧树脂与丙烯酸树脂酯化反应中凝胶规律的研究[D]. 郑州:郑州大学,2005.

[18] 佘锦锦. 超声及表面活性剂对柴油微乳化的影响[D]. 南京:南京工业大学,2005.

[19] 朱海峰. 纳米粒子修饰与聚合物纳米结构材料[D]. 北京:清华大

学,2004.
[20] 陈名华,姚武文,汪定江,等.纳米 TiO_2 对环氧树脂胶粘剂性能影响的研究[J].粘接,2004(6):12-15.
[21] LI J L, INUI T. Enhancement in methanol synthesis activity of a copper/zinc/aluminum oxide catalyst by ultrasonic treatment during the course of the preparation procedure[J]. Appl. Catal. A, 1996, 139:87-96.
[22] 邢素丽,王遵,曾竟成,等.新型潜伏性环氧树脂体系固化动力学[J].国防科技大学学报,2006,28(2):31-34.
[23] 成秀燕,陈淳,张佐光,等.中温热熔预浸料用环氧树脂胶膜配方的研究[J].玻璃钢/复合材料,2007,6:9-13.
[24] 李明琦,李鹏,杨小平.热熔预浸料用中温固化环氧树脂体系的制备[J].玻璃钢/复合材料,2009,1:34-37.
[25] 梁叔全,贾春燕,唐艳 多壁碳纳米管/环氧树脂复合材料力学性能的研究[J].矿冶工程,2008,28(5):94-96.

第7章 无人机结构件现场胶固维修技术

按照搭接胶接和贴片胶接的工艺实施碳纤维板材结构件损伤界面接作业,表面预处理采用纳秒激光预处理的方法,胶接剂采用黑龙江石油化工科学院成品胶接剂和胶膜,热补仪真空热补方式,力学性能评价测试包括拉伸、弯曲、抗扭和剪切,基本包含了碳纤维件胶接修复所需考查的主要力学性能范畴,并以这四种力学性能作为工艺优化的主要考核指标。本章主要阐述超声波贴片制备及热补胶固维修技术,按照修补贴片制备、胶固前激光预处理和热补胶固的常规胶固维修三个部分展开,由于在第6章已对胶固材料及工艺做了系统阐述,因此本章不再赘述。

7.1 超声波辐照对复合抢修贴片性能影响

在结构件损伤修复中,为增强修复件的服役性能,用贴片进行贴补修复是修复无人机复合材料结构件的重要方式,贴片质量对实现结构件损伤的高质量修复至关重要。复合贴片主要由增强材料和基体材料两部分组成,二者在性能上相互协同,取长补短,发挥各自优势,使其综合性能优于原组成材料,进而满足修补的需要。

以自制环氧树脂体系为基体,以碳纤维布为增强材料,采用三种不同的热熔法制备了碳纤维增强树脂基复合贴片,并采用同样的固化工艺对三种方法得到的试样进行固化,对复合贴片的力学性能(拉伸性能、弯曲性能、层间剪切性能)、动态热机械性能和热稳定性进行研究,并观察贴片断口显微形貌,分析其断裂机理,然后对复合贴片进行无损检测。

7.1.1 材料及方法

CF3031碳纤维布,厚度为0.25 mm,单位面积质量为220 g/m^2,日本东丽公司生产;KH-570偶联剂,蓝星晨光化工研究院生产;其余材料同第3章。

分别采用三种制备复合贴片的方法,采用六层碳纤维,每一层碳纤维都要浸胶均匀。复合贴片中环氧树脂质量分数控制在40%。

方法1:将经偶联剂处理的碳纤维布平铺在复合材料层压板上,并保证碳纤维布平整,采用手工刮涂的方法将经过超声波辐照处理 5 min 后的环氧树脂涂敷于纤维表面,刮涂时均匀用力,确保树脂涂敷均匀。由于树脂基体在室温下黏度较大,因此为保证树脂与碳纤维之间能够更好地浸润,将制备好的复合贴片置于 70 ℃下 1 h,然后冷却至室温,冷冻待用。

方法 2:将经偶联剂处理的碳纤维布放入烧杯中,然后放入经过脱泡处理的胶液,将烧杯放入超声波乳化分散仪中进行超声波辐照处理,超声波辐照处理时间为 5 min,然后放入真空干燥箱中再进行一次脱泡处理,拿出碳纤维布,挤出多余的胶液,将制备好的复合贴片置于 70 ℃下 1 h,然后冷却至室温,冷冻待用。

方法 3:将经偶联剂处理的碳纤维布平铺在复合材料层压板上,并保证碳纤维布平整,采用手工刮涂的方法将未经超声波辐照处理的环氧树脂涂敷于纤维表面,刮涂时均匀用力,确保树脂涂敷均匀。由于树脂基体在室温下黏度较大,因此为保证树脂与碳纤维之间能够更好地浸润,将制备好的复合贴片置于 70 ℃下 1 h,然后冷却至室温,冷冻待用。

7.1.2 贴片力学性能

复合贴片固化成型后的力学性能测试结果见表 7.1。

表 7.1 复合贴片固化成型后的力学性能测试结果

复合贴片制备方法	拉伸强度/MPa	弯曲强度/MPa	层间剪切/MPa
方法 1	590	811	32
方法 2	601	891	42
方法 3	581	757	30
未添加碳纳米管	569	512	—

可见,采用超声波辐照处理 5 min 的环氧树脂对碳纤维进行刮涂的方法 1 使复合贴片的拉伸强度、弯曲强度、层间剪切强度分别达到 590 MPa、811 MPa、32 MPa,较方法 3 使复合贴片的拉伸强度提高 1.66%,弯曲强度提高 7.12%,层间剪切强度提高 6.67%;采用直接对烧杯内的碳纤维和胶液进行超声波辐照处理的方法 2 使复合贴片的拉伸强度、弯曲强度、层间剪切强度分别达到 601 MPa、891 MPa、42 MPa,较方法 3 拉伸强度提高 3.56%,弯曲强度提高 17.67%,层间剪切强度提高 40%。方法 1 和方法 2 都采用了超声波辐照技术处理环氧树脂,且采用相同的超声波辐照处理时间,采用方法 1 和方法 2 制备的复合贴片的综合力学性能要好于方法 3,说明超声波辐照能够提高复合贴片的力学性能。超声波辐照处理 5 min 后环氧树脂的力学性能比未经超声

波辐照处理的环氧树脂好得多,所以超声波辐照处理 5 min 后的环氧树脂在传递应力的能力方面更出色,从而使超声波辐照处理过的环氧树脂与碳纤维有更好的结合强度,超声波辐照在提高环氧树脂的力学性能的同时也提高了复合贴片的力学性能。

方法 2 较方法 1 使复合贴片的拉伸强度提高 1.86%,弯曲强度提高 9.84%,层间剪切强度提高 31.25%。采用超声波辐照与预浸料制备一步完成的方法 2 制备的复合贴片力学性能最好,其主要原因应该包括两个方面:一是超声波辐照作用于树脂和碳纤维的界面,对二者之间的浸润性能起到了改善的作用,提高了界面的结合性能;二是超声波辐照的作用可以使树脂更好地充满碳纤维织物的内部,更好地排除其中的微小气泡,有效地减少空泡、富脂等缺陷的发生。

与拉伸强度相比,弯曲强度和层间剪切强度更加依赖树脂与增强纤维之间的界面结合性能。拉伸过程中,增强纤维承担主要的载荷,树脂则主要起到成型的作用。然而,在弯曲和层间剪切实验过程中,复合贴片固化物内部主要承受剪切力作用,其方向与贴片表面平行。树脂自身剪切强度的好坏、树脂与纤维之间界面结合性能的优劣直接影响弯曲强度和层间剪切强度。由此可见,超声波辐照处理可显著提升树脂自身强度及其与纤维的界面结合性能。

7.1.3 贴片断口显微形貌分析

图 7.1 所示为层间剪切测试试样断口切割打磨处理后的形貌,图 7.2 所示为层间剪切测试试样低温掰断后的形貌。

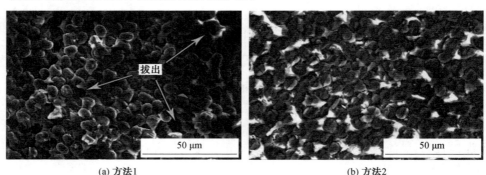

(a) 方法1　　　　　　　　　　　(b) 方法2

图 7.1　层间剪切测试试样断口切割打磨处理后的形貌

从图 7.1(a)中可以看出,采用方法 1 制备的复合贴片,其断口呈明显的纤维拔出现象,且断口不平整,呈现阶梯状;从图 7.1(b)中可以看出,采用方法 2 制备的复合贴片,复合贴片断口比较平整,树脂分布比较均匀,纤维拔出现象较

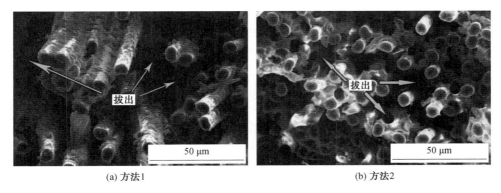

图 7.2 层间剪切测试试样低温掰断后的形貌

少,纤维与环氧树脂的结合比较紧密,纤维分布也比较均匀。从图 7.2(a)中可以看出,断口纤维拔出现象明显,纤维分布也比较松散,而且存在部分脱粘现象;从图 7.2(b)中可以看出,断口没有明显的脱粘现象,说明纤维和树脂界面结合较好。试验表明,把碳纤维浸入胶液内,然后进行超声波辐照处理的方法能有效改善纤维与树脂之间的界面结合状态,在外加载荷作用下,能通过良好的粘接性能来传递应力,提高复合材料贴片的力学性能。

7.1.4 动态热机械能分析

图 7.3 所示为两种方法下复合贴片的动态热机械能曲线。

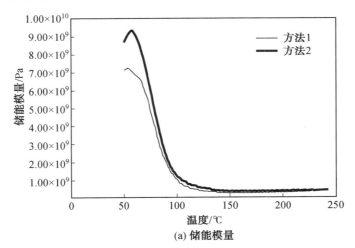

图 7.3 两种方法下复合贴片的动态热机械能曲线

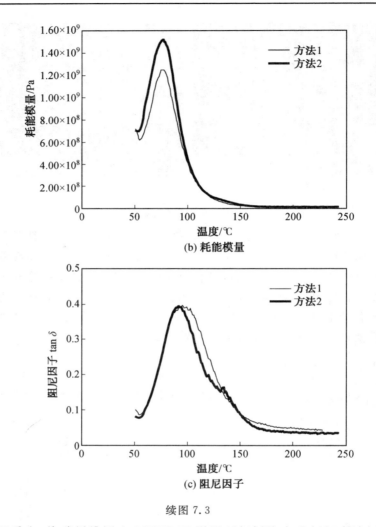

续图 7.3

可以看出,将碳纤维浸入 MWCNT 增强环氧树脂中进行超声波辐照处理然后固化成型的复合贴片具有较高的储能模量(图 7.3(a)),且随温度增加而下降,最大时,比在碳纤维上刮涂环氧树脂后固化成型的复合贴片提高了约 28.25%,而且在整个测试温度范围内,方法 2 制备的复合贴片的储能模量均大于方法 1,说明方法 2 制备的复合贴片中的环氧树脂交联密度比方法 1 制备的复合贴片要大。

图 7.3(b)为耗能模量与温度的关系曲线。可以看出,方法 2 制备的复合贴片的耗能模量增加,峰值向较高温度方向移动,方法 2 制备的复合贴片耗能模量高于方法 1 制备的复合贴片,且两种方法制备的复合贴片在 0~78.43 ℃

的耗能模量呈递增趋势,这个阶段体系各组分反应迅速,分子运动的内摩擦增大,消耗能量增加,在 78.43 ℃时,耗能模量达到最大值,反应程度达到最大化。方法 2 制备的复合贴片的最大耗能模量比方法 1 制备的复合贴片提高了约 31.58%。

图 7.3(c)所示为阻尼因子 $\tan\delta$ 与温度的关系曲线。可以看出,方法 1 制备的复合贴片的玻璃化温度为 94.71 ℃,而方法 2 制备的复合贴片出现了两个玻璃化温度,分别为 91.34 ℃和 134.23 ℃,且在 134.23 ℃以前小于方法 1 制备的复合贴片的玻璃化温度。这是因为交联点在初期反应较少,分子链活性较低,使得环氧基团在局部区域内产生富集现象,交联结构不完善。随着温度的增加,复合贴片在 134.23 ℃出现第二个峰值,这是因为加热使得该复合贴片在固化过程中的各组分的化学交联增强,固化程度变强。

研究表明,在碳纤维铺设方向和固化工艺条件相同的情况下,方法 2 使复合贴片有较大的储能模量和耗能模量,说明方法 2 对固化反应有较大的影响;方法 2 使复合贴片产生两个玻璃化温度,说明方法 2 能够增强复合贴片中的树脂交联度,增大分子运动内摩擦,提高贴片的玻璃化温度。

7.1.5 热稳定性分析

图 7.4 所示为采用方法 2 制备的复合贴片热失重曲线和微分热失重曲线。可以看出,复合贴片在 369.7 ℃(失重 20.56%)时开始分解,且在 32.07~310.66 ℃随温度升高,复合贴片的热失重变化比较缓慢。随着温度的持续增加,复合贴片的热失重逐渐增大,且在 409 ℃时热分解速率达到了最大值,此时的失重率仅为 45.6%。在 578.44 ℃时,复合贴片的热失重率达到 72.96%。由此可以看出,环氧树脂与碳纤维复合后,复合贴片的起始降解温度比超声波辐照处理 5 min 后的 MWCNT 增强环氧树脂体系的起始降解温度提高了 119.21 ℃,可见该复合贴片的热稳定性较好,有较高的耐热性能。

通过以上分析可以看出,采用超声波辐照处理后,自制复合贴片在固化过程中,层与层之间界面结合较好,内部没有明显的缺陷特征,内部组织比较均匀,复合贴片的拉伸强度、弯曲强度、层间剪切强度分别达到 601 MPa、891 MPa、42 MPa,比未经超声波处理分别提高了 3.56%、17.67%、40%。此外,超声波辐照后,复合贴片的热稳定性和动态热机械能得到了明显增强,其适用范围更广,性能更可靠,对于提高贴补修复后的复合材料结构综合力学性能具有重要作用。

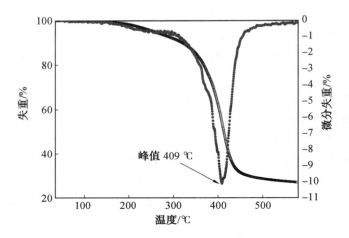

图 7.4 采用方法 2 制备的复合贴片热失重曲线和微分热失重曲线

7.2 碳纤维复合材料激光清洗预处理

复合材料损伤界面胶固修复前的预处理对于保证修复质量至关重要,现行预处理(如清洁、除漆、粗化、活化等)方式主要有砂纸打磨、热吹风软化、刀刃刮除、化学腐蚀等。以上传统表面预处理较为常见及成熟,在此不再赘述。这些预处理作业相对比较粗放,处理效果有限,且容易给基体带来二次损伤。采用脉冲激光清洗的方式能很好地克服以上缺点,提高预处理的效率和质量。

根据激光作用理论,脉冲激光作用碳纤维复合材料,其表面环氧树脂吸收脉冲激光的热流能量,温度上升,并伴随有汽化、热解等复杂的物理和化学过程。若激光能量较低,未达到材料溶沸点,则表面树脂发生碎裂,且不能被去除干净;若激光能量过高,则在去除表面树脂的同时,剩余热量可能会对碳纤维造成影响。

实验采用激光波长为 1 064 nm,脉冲重复频率为 30 kHz,扫描速度为 1 200 mm/s,调节激光能量对碳纤维复合材料进行表面处理。图 7.5 所示为激光预处理后能谱分析(EDS)图。可知,激光处理后,碳纤维完全暴露,充斥于碳纤维丝之间的环氧树脂被彻底去除,但碳纤维被完整保留,没有出现烧蚀、断裂等二次损伤问题,说明激光清洗是一种适合碳纤维复合材料表面清洁粗化和活化的先进处理方式。

图 7.6(a)为激光功率为 5 W 时的去除效果,碳纤维基本裸露,表面有少量树脂附着,图 7.6(b)为(a)的局部放大。当激光功率增加至 8 W 时,从图 7.6(c)和(d)中发现碳纤维少许断裂,表面有树脂分解的细小颗粒,且碳纤维上光

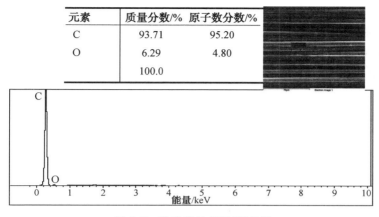

图 7.5 激光预处理后 EDS 图

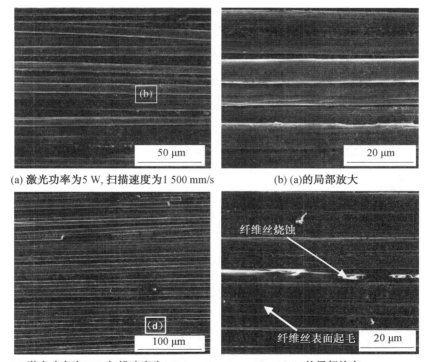

(a) 激光功率为5 W,扫描速度为1 500 mm/s
(b) (a)的局部放大
(c) 激光功率为8 W,扫描速度为1 200 mm/s
(d) (c)的局部放大

图 7.6 激光清洗预处理表面形貌

斑作用区域出现凹凸形貌,在一定程度上增加了表面的粗糙度。这是因为烧蚀去除表面树脂后,部分激光能量作用于碳纤维。根据物质胶接理论,这些凹凸形貌有利于胶接时物质之间的"锁扣"效应。加大激光功率,树脂吸收能量快速分解去除，剩余的激光能量作用在暴露的碳纤维上，碳纤维吸收剩余能量，若激光能量足够大，会使暴露的碳纤维出现凹凸不平或断裂现象。

扫描速度为 1 200 mm/s 时，激光功率 10 W 和 12 W 的表面形貌如图 7.7 (a)、(b)和(c)、(d)所示，较高的激光功率使碳纤维温度快速升高，并且在多个光斑的热积累影响下，碳纤维的断裂程度明显增加，碳纤维上的凹凸更加明显。但是从局部放大的形貌图中可以看出，碳纤维间树脂没有完全烧蚀去除，无明显空隙，底层碳纤维没有受到影响。

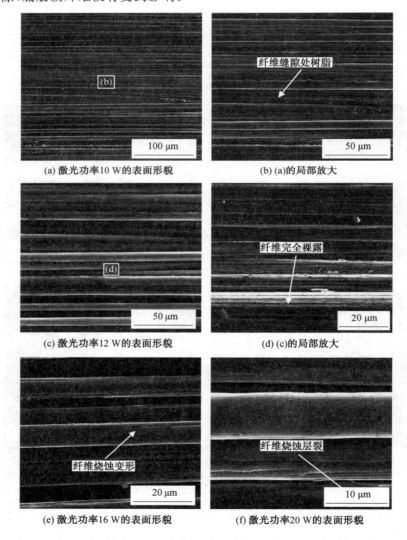

图 7.7　激光过度清洗表面形貌（扫描速度 1 200 mm/s）

当激光功率达到 12 W 及以上时,如图 7.7(d)、(e)、(f)所示,大部分能量作用于碳纤维,过高的激光能量使树脂快速气化分解,在热积累和热应力影响下,不仅顶层碳纤维大量断裂,而且碳纤维吸收的热量传递给碳纤维间的树脂,树脂的熔沸点比碳纤维低,吸收的能量使其分解,从而使碳纤维间的空隙明显增加,这在胶接时有利于胶接剂的渗入和勾合。如图 7.7(c)和(f)所示。碳纤维间的树脂去除空隙相比激光功率为 12 W 时增大,有利于胶结剂的渗入,对胶接强度有较大影响。当激光功率达到 20 W 时,顶层碳纤维大量断裂,深层碳纤维开始受到影响。因此,可知扫描速度为 1 200 mm/s 时,激光功率 12 W 是一个可选的最佳值。

综上可知,激光预处理碳纤维复合材料的表面状态可以分为四个阶段:表面树脂未彻底清除阶段、表面树脂清除干净阶段、顶层碳纤维断裂阶段和深层碳纤维受影响阶段。而针对此类无人机用碳纤维复合板材,激光预处理的最佳条件是激光功率为 12 W 左右,扫描速度为 1 200 mm/s。

图 7.8 所示为激光清洗处理的树脂基碳纤维复合材料表面的扫描形貌(SEM)图。可以看出,激光参数剥蚀加工后的区域切口整齐,没有发现明显的热影响区,随着功率增加,表层树脂并没有发现明显的汽化现象,激光处理后表面粗糙度和表面活性显著增强,意味着采用胶接方式修复时,界面结合强度更高。

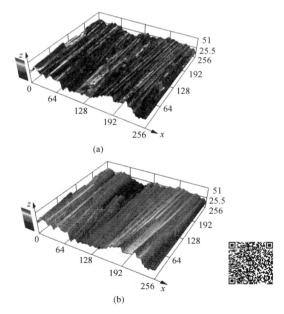

图 7.8 激光清洗处理的树脂基碳纤维复合材料表面的 SEM 图

7.3 碳纤维复合材料板热补胶接力学性能研究

根据单搭接胶接和贴片胶接的实验工艺流程,按照相关力学性能测试对试验件的要求,分别制备原始试样、中部全贯穿裂纹试样、非贯穿裂纹试样、一端1/3处全贯穿裂纹试件、一端1/3处非全贯穿裂纹试件共五种样式(图7.9),板材原始厚度为3.5 mm,预制裂纹深度为1.5 mm。考虑无人机结构件对力学性能恢复的基本要求,采用对接和碳纤维贴片复合的热补胶接方式,主要测试碳纤维复合材料板热补前后的拉伸性能、抗扭性能、弯曲性能和剪切性能(图7.10),并与原件进行对比,研究热补前后碳纤维复合板的力学性能恢复能力。

图 7.9 碳纤维板材力学性能测试预制试件

图 7.10 碳纤维板材力学性能测试场景

7.3.1 碳纤维复合材料板胶接结构受力分析

胶接结构承受静载荷时,对胶层进行受力分析,包括剪切、拉伸、压缩、剥离和劈裂(图 7.11)。

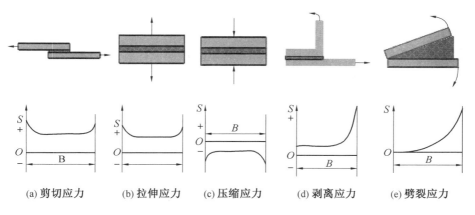

图 7.11 胶接结构承受静载荷的胶层受力分析

胶接结构受到外力作用,并且如果外力明显超过本身的极限,接头就会受到损害。按照结构破坏的形式和部位,接头失效形式分为内聚失效、界面失效、混合失效和基底破坏(图 7.12)。

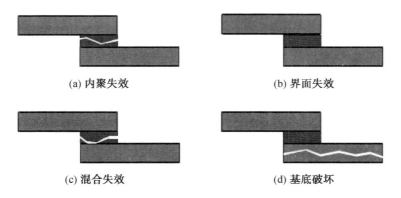

图 7.12 接头失效形式

鉴于碳纤维复合材料板受力分析情况,下面主要针对其拉伸、剪切、抗扭、弯曲性能进行研究。

7.3.2 碳纤维复合材料板热补前后拉伸性能

首先对原始碳纤维板材进行拉伸实验,确定碳纤维板材原始拉伸性能,用于预制裂纹板材剩余力学性能和胶接修复力学性能恢复能力对比。对未经老化的单搭接接头结构进行准静态拉伸试验。因为碳纤维拉伸性能优异,所以采取受力端面预涂胶的方式(图 7.13),有效避免了拉伸过程中存在的非平衡性问题,规避了偏心效应。实验中,将试件固定在拉伸试验机上,采用 2 mm/min 的速度对试件进行拉伸试验,然后对不同类型试验件以同样的方式开展拉伸试验,每种类型测试样有六个,取平均值。

图 7.13 端面预涂胶碳纤维试验件

(1)碳纤维复合材料板原始拉伸性能。

采用新三思 C5.5104 万能材料试验机对接头的拉伸强度进行测试。在三维扫描仪和扫描电镜下对断裂界面区域情况进行观察分析。图 7.14 所示为拉伸试验后断裂的碳纤维板材图。五个试样的拉伸实验数据见表 7.2。图 7.15 所示为原始测试件的拉伸力学曲线。

图 7.14 拉伸试验后断裂的碳纤维板材图

第 7 章 无人机结构件现场胶固维修技术

表 7.2 五个试样的拉伸实验数据

	宽度/mm	厚度/mm	最大力 F_{bc}/N	拉伸强度/MPa
试样 1	25.16	2.54	55 087.44	862.00
试样 2	25.16	2.52	63 074.04	994.81
试样 3	25.16	2.56	64 028.67	994.09
试样 4	25.16	2.56	66 631.56	1 034.50
试样 5	25.16	2.56	58 910.31	914.62
最大值	25.16	2.56	66 631.56	1 034.50
最小值	25.16	2.52	55 087.44	862.00
平均值	25.16	2.55	61 546.41	960.00

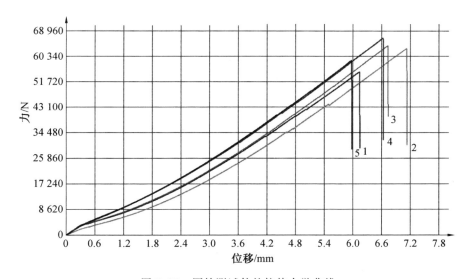

图 7.15 原始测试件的拉伸力学曲线

由表 7.2 可以看出,碳纤维具有优异的抗拉性能,最大拉伸强度可达 1 034.50 MPa,平均拉伸强度为 960.00 MPa,远高于传统同尺寸结构航空铝合金的抗拉强度。

纤维增强树脂基复合材料的断裂模式可归结为穿层断裂、层间断裂和层内断裂三种类型。碳纤维板穿层断裂及纤维束断裂形貌如图 7.16 所示。可以看出,碳纤维板呈现穿层断裂和层间断裂现象,纤维断裂面呈现塑性断裂特征。因此,在胶接过程中,需要关注断裂面及层间界面的充分粘接。

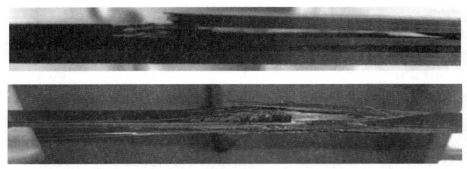

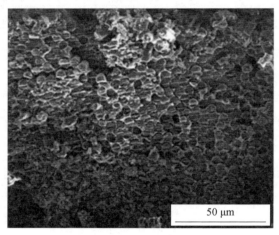

图 7.16 碳纤维板穿层断裂及纤维束断裂形貌

(2) 全贯穿预制裂纹件和非贯穿裂纹件热补前后的拉伸性能。

分别对全贯穿预制裂纹件和非贯穿裂纹剩余拉伸强度进行测试,其中中间全贯穿试样六个、一端全贯穿试样六个、中间非贯穿试样六个、一端非贯穿试样六个,共四组 24 个试样,测试获得试样剩余拉伸强度。

对预制裂纹试样进行胶接和贴补加固实验,采用拉伸实验考查胶接后试样拉伸强度恢复程度,共四组 24 个试样,并考核热补胶接的时效性及胶接剂/贴片固化体的面密度。

① 预制裂纹件失效强度分析。预制裂纹拉伸强度数据见表 7.3,图 7.17 所示为预制裂纹件的各组试件平均拉伸强度曲线。

第 7 章　无人机结构件现场胶固维修技术

表 7.3　预制裂纹拉伸强度数据

裂纹样式	最大平均力/N	平均抗拉强度/MPa	平均屈服强度/MPa	拉伸强度占比/%
中部全贯穿裂纹	15 319.90	204.27	163.14	21.25
中部 1/3 裂纹	32 733.55	436.45	436.45	45.42
右部全贯穿裂纹	19 276.21	257.02	224.48	26.77
右部 1/3 裂纹	31 284.88	417.13	417.13	43.44

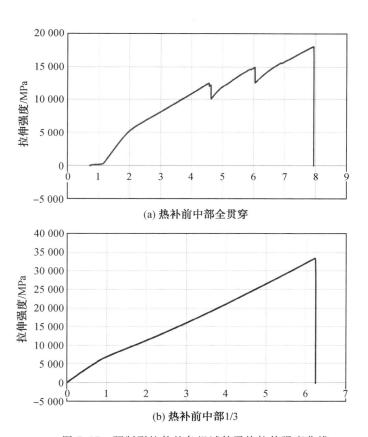

(a) 热补前中部全贯穿

(b) 热补前中部1/3

图 7.17　预制裂纹件的各组试件平均拉伸强度曲线

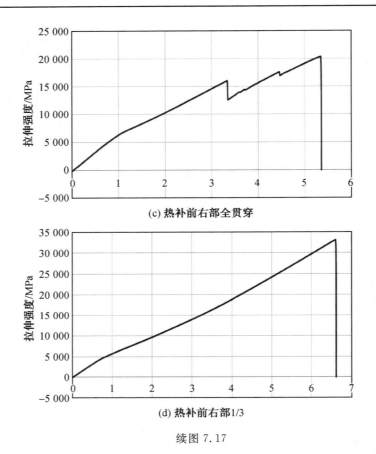

续图 7.17

由表 7.3 可以看出，预制裂纹后，碳纤维板的拉伸性能急剧下降，与原始板的抗拉强度（960 MPa）相比，全贯穿裂纹后，抗拉强度均小于原始件的 30%；1/3 非全贯穿件的抗拉强度下降也较为明显，为原始件的 50% 以下，可见裂纹的产生对碳纤维复合材料板的抗拉强度影响很大。通过图 7.17 可知，全贯穿预制裂纹板材随时间变化有一个明显的波动，位于行程 3～6 mm，是穿层断裂的显著特征，从侧面说明碳纤维复合材料板能够承受一定弹性变形，而对于非贯穿预制裂纹板，受拉后抗拉曲线将均匀，说明非贯穿裂纹是脆性断裂，未发生层间剥离穿层断裂行为。由此可见，对于以该材料为基础的无人机结构件，产生裂纹后，其抗拉性能会成为其安全服役的重要考虑因素。

②表面失效样貌研究。

预制裂纹处板材层间滑移断裂如图 7.18 所示。可以看出，碳纤维板预制裂纹后，在承受拉力的状态下，板材均从预制裂纹处断裂，存在全贯穿裂纹的情况下，板材层间滑移较为明显；非全贯穿裂纹件的断裂未发生层间滑移现象，有类似金属的断裂特征。从微观形貌上看,碳纤维丝呈现硬拉断特征,个别碳纤维丝是在发生横向变形脱离环氧树脂束缚后的断裂。板材断裂端面微观形貌如图 7.19 所示。

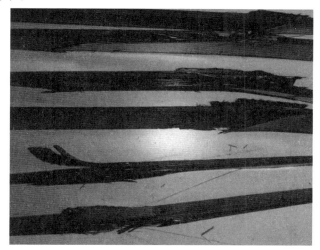

图 7.18　预制裂纹处板材层间滑移断裂

图 7.19　板材断裂端面微观形貌

③热补后拉伸性能恢复

采用热补仪按照既定的热补工艺组织实施预制裂纹碳纤维复合材料板材的热补强化实验,并对热补后的试样进行拉伸性能测试。热补后预制裂纹件拉伸强度数据见表 7.4,图 7.20 所示为热补后预制裂纹件的各组试样平均拉伸强度曲线。

表 7.4　热补后预制裂纹件拉伸强度数据

裂纹样式	热补前			热补后		
	最大平均力/N	平均抗拉强度/MPa	拉伸强度占比/%	最大平均力/N	平均抗拉强度/MPa	拉伸强度占比/%
中部全贯穿裂纹	15 319.904 79	204.265 397 1	21.25	21 098.242 66	471.450 56	188.99
中部 1/3 裂纹	32 733.552 73	436.447 369 8	45.42	34 664.687 5	730.414 033 9	67.35%
右部全贯穿裂纹	19 276.209 96	257.016 132 8	26.77	20 840.340 82	601.009 173 3	167.73%
右部 1/3 裂纹	31 284.882 52	417.131 766 9	43.44	32 435.132 81	833.895 079 4	99.91%

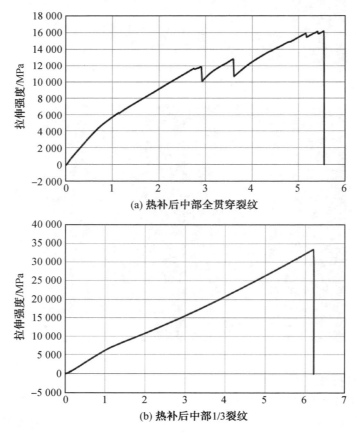

(a) 热补后中部全贯穿裂纹

(b) 热补后中部1/3裂纹

图 7.20　热补后预制裂纹件的各组试样平均拉伸强度曲线

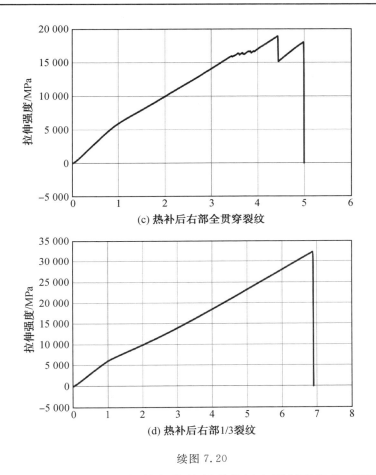

续图 7.20

由表 7.4 可以看出,热补修部件的断裂位置在预制裂纹处,说明即使修复后,产生裂纹处依然是受力薄弱部位。但热补后,预制裂纹碳纤维板的拉伸性能明显提升,与原始板的抗拉强度(960 MPa)相比,非全贯穿裂纹件的抗拉强度恢复到原件的 86.78% 以上,最大达 601 MPa,为原始件的 62.63%,完全满足所有无人机结构件的服役力学承载范畴。由图 7.20 可见,全贯穿件曲线起伏点明显后移,位于行程末段,说明在胶接修复后,搭接面和贴片起到了很好的承载作用。由此表明,对于以该材料为基础的无人机结构件,产生裂纹后,经过胶接修复,其力学性能大幅提升,能够满足作战使用需求。

7.3.3 碳纤维复合材料板热补前后剪切性能

采用专用剪切实验夹具,首先对原始碳纤维板材进行剪切实验,确定碳纤维板材原始剪切性能,用于预制裂纹板材剩余力学性能和胶接修复力学性能恢复能力对比。实验中,将试件固定在拉伸试验机上,以 1 mm/min 的下降速度对试件进行剪切试验,然后对不同类型试验件以同样的方式开展剪切试验,每种类型测试样六个,取平均值。

(1)热补前后剪切性能分析。

热修补前后碳纤维板材的剪切性能数据见表 7.5,图 7.21 所示为测试件的各组试样平均剪切强度曲线。

表 7.5 热修补前后碳纤维板材的剪切性能数据

热补修复前		热补修复后		修复后力学性能提升率
裂纹样式	剪切强度平均值/MPa	裂纹样式	剪切强度平均值/N	
全贯穿裂纹	2 260.97	全贯穿裂纹	12 892.82	470.23%
1/3 裂纹	6 169.20	1/3 裂纹	13 415.67	117.46%
原始件	12 332.25			

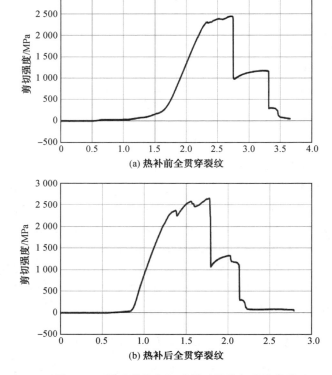

图 7.21 测试件的各组试样平均剪切强度曲线

第 7 章 无人机结构件现场胶固维修技术

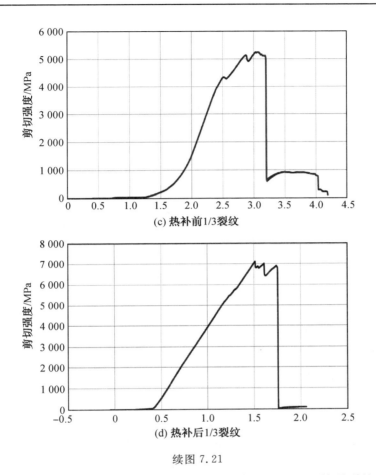

续图 7.21

热补修复前后,试验件的剪切断裂位置在预制裂纹处,说明裂纹处依然是薄弱部位,板材产生裂纹后,材料剪切性能急剧下滑。由表 7.5 可以看出,热补后,预制裂纹碳纤维板的抗剪切性能明显提升,与原始板的剪切强度(12 332 N)相比,全贯穿裂纹件的剪切强度恢复到原件的 104% 以上,平均值达 12 892 N,比热补修复前提升 470%,完全满足所有无人机结构件的服役力学承载范畴。由图 7.21 可见,修复后,板材抗剪切行程明显延长,曲线起伏点明显后移,说明材料抗剪能力得到了强化,搭接面和贴片起到了很好的承载作用。由此表明,对于以该材料为基础的无人机结构件,产生裂纹后,经过胶接修复后,其抗剪切力学性能大幅提升。例如,对于无人机碳纤维着陆架,裂纹热补修复后,其着陆抗冲击能力将得到有效强化,胶接修复后的着陆架能够满足使用需求。

(2)表面失效样貌研究。

碳纤维板材剪切断裂断面形貌如图7.22所示。可以看出,碳纤维板预制裂纹后,在承受剪切力的状态下,板材均从预制裂纹处受剪断裂。从宏观上看,板材断面比较平整,纤维没有抽丝现象,基本没有碳纤维层间剥离,碳纤维丝呈现刚性剪切断裂特征;从微观上看,板材在横向剪切力的作用下,断面黏连呈现弯曲特征,环氧树脂和碳纤维丝由于受力变形能力差异,因此出现环氧树脂碎裂脱落情况。这表明:无人机结构件受横向剪切力作用后会发生脆断,一旦发生裂纹,及时采用胶接修复的方式能有效防止受力件断裂事故发生。

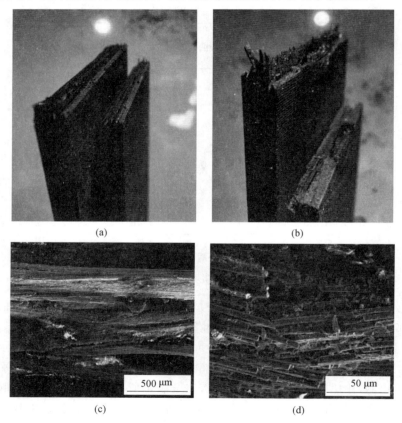

图 7.22 碳纤维板材剪切断裂断面形貌

7.3.4 碳纤维复合材料板热补前后抗扭性能

采用专用抗扭实验夹具,首先对原始碳纤维板材进行抗扭实验,确定碳纤维板材原始抗扭强度,用于预制裂纹板材剩余力学性能和胶接修复力学性能恢

第 7 章 无人机结构件现场胶固维修技术

复能力对比。实验中,将试样固定在拉伸试验机上进行剪切试验,然后对不同类型试样以同样的方式开展抗扭试验,每种类型试样六个,取平均值。

(1)热补前后抗扭强度分析。

热修补前后碳纤维板材的抗扭性能数据见表 7.6,图 7.23 所示为测试件的各组试样平均抗扭强度曲线。

表 7.6 热修补前后碳纤维板材的抗扭性能

热补修复前		热补修复后		修复后力学性能提升率
裂纹样式	抗扭强度平均值/N	裂纹样式	抗扭强度平均值/N	
全贯穿裂纹	509.45	全贯穿裂纹	3 225.596 52	533.1%
1/3 裂纹	1 904.93	1/3 裂纹	4 760.585 22	149.9%
原始件	3 737.34			

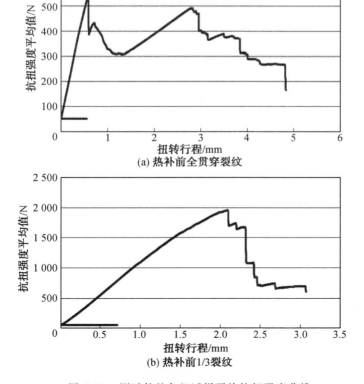

图 7.23 测试件的各组试样平均抗扭强度曲线

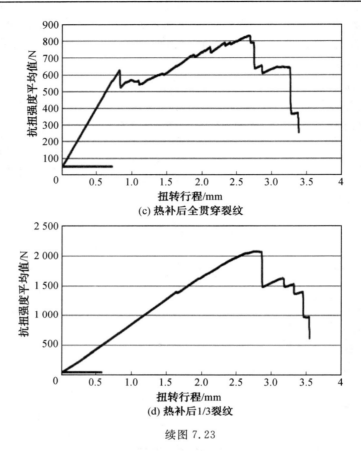

续图 7.23

热补修复前后,试验件的扭转断裂位置在预制裂纹处,说明板材产生裂纹后,材料抗扭转强度急剧下滑。由表 7.6 可以看出,全贯穿预制裂纹件的抗扭强度仅为原始件的 18.6%,处于完全失效状态;非全贯穿裂纹件的剩余抗扭强度为原始件的 69.6%,这反映出裂纹扩展对碳纤维部件抗扭强度影响极大。热补后,预制裂纹碳纤维板的抗扭性能明显提升,与原始件的抗扭强度 (2 737 N) 相比,非全贯穿裂纹件的抗扭强度恢复到原始件的 86.3% 以上,平均值达 3 225 N,比热补修复前提升 533%,完全满足所有无人机结构件的服役力学承载范畴。对于全贯穿件,修复后的抗扭强度提升达 149%,达到原始件的 127%,作为一种应急维修手段,也能满足无人机承力结构件一次性作战飞行。但很明显,热补修复对全贯穿裂纹板的修复能力是有限的。

由图 7.23 可见,修复后,全贯穿裂纹板的行程变化不大,但平均抗扭强度得到大幅提升,由最大 500 N 增加到 800 N。对于非全贯穿裂纹件,尽管承受抗扭力的能力变化不大,但扭转行程明显延长,曲线起伏点明显后移,说明材料抗扭转能力得到了强化,搭接面和贴片起到了很好的承载作用。由此表明,对于以该材料为基础的无人机结构件,产生裂纹后,经过胶接修复,其抗扭强度得到了大幅提升。例如,对于无人机碳纤维桁架结构,裂纹热补修复后,在颠簸、震动、变向等扭矩较大的条件下,胶接修复后的桁架结构能够满足使用需求。

(2)表面失效样貌研究。

碳纤维板材抗扭断面形貌如图 7.24 所示。可以看出,碳纤维板预制裂纹后,在承受扭转力的状态下,板材均从预制裂纹处受扭断裂。从宏观上看,板材从预制裂纹处层层梯次断裂,且层与层之间剥离现行较为严重,断面参差不齐,纤维丝撕扯情况明显;从微观上看,横向纤维和纵向纤维交错,说明纤维在受力过程中有一定程度的韧性变形,在断裂面交界部位碳纤维束出现"断崖"式脆断,说明纤维板受扭转力时发生了穿层断裂,并在层内断裂的情况下,断裂失效;而从受力行程图上看,碳纤维由变形到断裂的时间极为短暂,在行程 0.6 mm 的范围内即完全断裂,这表明无人机结构件受扭转力作用后会分层断裂失效。对于非贯穿裂纹,胶接是一种良好的修复手段;但对于贯穿裂纹件,胶接修复效果不佳,应及时换件。

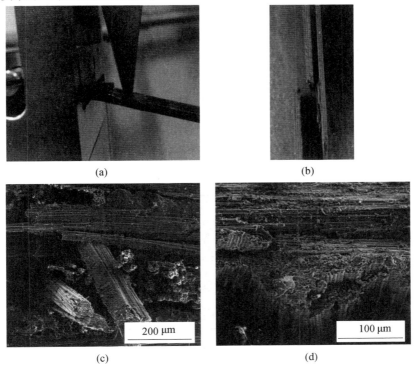

图 7.24 碳纤维板材抗扭断面形貌

7.3.5 碳纤维复合材料板热补前后弯曲性能

采用专用弯曲实验夹具,首先对原始碳纤维板材进行弯曲实验,确定碳纤维板材原始弯曲强度,用于预制裂纹板材剩余力学性能和胶接修复力学性能恢复能力对比。实验中,将试样固定在拉伸试验机上进行弯曲试验,然后对不同类型试样以同样的方式开展弯曲试验,每种类型试样六个,取平均值。

热修补前后碳纤维板材的弯曲性能数据见表 7.7,图 7.25 所示为测试件的各组试样平均弯曲强度曲线。

表 7.7 热修补前后碳纤维板材的弯曲性能数据

热补修复前		热补修复后		修复后力学性能提升率
裂纹样式	弯曲强度平均值/MPa	裂纹样式	弯曲强度平均值/MPa	
全贯穿裂纹	242.34	全贯穿裂纹	335.42	38.4%
1/3 裂纹	498.27	1/3 裂纹	659.19	32.3%
原始件	835.66			

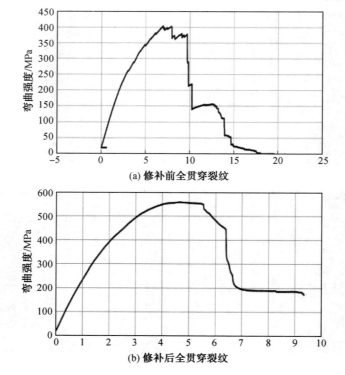

(a) 修补前全贯穿裂纹

(b) 修补后全贯穿裂纹

图 7.25 测试件的各组试样平均弯曲强度曲线

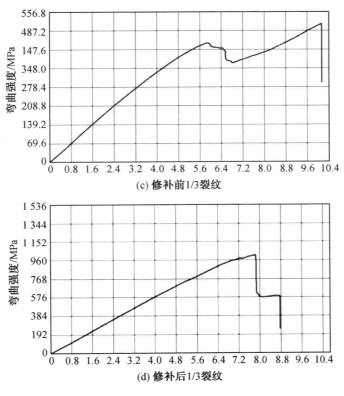

续图 7.25

热补修复前后,试样的弯曲断裂位置在预制裂纹处,说明板材产生裂纹后,材料抗弯曲能力急剧下滑。由表 7.7 可以看出,全贯穿预制裂纹件的弯曲强度仅为原始件的 28.9%,处于完全失效状态;非全贯穿裂纹件的剩余弯曲强度为原试件的 59.6%,这反映出裂纹扩展对碳纤维部件弯曲强度影响极大。热补后,预制裂纹碳纤维板的弯曲强度明显提升,与原始板的弯曲强度(835.66 MPa)相比,全贯穿裂纹件的弯曲强度恢复到原件的 40.1% 以上,平均值达 335 MPa,比热补修复前提升 38.4%。对于非全贯穿件,修复后的弯曲强度提升达 32.3%,达到原始件的 78.9%,作为一种应急维修手段,也能满足无人机承力结构件的一次性飞行要求,但很明显,热补修复对全贯穿裂纹板的修复能力是有限的。

由图 7.25 可见,修复前,全贯穿裂纹板在极短的行程内断裂;修复后,断裂行程大幅延长,弯曲强度得到显著提升,由最大 400 N 增加到 570 N。对于非全贯穿裂纹件而言,修复前后,最大弯曲力大幅提升,由最大 480 N 增加到 960 N,说明材料弯曲强度得到显著提高,搭接面和贴片起到了很好的承载作用。由此表明,对于以该材料为基础的无人机结构件,产生裂纹后,经过胶接修复,其弯曲强度能够得到明显改善。例如,对于无人机着陆架杆,裂纹热补修复后,在瞬间着陆冲击弯曲应力下,胶接修复后的杆状结构能够满足服役使用需求。

7.4 蜂窝夹层结构损伤胶工艺

复合材料蜂窝夹层结构主要由两层刚度/强度较高的上、下面板和一层厚而轻的低密度夹芯层组成,将上、下蒙皮与芯子通过粘接剂胶接,采用直接注塑或模压的加工工艺获得整体结构,与碳纤维板材修复类似。其不同点在于对蜂窝夹层结构的修复采用胶膜热补仪真空热补的方式。考虑该结构主要用于蒙皮和罩体,蜂窝芯层主要传递压缩和剪切应力,其剪切弯曲和压溃等形式的损伤会改变结构原有的受力分布,从而影响整体的强度和破坏模式。因此,在力学性能评价时主要测试剪切和压缩性能,并以此作为工艺优化的主要考核指标,胶接前的表面处理采用与碳纤维板材相同的激光清洗和热补工艺。

7.4.1 蜂窝芯层平压性能

按照标准 ASTM-C365/C365M-05(夹层芯子平压性能试验方法)进行蜂窝芯层的平压性能试验。将芯层放置于具有上下面板的夹芯结构中,通过试验机加载平台对芯层施加垂直于面板平面的压缩载荷,以测定芯层压缩强度和刚度等基本力学性能。试验采用新三思电子万能试验机进行压缩载荷的加载和测量,通过 EIR-LE-05 激光引伸计测量芯层试验件沿载荷方向的位移变形。

试验所用试验件通过热压罐工艺制成,面板为 CYCOM970-T300-3K 编织复合材料,单层厚度为 0.216mm。试样蜂窝芯层牌号为 HRH-10-1/8-3.0,采用杜邦公司生产的 NomexT412 芳纶纸制成。面板与芯层由 PL7000-05PST 黏合带材料热固黏合。在蜂窝尺寸及芯层厚度确定的情况下,根据夹层芯子平压性能试验方法 ASTM-C365 的设计要求,切割制备为图 7.26 所示的蜂窝夹芯板平压试验件。

平压试验件均为边长 50 mm 的正方形夹芯板,根据芯层厚度的不同分为 CA6 和 CA8 两类,试验件几何尺寸见表 7.8。复合材料夹芯板铺层均为 [±45/±45/core]s。其中,±45 表示铺层角度;core 表示核心区域;s 表示铺层关于中面对称,上下面板厚度均为 0.432 mm。由于在平压试验中面板与夹具均视为刚体,因此不考虑其变形与破坏。CA6 系列试验件芯层厚度为

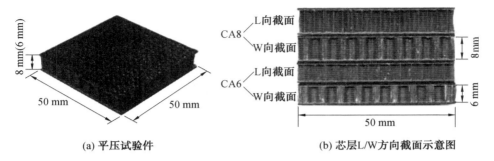

图 7.26 蜂窝夹芯板平压试验件

6 mm,CA8 系列试验件芯层厚度为 8 mm,两种类型的试验件各四件,其 L 和 W 两个方向的截面示意图如图 7.26(b)所示。

表 7.8 试验件几何尺寸

类型	边长 a/mm	铺层	面板厚度 t/mm	芯层厚度 t_c/mm	总高度 h/mm	数量
CA6	50	[±45/±45/core]s	0.432	6	6.864	4
CA8	50		0.432	8	8.864	4

按照 ASTM-C365 试验标准,蜂窝芯层平压试验按位移加载,加载速率为 0.5 mm/min。其中,CA6 系列四个试验件均加载至蜂窝芯层开始堆叠密实停止,CA8 系列中有两个试验件在堆叠密实后仍继续加载了一段位移,以确认进入密实阶段的大致位置。图 7.27 所示为两类试验件载荷位移曲线。

从载荷位移曲线中可以看出,不同厚度的两类试验有着相似的加载-变形历程,同类试验件曲线吻合略有偏差,但相符程度仍在可接受范围内。通过试验结果分析,平压试验主要记录了压缩载荷 P 和面外位移 u 两类数据,结合载荷-位移曲线,从中可以提取出各试验件的极限载荷、线性段斜率、压溃后屈服平台对应的剩余载荷等关键数据。根据 ASTM-C365 试验标准,由以下公式计算可以得到蜂窝芯层平压强度和刚度等性能参数。

平压极限强度为

$$F_z^{\text{fcu}} = P_{\max}/A$$

式中 $P_{\max}$——破坏前的极限载荷;

A——试件横截面积。

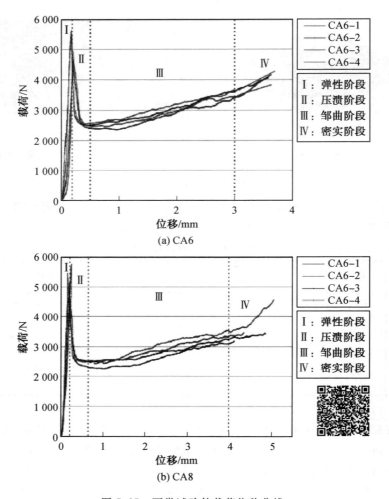

图 7.27 两类试验件载荷位移曲线

平压刚度为

$$E_z^{fc} = (\Delta P/\Delta u) \cdot t/A$$

式中 $\Delta P/\Delta u$——试件大约 25% ~ 50% 的极限挠度范围内线性段载荷－位移曲线的斜率；

t——芯层厚度；

A——试件横截面积。

统计数据为

$$S_{n-1} = \sqrt{\left(\sum_{i=1}^{n} x_i^2 - n\overline{x}^2\right)/(n-1)}$$

式中　　x——样本的平均值；

　　　　S_{n-1}——样本的标准差；

　　　　n——试件数量；

　　　　x_i——测量或导出的性能值。

7.4.2　蜂窝芯层剪切性能试验

由于蜂窝芯层在垂直于厚度方向的平面内存在 L 和 W 两个方向，因此试验件根据芯层厚度和长度方向上蜂窝的走向分为 SL8、SW8、SL6 和 SW6 四种类型，以此测定蜂窝不同方向的剪切性能。剪切试验件尺寸参数及数量见表 7.9。剪切试验件夹芯板铺层均为[±45/±45/core]s，上下面板厚度均为 0.432 mm。按照试验标准，剪切试验按 1 mm/min 拉伸位移加载。

表 7.9　剪切试验件尺寸参数及数量

类型	长 L/mm	宽 b/mm	面板厚度 t/mm	芯层厚度 t_c/mm	总高度 h/mm	铺层	数量
SL6	200	60	0.432	6	6.864	[±45/±45/core]s	3
SW6				6	6.864		3
SL8				8	8.864		6
SW8				8	8.864		6

为观察剪切载荷下蜂窝全过程的变形破坏行为，试验加载至蜂窝结构大部分撕裂破坏为止（图 7.28）。图 7.29 所示为剪切试验件载荷—位移曲线。

图 7.28　侧板与蜂窝结构撕裂状态

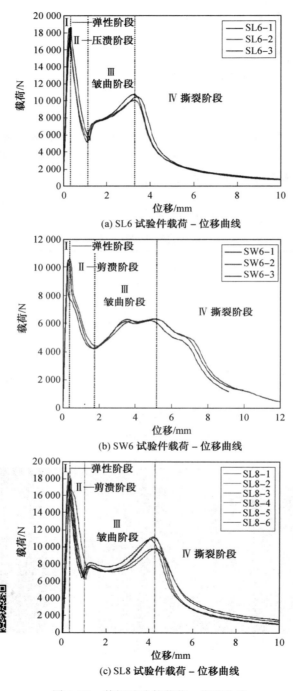

图 7.29 剪切试验件载荷－位移曲线

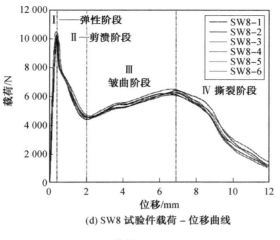

(d) SW8 试验件载荷 – 位移曲线

续图 7.29

对比图 7.29 发现,同类试验件曲线吻合良好,试验结果相符程度高。SL6 与 SL8 试验件、SW6 与 SW8 试验件两类蜂窝方向相同的试验件的加载－变形历程相似度极高。

根据 ASTM－C273 试验标准,由以下公式可以计算得到蜂窝芯层剪切强度和刚度等性能参数。

剪切强度为

$$\tau = P_{\max}/(Lb)$$

式中　$P_{\max}$——破坏前的极限载荷;
　　　L——试件长度;
　　　b——试件宽度。

剪切刚度为

$$G = (\Delta P/\Delta u) \cdot t/(Lb)$$

式中　$\Delta P/\Delta u$——有效工程剪切应变在 0.002～0.006 线性段范围内的载荷－位移曲线的斜率;
　　　t——芯层厚度。

综上数据,除 SW6 个别数据外,其他试样的标准差和离散度极小,认为同类试验件数据一致性良好。分析蜂窝芯层剪切性能:强度方面,L 向蜂窝芯层为 1.483～1.554 MPa,W 向蜂窝芯层为 0.851～0.876 MPa,同类芯层 6 mm 试件比 8 mm 试件强度略高 4.79%～2.94%,L 向蜂窝剪切强度比 W 向蜂窝高 1.74～1.77 倍;剪切刚度方面,SL6 试件 32.960 MPa,SW6 试件 23.075 MPa,SL8 试件 42.895 MPa,SW8 试件 23.010 MPa,不同厚度的试件在 L 和 W 两个方向上的刚度有所不同。

7.4.3 蜂窝夹层结构贴补压缩强度试验

蜂窝夹层结构单面贴补修理损伤直径 20 mm,参数采用补片厚度 1.25 mm,搭接长度 12.5 mm,单面衬片直径 40 mm。图 7.30 所示为蜂窝结构损伤修补前后状态,热修补前后蜂窝夹层结构单面贴补压缩性能数据见表 7.10。

图 7.30 蜂窝结构损伤修复前后状态

表 7.10 热修补前后蜂窝夹层结构单面贴补压缩性能数据

序号	原始件/MPa	预制缺陷/MPa	修补后/MPa	提升比例
1	620	425	540	27.1%
2	609	384	487	26.6%
3	686	461	551	19.5%
4	642	359	496	38.1%
5	618	392	483	23.2%
平均	635	404	511	26.9%

可以看出,热补修复前后,试验件的压缩断裂位置在预制裂纹处,说明裂纹处依然是薄弱部位,板材产生裂纹后,材料抗压性能有所下滑,但均在原始件 50% 以上。热补后,预制裂纹碳纤维板的抗压性能明显提升,与原始板的压缩

强度(635 MPa)相比,预制缺陷的压缩强度恢复到原件的80%以上,平均值达511 MPa,比热补修复前提升26.9%,完全满足所有无人机结构件的服役力学承载范畴。

压缩后试件边缘对比照片如图7.31所示。可以看出,蜂窝夹层结构预制缺陷后,在承受压缩力的状态下,板材从预制缺陷处受压断裂。从宏观上看,两侧碳纤维板材断面比较平整,但蜂窝体碎裂,且在断口处,蜂窝体与胶合板剥离;从微观上看,板材在压缩力作用下,碳纤维板材完全断裂,碳纤维丝断裂,出现蜂窝体碎裂脱落情况(图7.32)。这表明,无人机蒙皮蜂窝受压缩作用后,会发生断裂,且两侧支撑板会与蜂窝结构剥离。实验证明,一旦发生裂纹,及时采用胶接修复方式能有效防止蒙皮撕裂失效的事故发生。

图7.31 压缩后试件边缘对比照片

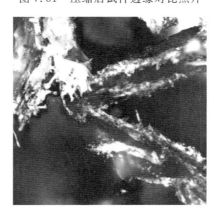

图7.32 蜂窝结构板材压缩断面形貌

由此表明,对于以该材料为基础的无人机结构件,产生损伤后,经过胶接修复后,其抗压缩力学性能大幅提升。例如,对于无人机蜂窝结构蒙皮,损伤热补修复后,其抗压缩能力将得到有效强化,胶接修复后的蒙皮材料能够满足作战使用需求。

7.5 铝合金板材结构件损伤胶接工艺

铝合金材料在无人机结构件上主要用于机体骨架、起落架和连接件,由于铝合金裂纹胶接修复的研究相对成熟,因此考虑无人机铝合金结构件的使役特点。本节重点考查无人机铝合金结构件修补前后的疲劳性能,与碳纤维复合材料板的胶接修复工艺类似,针对含中心裂纹的 7075 铝合金板模拟受损结构,采用复合材料补片,利用热补仪对其进行胶接修复,重点测试和分析铝合金裂纹板经复合材料胶接修复后的抗疲劳性能,包括修复结构的在疲劳过程中的裂纹扩展速率、界面脱粘、疲劳寿命和疲劳剩余强度等,同时也研究修复形式、补片材料和补片的几何参数等对修复结构疲劳性能的影响,为实际的修复实践提供试验依据。

7.5.1 疲劳性能测试

按照《金属材料 疲劳试验 轴向力控制方法》(GB/T 3075—2021)测试要求,利用 PLG-100C 高频疲劳实验机测试中心裂纹铝合金板和复合材料补片胶接修复铝合金板的疲劳特性。测试实验条件为:正弦波加载,最大应力水平 σ_{max} = 100 MPa,载荷比 R = 0.1。根据研究和试验目的和要求不同分别记录修复前后铝合金板裂纹随疲劳周次变化的情况、结构的寿命等。图 7.33 所示为铝合金板材疲劳试验测试装置照片。

当复合材料补片胶接修复铝合金裂纹板经过一定的疲劳周次后,利用万能试验机测试其静态强度,得到修复结构的疲劳剩余强度。将修复前后的铝合金

图 7.33 铝合金板材疲劳试验测试装置照片

裂纹板在一定实验条件下进行疲劳试验,结构失效时对应的疲劳周次即该结构的疲劳寿命。

(1)修复结构的界面疲劳脱粘。

修复结构在疲劳载荷作用下存在多种失效模式,其中修复结构中铝合金板上的裂纹扩展是导致修复结构失效主要模式。此外,修复结构中裂纹板、复合

材料补片、胶粘剂层之间的界面是也是修复结构中的薄弱环节。疲劳载荷容易导致修复结构的粘接界面脱粘,进而导致结构的疲劳失效,裂纹扩展同时伴随粘接界面的脱粘。

铝合金板原始裂纹长度为 12.5 mm,复合贴片为碳纤维织布材料,其尺寸为 80 mm×60 mm×1.32 mm,单面贴补,疲劳试验的最大应力水平 σ_{max} = 100 MPa,载荷比 $R=0.1$。图 7.34 所示为碳纤维/环氧复合材料补片和玻璃纤维/环氧复合材料补片单面贴补修复铝合金板结构。

 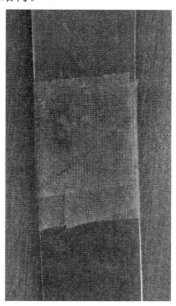

图 7.34 碳纤维/环氧复合材料补片和玻璃纤维/环氧复合材料补片单面贴补修复铝合金板结构

分别测试碳纤维和玻璃纤维复合材料修复板在不同疲劳周次下的脱粘面积,单向碳纤维和玻璃纤维复合材料修复板的脱粘面积如图 7.35 和图 7.36 所示。

修复结构疲劳过程中出现补片与铝合金板之间的界面脱粘,其脱粘位置位于补板的中心,即裂纹中心;界面脱粘形状近似为椭圆形,在疲劳周次较小时,脱粘面积随疲劳周次的增加而缓慢增加;当疲劳周次较高时,脱粘面积随着疲劳周期的增加而迅速变大。与疲劳裂纹扩展的临界裂纹长度相似,存在一个临界脱粘面积。补片影响修复结构的界面疲劳脱粘,也影响疲劳过程中的界面脱粘进程。分析发现,在试验条件、疲劳周次相同的情况下,玻璃纤维修复板的临界脱粘面积为 248 mm,远高于碳纤维复合材料补强后的脱粘面积,其与临界脱粘面积对应的疲劳周次为 43 000,低于碳纤维复合材料补片修复结构临界脱

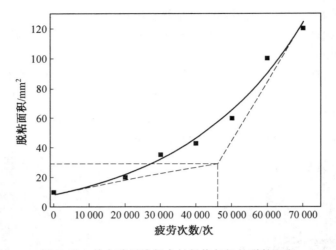

图 7.35　单向碳纤维复合材料修复板的脱粘面积

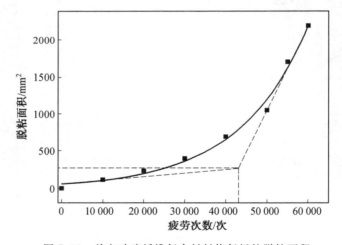

图 7.36　单向玻璃纤维复合材料修复板的脱粘面积

粘面积对应的疲劳周次。

碳纤维复合材料补片的力学性能优于玻璃纤维复合材料补片,因此可以承担较大的载荷,显著改善裂纹尖端的应力状态,有效地抑制裂纹的扩展和补片与铝合金板之间的界面脱粘,从而使其裂纹扩展速度变慢,复合材料补片与铝合金板之间的界面脱粘面积也较小。

(2)裂纹扩展控制的破坏与界面脱粘控制的破坏。

当用修复结构中的界面脱粘面积表征结构的抗疲劳性能时,中心裂纹铝合金板经过复合材料补片胶接修复后,其临界疲劳周次为 45 000,即修复结构所经历的疲劳周次大于该临界值后,粘接界面快速脱粘,结构失效。因此,该修复结构呈现出界面脱粘控制的破坏模式,即当疲劳周次达到 45 000 周次后,界面脱粘快速扩展,致使补片失去承载能力,外载荷主要由铝合金裂纹板承担,此载荷将导致铝合金裂纹很快进入快速扩展期,致使整体结构失效。

由试验测试结果可知,中心裂纹铝合金板的复合材料修复结构在疲劳载荷作用下主要出现两种破坏模式,即裂纹扩展控制的破坏和界面脱粘控制的破坏。在疲劳载荷作用下,这两种破坏模式同时存在,修复结构中的裂纹长度随着疲劳周期的增加而增大。当疲劳周次较低时,裂纹增长缓慢,裂纹扩展速率较低。当达到一定的疲劳周次即裂纹长度达到一定值后,裂纹快速增大,裂纹扩展速度变大,导致铝合金母板的承载能力急剧下降,最终导致结构的失效。由此,可以有针对性地改善修复结构的抗疲劳性能,即对以界面脱粘为主导的破坏模式,可以通过改善界面粘接强度、延长界面快速脱粘的疲劳周次来提高修复结构的疲劳寿命。

7.5.2 不同补片修复后结构的疲劳寿命

铝合金裂纹板的复合材料修复结构的抗疲劳性能除与补片材料有关外,还与补片的几何尺寸、修复方式等密切相关。本节测试了不同补片修复后结构的疲劳寿命,为实际应用积累相关的技术数据。

(1)补片长度对修复结构疲劳寿命的影响。

铝合金裂纹板的尺寸为 280 mm×60 mm×1.88 mm,中心裂纹长度为 12.5 mm。采用单向碳纤维/环氧复合材料补片对铝合金裂纹板进行单面修复,其补片的宽度与铝合金试样的宽度相同,均为 60 mm,而补片长度分别为 40 mm、60 mm、80 mm 和 100 mm,在最大应力水平 $\sigma_{max}=100$ MPa、载荷比 $R=0.1$ 的疲劳试验条件下,补片长度与修复结构的疲劳寿命之间的关系如图 7.37 所示。

由图 7.37 可以看出,复合材料补片的长度影响修复结构的疲劳寿命,且存在一个最佳长度。采用该长度的补片修复时,修复结构的疲劳寿命最长。当补片长度小于该值时,修复结构的疲劳寿命随着补片长度的增加而提高;当长度大于该值时,修复结构的疲劳寿命随着补片长度的增加而降低,在本试验条件下其最佳长度为 80 mm。

补片长度增加有利于载荷通过胶粘剂传递到复合材料贴片上,降低疲劳裂纹的扩展速率,提高修复结构的疲劳寿命。而当补片长度增加到一定程度后(最佳补片长度),继续增加补片长度,增大的补片容易造成修复结构中局部刚度增加,结构质量增加,降低修复效果,即铝合金裂纹板采用复合材料补片胶接修复时,需要确定其最佳的补片长度,从而提高修复结构的疲劳寿命。

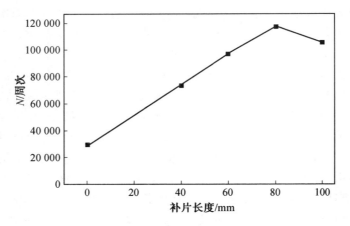

图 7.37 补片长度与修复结构的疲劳寿命之间的关系

(2)补片宽度对修复结构疲劳寿命的影响。

铝合金裂纹板的尺寸为 280 mm×60 mm×1.88 mm,中心裂纹长度为 12.5 mm。采用单向碳纤维/环氧复合材料补片对铝合金裂纹板进行单面修复,长度固定均为 80 mm,而补片宽度分别为 20 mm、40 mm 和 60 mm。在最大应力水平 σ_{max}=100 MPa、载荷比 R=0.1 的疲劳试验条件下,补片宽度与修复结构的疲劳寿命之间的关系如图 7.38 所示。修复时补片粘接在铝合金板的正中间,补片都能够完全覆盖裂纹。

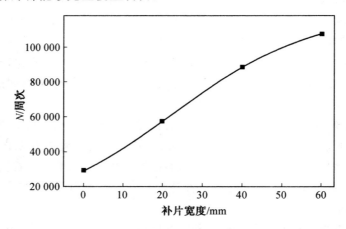

图 7.38 补片宽度与修复结构的疲劳寿命之间的关系

当所用的补片长度一定时,补片宽度影响修复结构的疲劳寿命。复合材料补片结构的疲劳寿命越大,复合材料补片越宽,复合材料补片传递和承受载荷的面积越大,因此其承担的载荷就越大,从而能够有效地改善铝合金板裂纹尖端的受力情况,结构的疲劳寿命延长。

采用三种宽度的补片进行修复,发现宽度越宽的补片对提高结构的疲劳寿命的效果越好。但是根据曲线的发展趋势可以预测,当铝合金板的裂纹长度、补片材料和补片长度等因素确定后,复合材料补片的宽度有一个最佳值,当补片的宽度为该值时,结构的疲劳寿命最长,继续增加补片的宽度对结构的疲劳寿命的增加程度有限。综上所述,可以得出结论:修复结构的疲劳寿命是复合材料补片结构的热应力匹配和修复结构几何匹配等因素相互作用的结果。

7.5.3 铺层方式对修复结构疲劳寿命的影响

铝合金裂纹板的尺寸为 280 mm×60 mm×1.88 mm,中心裂纹长度为 12.5 mm。分别采用单向碳纤维/环氧复合材料补片和正交碳纤维/环氧复合材料补片对铝合金裂纹板进行双面胶接修复,其中正交板的铺层顺序按照正交角度进行为[0/90/90/0]。补片的尺寸为 80 mm×60 mm,厚度分别为 1.32 mm 和 1.35 mm,在最大应力水平 $\sigma_{max}=100$ MPa、载荷比 $R=0.1$ 的疲劳试验条件下,铺层方式与修复结构的疲劳寿命之间的关系如图 7.39 所示。

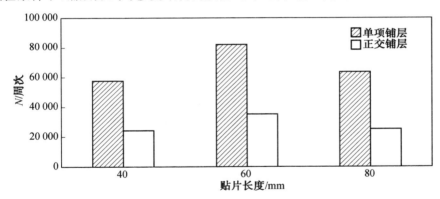

图 7.39 铺层方式与修复结构的疲劳寿命之间的关系

结果表明,补片材质相同(同为碳纤维/环氧复合材料),补片的铺层方式不同,修复后结构的疲劳寿命也不同。采用单向铺层的复合材料补片进行修复时,修复结构具有较好的抗疲劳性能,这主要是因为纤维方向平行于铝合金裂纹板的受力方向,补片在该方向上的性能较好,因此能够承担修复结构中较多的载荷,充分发挥补片在修复结构中的承载作用,有效地抑制疲劳裂纹扩展,提高结构的疲劳寿命。在最大应力水平 $\sigma_{max}=100$ MPa、载荷比 $R=0.1$ 的疲劳试验条件下,铝合金裂纹板经单向和正交碳纤维复合材料补片胶接修复后其疲劳寿命分别为 826 183 周次和 363 144 周次。铝合金试件疲劳断裂断面形貌如

图 7.40 所示。可知,在一定疲劳周次后,铝合金裂纹部位韧性变差,在发生疲劳变形后,铝合金板材发生拉伸断裂失效。

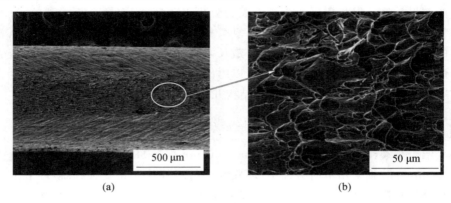

图 7.40　铝合金试件疲劳断裂断面形貌

以上研究说明,热补修能显著提升铝合金结构件的疲劳性能,合理调控补片长度、宽度、铺层方式、修复形式等关键环节,能获得最佳的疲劳寿命,以疲劳周次为考核指标。热补后,疲劳寿命可延长 20% 以上,完全满足所有无人机结构件的服役力学承载范畴。由此表明,对于以该材料为基础的无人机结构件来说,产生疲劳损伤后,经过胶接修复,其抗疲劳能力大幅提升,能够满足安全可靠的飞行要求。

本章参考文献

[1] 陈绍杰. 复合材料结构修理指南[D]. 北京:航空工业出版社,2001.

[2] 徐绯,刘斌,李文英,等. 复合材料修理技术研究进展[J]. 玻璃钢/复合材料,2014(8):105-112.

[3] 姚武文. 粘接技术在飞机复合材料修理中的应用[J]. 应用技术,2021,22(5):39-40.

[4] 王武. 树脂基复合材料机械连接技术的研究[D]. 西安:西北工业大学,2006.

[5] 黄传勇. 微波固化技术在飞机复合材料维修中的应用[J]. 科技与生活,2012(18):109-110.

[6] 张昂. 碳纤维复合材料的激光清洗机理与表面改性研究[D]. 镇江:江苏大学,2019.

[7] 李俊磊. 基于激光表面处理的民机复合材料结构胶结修理研究[D]. 广汉:

中国民用航空飞行学院,2016.
[8] 李长青,许艺,任攀,等.碳纤维/环氧树脂复合材料表面激光选择性消融预处理[J].中国表面工程,2016,29(1):118-124.
[9] 王以忠.激光对碳纤维增强环氧树脂基复合材料的辐照效应[D].长沙:国防科学技术大学,2007.
[10] 叶斐.碳纤维层合板胶接性能研究[D].太原:中北大学,2015.
[11] 刘昌发.Al-Li合金航空板材胶接工艺及接头强度分析[D].长沙:中南大学,2012.
[12] 李克楠.基于疲劳损伤理论的复合材料胶接修补结构参数研究[D].郑州:郑州大学,2017.
[13] 赵景丽.蜂窝夹层结构复合材料的性能研究[D].西安:西北工业大学,2010.
[14] 乔新.先进复合材料结构与修理技术[D].南京:南京航空航天大学,2005.
[15] 李秋龙.复合材料蜂窝结构损伤修补试验技术与分析研究[D].西安:西北工业大学,2003.
[16] 邢素丽.金属构件战伤的复合材料快速修复[D].长沙:国防科学技术大学,2002.

第8章 纤维增强复合材料结构件增材修复技术

增材制造(additive manufacturing,AM)技术又称 3D 打印技术,加工材料为金属材料、无机非金属材料、有机高分子材料和复合材料等,采用层层堆积的方式成形,具有可设计性强、复杂结构件一次成形的优点。与传统制造技术相比,增材制造技术可有效减少加工工序,缩短加工周期,节省加工材料,降低加工成本,尤其在大型复杂结构件成形上具有先天优势,已被广泛用于汽车工业、航空航天、生物医疗、轨道交通等重要领域。纤维增强树脂基复合材料具有优异的力学性能,能够实现轻质、高性能结构的制造。但传统的成型工艺过程复杂、成本高,难以实现纤维回收利用,限制了纤维增强树脂基复合材料的广泛应用。3D 打印技术是一种新兴的零件成形工艺,将 3D 打印技术应用于纤维增强树脂基复合材料的制造,为实现复合材料低成本、绿色制造提供了可能性。对于无人机碳纤维复合材料结构件来说,按照复合材料所采用增强纤维的基本特征,可分为短切纤维增强树脂复合材料增材修复和连续纤维增强树脂基复合材料增材修复。将增材修复技术应用于纤维增强树脂基复合材料的制造与修复,为实现复合材料低成本、快速、绿色维修和再制造提供了可能。

8.1 增材修复与再制造技术

1992 年,美国麻省理工学院的 Saches E. M. 和 Cima M. J 等首次对增材制造技术做出了概念性的描述,并创办了专业化的三维打印企业 ZCorp。随后的几年里,增材制造技术迅速兴起并日益多样化,主要包括 1988 年 Feygin 发明的分层粘接成型、1989 年 Deckard 研究的激光烧接成型、1992 年 Crump 发明的熔融沉积成型以及今天被用作增材制造代表性术语的粉末成型。近年来,我国非常重视发展增材制造技术。2015 年 5 月,国务院在政策上扶持我国增材制造技术的发展。国内外学者、技术人员在增材制造领域做了大量研究工作,增材设备、材料及工艺持续演进,打印速度逐渐加快,打印精度不断提高,成形件尺寸越来越大。近年来,以熔融沉积成形(fused deposition melting,FDM)技术为代表的增材制造技术蓬勃发展,桌面型 FDM 打印机的问世及底层代码的开源满足了设计人员的个性化需求,其应用领域也在不断扩大。目前,按照成形方式和加工材料的不同,增材制造技术主要分为五种:FDM 技术、选择性激光烧结(selective laser sintering,SLS)技术、立体光固化(stereo lithography appearance,SLA)技术、三维粉末粘接(three dimensional printing and gluing,3DP)技术和分层实体制造(laminated object manufacturing,LOM)技术。

8.1.1 熔融沉积成形技术

FDM 是一种较为成熟的增材制造技术,1988 年由 Scott Crump 发明,其工艺是加热融化丝状的热塑性材料,并从喷头挤出,按照切片软件设置的路径逐道沉积固化,熔融态的热塑性材料层层堆积最终成形获得样件。FDM 技术使用的材料主要有聚乳酸(PLA)、丙烯腈-丁二烯-苯乙烯共聚物(ABS)、高温热塑性树脂聚醚醚酮(PEEK)、尼龙(PA)、聚碳酸酯(PC)等,其技术原理图如图 8.1 所示。

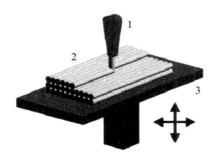

图 8.1 FDM 技术原理图
1—喷头挤出热塑性材料;2—层层堆积成形;3—承载台

FDM 成形温度相对较低,虽然已经研发出了可以用来打印耐高温树脂——PEEK 的桌面级 3D 打印机,但是仍未达到大多数金属和陶瓷材料的熔点,因此 FDM 打印机使用的材料多数为热塑性有机高分子材料。由于采用颗粒状热塑性材料通过双螺杆挤出机成形,加工成形后收卷存放,因此对材料刚度有一定要求。如果材料刚度过大,收卷过程中会导致丝材折断,不便于丝材存放;如果丝材刚度过小,则会导致送丝传送系统中的齿轮与丝材打滑,影响丝材输送,降低成形件打印质量。相比于其他增材制造技术,FDM 技术具有打印材料种类丰富、成形速度快、成本低、打印机结构简单、便于操作等优势。其劣势为:成形件表面粗糙,不适于加工制造精密件;工件截面需要整体填充,整体加工时间长;需要考虑支撑机构设计,支撑结构不易去除。

8.1.2 选择性激光烧结技术

SLS 技术是利用激光加热融化粉末,冷却固结后,逐层累积成形完成加工件制造的一种增材制造技术。具体工艺过程为:首先,在粉末床上铺放均匀的粉末,打印机按照成形件三维模型生成的指令控制激光器选择性地加热粉末,粉末融化再固化成形出三维模型所对应的横截面形状;然后,粉末床下降到某一给定高度,铺粉滚轴将粉末铺放在上层已烧结成形粉末床上,铺放的粉末厚度与承载台下降的高度相同,激光器按照指令烧结粉末,粉末融化与上一层的粉末粘接,直至该层烧结固化完成;重复上述步骤,固化层相互堆叠,最终成形制备出加工件。SLS 技术原理图如图 8.2 所示。在 SLS 增材过程中,没有烧结到的粉末起到支撑作用,在增材制造结束后将其去除就可以得到成形件。SLS 技术的优势在于可以用于金属材料制造,也可用于一些热塑性材料如聚己内酯(PCL)、聚癸二酸甘油酯(PGS)的成形制造,成形精度高。其劣势是增材制造成本高,增材速度较慢。

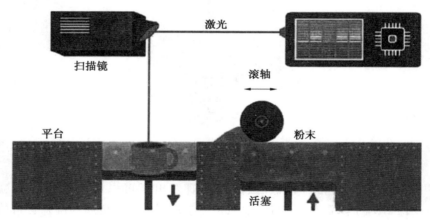

图 8.2 SLS 技术原理图

8.1.3 立体光固化技术

1983 年,SLA 技术由 Charles Hull 发明。SLA 技术的原理与 SLS 技术相似,都是在上一层固化结束后,承载台下降,在此基础上固化成形。具体工艺过程为:承载台浸入光敏树脂中,光束按照预先设定的指令扫描液态光敏树脂,被扫描到的光敏树脂迅速固化,承载台下降给定的距离,树脂重新漫延到固化层表面,光束按照设定的指令对漫覆层树脂扫描固化,并与上一层固化树脂粘接,如此反复,直到整个加工件打印成形。SLA 技术原理图如图 8.3 所示。SLA 技术的优点是成形精度高、成形件表面粗糙度低、加工速度较快,适用于精密铸造。缺点是由于液态树脂无法像固态金属粉末一样起到支撑成形件的作用,因此需要专门设计支撑结构,且支撑要在成形件未完全固化之前去除,不可避免地会给成形件带来形状误差;SLA增材成形设备价格高,成形件加工成本较高。

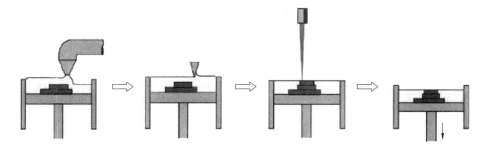

图 8.3 SLA 技术原理图

8.1.4 三维粉末粘接技术

3DP 技术类似于 SLS 技术,同属于粉末成形的增材制造技术。不同的是,3DP 技术采用喷射粘结剂的方式粘接粉末。3DP 技术原理图如图 8.4 所示。具体工作原理为:喷头受程序控制沿设定轨迹喷射粘结剂,完成一个截面粘接后,成形箱下降至给定高度,供粉箱上升推出粉末,铺粉辊将粉末从供粉箱中推到成形箱表面,并均匀压实,如此反复供粉、铺粉和粘接,直至整个三维工件成形。3DP 增材过程中没有粘接到的粉末起到支撑成形件的作用,增材结束后,未粘结的粉末较容易清除。3DP 技术的优点是可成形彩色三维实体,无须支撑结构。相比于 SLS 技术,3DP 技术粘接速度更快且适用于无法激光烧结的材料,成本低。其缺点是成形件强度较低,需要后处理提高整体强度,且成形件表面粗糙度较大。

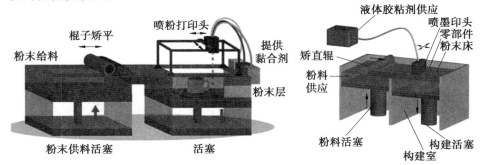

图 8.4 3DP 技术原理图

8.1.5 分层实体制造技术

LOM 技术使用的材料为片状或薄膜状。其工艺原理为：送料辊将片材送到承载台表面，片材表面涂有热熔胶，热压辊将片材粘接上一层切割好的片材，二氧化碳激光器按照切片软件生成的模型截面轮廓指令切割，加工台沿 Z 方向下降高度等于片材厚度的高度，送料辊将下一层片材送到承载台上，重复热压、切割、送料过程，直至三维实体成形。LOM 技术原理图如图 8.5 所示。LOM 技术的优点是只需切割工件截面轮廓，而不是加工整个截面，因此加工速度快，适合加工大型工件；切割后多余的材料可以起到支撑作用，因此无须设计支撑结构。其缺点是片材消耗大，浪费严重，增材制造成本高，表面质量较差。

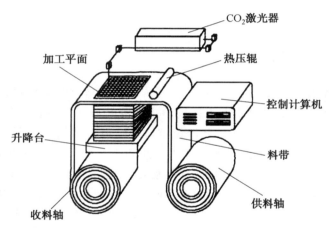

图 8.5　LOM 技术原理图

综上所述，在纤维增强复合材料增材修复与再制造过程中，根据成形要求和所选成形材料的不同，可以选择 FDM、SLS、SLA 等不同技术工艺。对于无人机常用树脂基碳纤维增强复合材料的维修与再制造，FDM 技术结构简单、加工成本低、易于操作、成形速度快，相比于其他增材制造成形技术更具优势，尤其适用于增材制造连续纤维增强热塑性复合材料。

8.2　国外短纤维增强复合材料增材研究现状

1998 年，Richard Chartoff 等利用分层实体制造工艺处理平板材料的优势，将玻璃纤维和环氧树脂制成连续纤维预浸布，并利用高温碾压辊，令纤维预浸布逐层粘接，然后通过激光切割得到每层轮廓，整体成型后再经高温固化后处理,最终制成纤维增强复合材料,开启了纤维增强复合材料增材制造的先河。使用分层粘接成形工艺制得的复合材料在层间和纤维与基体间界面结合良好,基于分层粘接成形的纤维增强复合材料增材制造工艺图如图 8.6 所示。

目前可以用于短切碳纤维复合材料增材的 3D 打印设备生产商主要包括 Markforged、Orbital Composites、Arevo Labs、Impossible Object 等。附加高温固化后处理,纤维增强复合材料层间结合强度进一步提高,其空隙率降低至 5%,此工艺制成样件的拉伸强度达(713 ± 37)MPa,弯曲强度达($1\,190 \pm 51$)MPa,接近于传统复合材料加工工艺所能达到的强度水平。

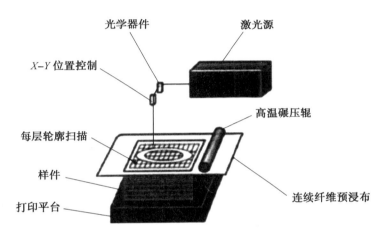

图 8.6 基于分层粘接成形的纤维增强复合材料增材制造工艺图

美国橡树岭国家重点实验室将短碳纤维($0.2 \sim 0.4$ mm)与 ABS 塑料复合而成的材料作为 FDM 的原材料,制备的纤维增强塑料中短纤维分布具有高度同向性(达 91.5%)。与传统注塑复合材料相比,其抗拉强度与抗拉模量分别提高了 115% 和 700%。哈佛大学研制了适用于增材制造的环氧树脂,首次实现了热固性树脂的增材制造(图 8.7)。为改善树脂黏度,研究人员以添加纳米黏土、二甲基磷酸酯、碳化硅晶须和短切碳纤维的方式,以咪唑基离子做固化剂,极大地拓展了树脂的打印窗口,使树脂在长达数周的打印窗口期内黏度不会显著增加。有研究人员控制纤维长径比和喷嘴直径,使填料在剪切力和挤出流的作用下发生取向,实现了填料取向的控制,获得了取向可控的纤维。通过优化固化方式也能显著改变增材制造复合材料的性能。例如,将增材成形材料先在较低的温度下预固化,然后从基板上移出进一步高温固化,在降低成形条件和提高成形效率的基础上,产品性能得到大幅提升。2014 年,美国 Local Motors 汽车公司增材制造了一辆名为 Strati 的汽车,从打印到组装完成用时仅 5 d,该汽车由 40 个部件组成,13%~20% 为碳纤维增强型复合材料,80%~87% 为 ABS 树脂。

(a) 三角形蜂窝3D打印图　　(b) 复合材料沉积过程中高长径比填料通过喷嘴取向示意图　　(c) 3D打印的碳纤维增强环氧树脂六边形蜂窝

图 8.7　短切纤维热固性复合材料的增材制造

德国 EOS 公司将短切碳纤维与 PA-12 通过物理混合的方式制备成复合材料粉末(carbon mide),作为 SLS 的原材料成功打印出复合材料零件并将其商业化。Yang C. 等通过氧化改性对碳纤维进行表面改性,增加其与 PA-12 的界面结合性能,并通过化学沉降的方式制备成复合材料粉末。当纤维含量达到 50% 时,烧结成型的零件抗弯强度达到 115 MPa,比纯 PA-12SLS 烧结件增加了 114%,抗弯模量达到 4.7 GPa,提升了 243.4%。

从短纤维增强复合材料增材制造的现状来看,其工艺方法大同小异,均是将短纤维通过一定的方式与树脂混合,然后用制得的复合丝材进行常规熔融沉积成型。尽管短纤维复合材料增材制造工艺较为成熟,并实现了商业化推广,然而由于采用短切碳纤维作为增强掺杂材料,因此现有增材制造技术制造的工件的强度较低,无法实现大尺寸工件的高精度、连续成形,且存在纤维的同向性差、复合材料整体性能提高有限等问题,需要进一步在装备、材料和工艺方面持续攻关。

8.3　国外连续纤维增强复合材料增材制造

短纤维增强复合材料增材制造技术门槛低,其技术发展迅速,且已相对成熟,但是树脂内部短纤维的同向性差,对力学性能的提升有限。为提高纤维增强树脂复合材料增材制造试件的力学性能,研究人员对增材制造连续纤维增强热塑性复合材料、工艺及其装备开展了研究。连续纤维增强热塑性复合材料增材制造工艺通过调控打印路径,可精确控制每一层碳纤维的取向,并利用连续碳纤维堆积成形工艺,可以获得复合材料构件的最大整体力学性能。目前,连续纤维复合材料增材制造技术主要借助于 FDM 来实现,其打印原理及工艺过程与传统 FDM 相似,不同点在于该工艺采用热塑性树脂与连续纤维丝束为原材料,在打印头内部进行熔融浸渍,实现复合材料制备与成形一体化,可用于该工艺的热塑性树脂包括 PLA、ABS 和 PEEK 等,连续纤维包括碳纤维、玻璃纤维等。

Greer C. 等选择连续碳纤维作为光敏树脂增强相,采用立体光刻工艺制造复合材料,通过特定装置实现连续碳纤维按统一方向排列,并随光敏树脂一起固化,得到了单向纤维复合材料。随后,Greer C. 等测试了不同纤维含量复合材料的拉伸力学性能。试验表明,纤维体积分数为 25.9% 的试件拉伸强度高达 122.6 MPa。Karalekas 等采用立体光刻工艺,在每层激光扫描固化过程中加入纤维布,分别制得了环氧树脂基玻璃纤维复合材料和丙烯酸基碳纤维复合材料,其拉伸强度和弹性模量均比纯树脂材料有明显提升。2014 年,Masaki 等提出一种基于熔融沉积成型的连续纤维增强热塑增材制造方法,该方法避开了传统连续纤维复合材料成型过程中的模压工艺,大大提高了复合材料的生产效率。其工艺流程为:在增材制造过程中,将热塑树脂耗材与连续碳纤维丝分别送入 3D 打印机,在被加热的喷头腔内,碳纤维与热塑树脂完成浸润后从喷头挤出,挤出的熔融态碳纤维增强树脂按预先规划的路径完成增材制造,所获碳纤维增强复合材料的拉伸强度和模量分别为 90 MPa 和 5.8 GPa,相比于纯树脂材料有大幅提高。

2014 年,美国 Mark Forged 公司研发了世界首台连续碳纤维增强热塑性树脂复合材料 3D 打印机 MarkOne(图 8.8),成功实现了连续纤维增强尼龙复合材料的制造。该打印机采用两个独立喷头:一个喷头输送热塑性树脂(尼龙或聚乳酸);另一个喷头铺设连续的预浸碳纤维丝束或预浸玻璃纤维丝束。预浸纤维丝束涂有专门为打印机开发的热塑性树脂,两个喷头轮流工作,用 FDM 工艺沿 X/Y 方向平面铺放树脂和预浸丝束,实现碳纤维和树脂的复合,纤维可以按需要取向或仅在需要的地方铺放。MarkOne 可打印尺寸为 600 mm × 400 mm × 300 mm。

2015 年,日本东京理科大学的 Matsuzaki 等采用连续纤维预浸丝束进行连续碳纤维增强 PLA 复合材料的 FDM 设备与工艺研究(图 8.9)。该设备采用单喷头设计,为增加碳纤维丝束与热塑性树脂之间的渗透性,热塑性碳纤维增强复合材料在进入打印头前需要利用镍铬合金电热丝对其进行预热,加热后的碳纤维丝束降低了与其接触的 PLA 线材表面黏度,PLA 线材依靠齿轮挤压式送丝机构导入打印头,连续碳纤维复合材料会随着 PLA 线材的进给进入喷头内部,而无须额外的送丝设备。最终,PLA 线材在喷头内部加热变为熔融树脂,并在线材的推动作用下利用 FDM 工艺制备出所需三维结构。实验表明,

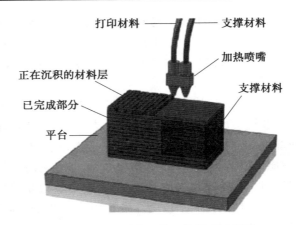

图 8.8　MarkOne 的工作原理示意图

当纤维含量为 6.6% 时,所制备复合材料的拉伸强度达到 200 MPa,弹性模量达到 20 GMPa,相比于采用 FDM 工艺制造的普通 PLA 材料,强度和模量分别增加了 6 倍和 4 倍。

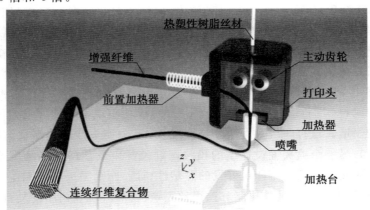

图 8.9　连续碳纤维增强 PLA 材料增材制造原理

复合材料结构中纤维走向对其性能有很大的影响,不同的纤维取向与铺层形式直接影响其增强复合材料的力学性能。纤维路径规划可以分为两大类:一类是面向构件力学性能的路径规划,通常以刚度、强度、频率等为目标;另一类以构件设计为基础,面向构件可制造性的路径规划。对于第一类纤维路径规划,Brandmaier 早在 1970 年就对复合材料最优纤维方向进行了研究,得出了可以根据局部应力设计纤维取向而获得复合材料最大力学强度的结论;Hyer 等采用曲线纤维承受载荷定制复合材料结构,使得高应力集中区域载荷传递和抗屈曲等能力大大提高。对于第二类纤维路径规划,2004 年,Shirinzadeh 等对开曲面和封闭曲面上的纤维路径规划进行了研究,解决了如何在多个方向上排布连续纤维,以及纤维转向在复杂曲面上排布的问题;2009 年,NASA 兰利研究中心的 Wu 等解决了圆形壳结构的纤维路径规划,考虑了相邻路径间存在和不存在重叠两种情况。

2015 年,Van DerKlift 等对 MarkOne 打印机打印的碳纤维复合材料样件进行了试验,发现随着复合材料纤维含量的提高,复合材料内部会存在更多的孔洞缺陷,限制了复合材料力学性能的同步提高,同时还发现存在局部纤维不连续段,该处也是拉伸试验时样件最先失效的位置。2016 年,Matsuzaki、Namiki 等进一步改进了连续纤维增强复合材料 3D 打印机,优化基于熔融沉积成型的连续纤维增强增材制造方法(图 8.10),即在原增材制造工艺基础上,分别以黄麻纤维和碳纤维为增强相,以 PLA 树脂为基体,打印了无纤维添加的 PLA 树脂样件、黄麻纤维复合材料样件和碳纤维复合材料样件。对三种样件的力学测试表明,黄麻纤维样件的拉伸强度和模量分别比纯 PLA 树脂样件高 157% 和 134%,碳纤维样件的拉伸强度和模量分别比纯 PLA 树脂高 435% 和 599%。

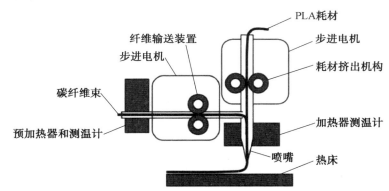

图 8.10 基于熔融沉积成型的连续纤维增强增材制造原理图

综上所述,短纤维复合材料增材制造技术发展较早,实现方法简单,技术成熟,但存在纤维的同向性差、复合材料整体性能提高有限等问题,无法满足航空航天等高端制造领域对材料性能的要求。连续纤维增强复合材料增材制造技术能够有效提高整体力学性能,并且可以通过控制纤维分布方向设计工件的力学性能,但是技术发展缓慢,基本停留在原理验证阶段,其增材制造工艺尚未完全成熟,工艺对成型工件形貌和力学性能的影响关系不明确。

8.4　我国碳纤维复合材料增材制造发展简况

我国高度重视纤维增强复合材料增材制造,国内研究机构也认识到碳纤维增材制造技术在提高加工效率及工件精度、降低工件生产成本、缩短产品研发周期等方面的积极作用,对此进行了许多有益的探索,并取得了诸多研究成果。

在短碳纤维复合材料增材制造技术研究方面,我国华曙高科研制了可用于 SLS 技术的短切纤维/热塑性树脂复合材料粉末并实现商业化,打印的短切碳纤维工件拉伸强度为 65~70 MPa,拉伸模量为 4.8~6.5 GPa。北京航空航天大学通过将短切玻璃纤维加入到 ABS 中,制备成短切玻纤增强 ABS 复合材料丝材,成功应用于 FDM,所制备的复合材料试件抗拉强度明显高于纯 ABS 打印件。Zhong 等使用短切玻纤与 ABS 共混制丝,并用增材制造方式成形,研究了短切玻纤对成形件性能的影响。试验结果表明,在 ABS 中加入短切玻纤能够提高成形件的强度,却降低了丝材的韧性。通过在丝材中加入增塑剂、增容剂,提高了丝材可加工性。

在连续碳纤维复合材料增材制造技术研究方面,南京航空航天大学的 Li 在增材制造前对连续碳纤维丝进行了预处理,然后用处理后的纤维丝进行连续纤维复合材料增材制造。碳纤维丝预处理流程图如图 8.11 所示。预处理过程为:首先,将少量 PLA 颗粒在二氯甲烷中溶解;然后,将得到的滤液进行高速剪切乳化,并将得到的试剂按 1% 质量分数加入去离子水中配得最终试剂;最后,将纤维丝浸入其中一段时间进行处理。试验结果表明,经过预处理的纤维复合材料拉伸强度和弯曲强度比未做处理的纤维复合材料分别提高了 13.8% 和 164%。

Lam 将 PLA 线材和 1 K(1 K 表示一束碳纤维丝中含有 1 000 根原丝)的碳纤维丝材在导向管中混合,并在喷头内部将其加热至熔融温度,导向管上方的散热片起到降低入口温度、防止 PLA 线材熔化的作用(图 8.12)。为将两种材料充分均匀混合,喷头内部设计了较大的腔体结构,在打印过程中,已经挤出的材料固结于基板表面,随后树脂基体迅速冷却固化黏附于工件上层,使得纤维能够不断地从喷嘴中拉出,保证了打印过程的连续性,实现了连续纤维增强热塑性复合材料三维构件的制造。试验结果表明,增材制造样件的抗拉强度和挠曲强度分别提高了 13.8% 和 164%。

西安交通大学的田小勇等研制了一款连续纤维增强树脂基复合材料 3D 打印机(图 8.13),采用连续纤维与树脂基体从同一打印头里共挤出的方式打印成形件。该打印机的最大成形尺寸为 2 500 mm×1 700 mm×120 mm,可供打印的纤维是碳纤维和芳纶纤维,树脂基体为 PLA、ABS 和 PEEK 等。试

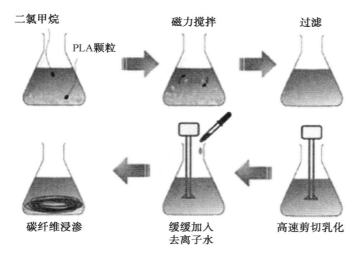

图 8.11　碳纤维丝预处理流程图

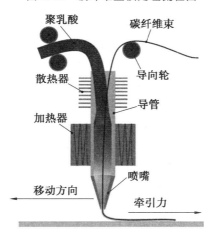

图 8.12　连续碳纤维增材制造原理图

验结果表明,使用该打印机打印的连续纤维增强 ABS 复合材料样件拉伸强度远大于 ABS 样件拉伸强度,通过 SEM 观察,可以看到样件纤维束与树脂之间有较多的空隙,界面结合性能不良。为提高连续纤维增强热塑性树脂复合材料弯曲强度,田小勇等详细探究了层厚、打印间距、打印速度、送丝速度、打印温度等参数对连续纤维增强复合材料成形件的弯曲强度的影响。此外,田小勇等提出了高性能连续纤维增强热塑性复合材料(conrinuous fiber reinforced thermoplastic composite,CFRTPC)的回收再制造技术,按照打印轨迹反向回收,回收率可以达到100%,并采用回收后的丝材再次打印,得到样件的力学性能优于初次打印样件的力学性能。

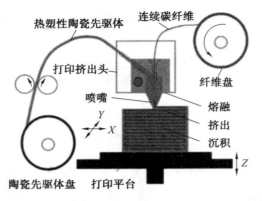

图 8.13　连续碳纤维增强热塑性树脂复合材料增材制造工艺原理图

为实现轻量化制造，田小勇研究了增材制造过程中工艺参数（单包尺寸、打印层厚）对纤维含量和压缩性能的影响，通过优化结构参数，纤维含量为 11.5% 树脂增强结构件的最大压缩强度提高到 17.17 MPa，与传统方式制造的铝波纹结构、纤维板波纹结构、泡沫铝结构对比，减重提性能力显著。田小勇等将高性能 PEEK 树脂作为基体，研制出打印温度可达 500 ℃ 的打印设备，通过对环境温度、喷头温度、热处理方式等参数的探究，找到了其对 PEEK 材料结晶度和力学性能的影响规律，实现了针对不同 PEEK 部件或同一部件不同区域，控制不同的结晶度和不同的机械性能。此外，田小勇等使用了一种改进的连续纤维增强树脂基复合材料打印方法来制造双层结构智能材料，该材料可通过温度直接或通过电路间接被激活，其科学内涵是电热效应加热样品连续纤维束导致其弯曲。由于碳纤维与树脂热应变不匹配，因此表层之间与基层之间变形不一致，变形值约为 7 mm，变形力约为 100 mN。

李迎光等用聚乳酸上浆剂预处理碳纤维，将处理后的碳纤维与树脂混合打印形成测试试样，经 DMA 测试，改性碳纤维增强复合材料的储存模量比 PLA 和未处理纤维增强试样分别高出约 166% 和 351%，即热稳定性能得到提高。Mark Forged 公司采用熔融长丝制造工艺（Fused Filament Fabrication，FFF）成功将连续纤维增强树脂复合材料 3D 打印技术商业化推广，并生产了桌面式 3D 打印机 MarkOne 和 MarkTwo（图 8.14）。该连续纤维 3D 打印机采用两个打印喷头，分别用于打印预浸连续纤维丝束和树脂丝束。打印时首先在喷头内部加热熔融树脂材料，在送丝机构的作用下将其挤出并沉积在打印平台，然后将预浸连续纤维丝由对应的喷头打印并沉积到之前的树脂层，两个独立的打印喷头轮流工作，实现了 3D 打印制件中纤维含量和纤维取向的可控性成型。

谭跃刚等设计了一款闭环控制的连续碳纤维增强复合材料 3D 打印机，通过有限元模拟分析打印过程温度分布，将结果反馈到打印装置进行优化，通过

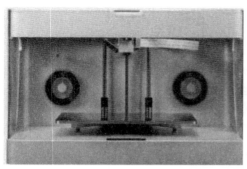 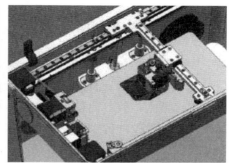

(a) 3D打印机外观图　　　　　(b) 3D打印机内部结构图

图 8.14　北京理工大学研发的热固性基体 3D 打印机

打印测试样件来评价模拟结果的准确性。蔡冯杰等研究了玻璃纤维增强复合材料成形件的力学性能与填充密度和切片厚度的关系,结果表明填充密度增大,拉伸强度随之增大,切片厚度增大,拉伸强度下降。

当前,增材制造技术已经成为国内外研究的热点内容和重点内容,纤维增强树脂基复合材料增材制造逐渐发展成为研究学者的主要关注方向。通过对该技术作业原理、工艺和材料进行不断的探索研究,已逐步完成了对增材制造技术的系统开发,增材制造成形件的力学性能得到了显著提升,但仍存在很多不足。由于树脂基体的黏性低、玻璃化转变温度低及力学性能低等弊端,对实际使用和推广还存在不利影响,因此为加快其在各个行业领域的推广应用,仍需加大对该技术的深入研究,不断创新和优化,全面实现高技术性的增材制造技术。作为未来纤维增强复合材料发展的主要方向和动力,应着力解决连续纤维增强复合材料增材制造成形过程中所存在的诸多问题,如孔隙多、界面结合性能差等,需不断优化技术方案,显著提高复合材料构件的整体稳定性和高效性,推动纤维增强复合材料增材制造技术在高端装备制造、维修和再制造中的推广应用。

8.5　无人机结构件增材制造件的性能

本章以无人机用树脂基复合材料件增材修复与零部件再制造为例,阐述复合材料增材修复工艺流程,以增韧改性聚对苯二甲酸丁二醇酯(PBT)丝材为对象,采用单因素控制法,探究不同增材制造参数(如层高、打印温度、打印速度等)对增材制造复合材料性能的影响,对制备的碳纤维增强复合材料力学性能进行力学性能检测,结合拉伸强度、弯曲强度、缺口冲击强度的测试,以及样件表面粗糙度、翘曲、宏观形变的分析研究,获得工艺参数对样件力学性能及表面质量的影响规律,实现工艺参数优化。

8.5.1 工艺实验设计

无人机装备增材制造结构件的性能是保证无人机装备正常使用的首要条件。结合无人机装备使役环境及性能指标要求,主要研究增材制造样件的拉伸强度、弯曲强度、冲击强度等力学性能,并观察增材制造样件断口形貌等,获得满足使役性能要求的增材制造样件。以成形温度、层高和打印间距为变量设计单因素实验,首先将丝材直径、壁厚、填充率分别设定为 0.4 mm、1 mm、100%,通过改变层高(0.1 mm、0.15 mm、0.2 mm),增材制造三个批次样条;其次设定层高参数为 0.2 mm,基板温度采用 190 ℃、220 ℃、240 ℃三个温度增材制造三个批次样条。增材制造工艺参数见表 8.1。

表 8.1 增材制造工艺参数

实验序号	丝材直径 /mm	壁厚 /mm	充填率 /%	层高 /mm	成形温度 /℃
1	0.4	1	100	0.1	220
2				0.15	
3				0.2	
4				0.2	190
5					220
6					240

在打印温度为 220 ℃、层高为 0.2 mm、打印速度 $v=70$ mm/s 的条件下,研究不同打印间距下的碳纤维增强复合材料的力学性能特征。打印参数选择见表 8.2。

表 8.2 打印参数选择

工艺参数设置	参数的值
打印间距 b/mm	0.50,0.55,0.60,0.65,0.70, 0.75,0.80,0.95,1.10
打印温度 T/℃	220
打印层高 h/mm	0.2
打印速度 v/(mm·s^{-1})	70

以成形速度和成形角度为参量考查不同成形速度和成形角度对增材制造样机表面粗糙度及宏观形貌的影响。成形速度选择 50 mm/s、70 mm/s、90 mm/s、110 mm/s 及以上,成形 $\phi 80$ mm×80 mm 的圆筒形样件,考查不同成形速度下样件的表面光洁度和成型表现,并使用表面光洁度测试设备观测成形斜角从 $10°\sim 70°$ 的倾斜结构观察成形样件的宏观形貌和跨接状态。

8.5.2 性能测试与表征

增材制造所得块体样件如图 8.15(a)所示,进一步加工制作标准测试样条如图 8.15(b)所示,用于样件力学性能测试分析。

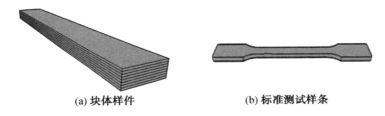

(a) 块体样件　　　　　(b) 标准测试样条

图 8.15　增材制造样件

(1)力学性能测试。

在万能拉伸试验机中按 ASTMD638 的标准测试三个批次标准哑铃样条拉伸强度,拉伸速度为 20 mm/min,测试温度为 25 ℃,样件拉伸强度测试实验如图 8.16 所示。

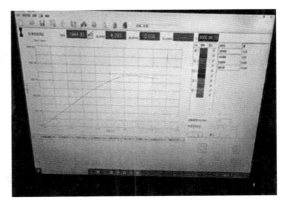

图 8.16　样件拉伸强度测试实验

在万能拉伸试验机中按 ASTMD638 测试三个批次标准直样条弯曲强度,测试速度为 2 mm/min,测试温度为 25 ℃,样件弯曲强度测试实验如图 8.17 所示。

图 8.17 样件弯曲强度测试实验

用缺口制样机在标准直样条上切割 2 mm 深的缺口,在冲击试验机按 ASTMD256 的标准测试三个批次标准样条缺口冲击强度,试验机摆锤能量为 5.5 J,测试温度为 25 ℃,样件冲击强度测试实验如图 8.18 所示。

 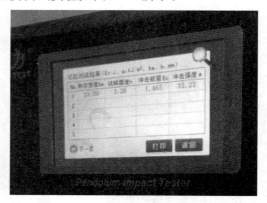

图 8.18 样件冲击强度测试实验

(2)SEM 表征。

将试样的冲击断面用离子溅射仪镀上一薄层铂金,利用 SEM 观察试样自然冲击断裂面微观形貌。

8.5.3 打印温度对成形件力学性能影响

打印温度是 FDM 工艺的一个重要参数,它会影响连续碳纤维/聚乳酸复合丝材中碳纤维与聚乳酸(PLA)之间的界面粘接性能以及同一打印层内道与道之间和相邻两层之间的粘接性能。为探究打印温度对打印件力学性能的影响规律,在固定其他打印参数的条件下,选取 200～240 ℃打印样件,打印工艺参数选择见表 8.3。

表 8.3 打印工艺参数选择

工艺参数设置	参数的值
打印温度 T/℃	200,210,220,230,240
打印间距 b/mm	0.65
打印层高 h/mm	0.9
打印速度 v/(mm·s^{-1})	6

(1)打印温度对成形件拉伸强度影响。

为探究打印温度对成形件拉伸强度的影响,以打印温度为变量,测试样件的拉伸强度,打印温度对拉伸强度的影响如图 8.19 所示。可以看出,样件的拉伸强度随着打印温度的增加而增加,当打印温度为 240 ℃时,样件的拉伸强度为 258.68 MPa,相比于打印温度为 200 ℃的样件,拉伸强度提高了 11.50%。这是因为随着打印温度的增加,连续纤维复合丝材中的 PLA 黏度降低,流动性增强,重新融化的 PLA 流入连续碳纤维丝束的内部,与更多的连续碳纤维浸渍,当样件受拉伸力作用时,承担拉伸力的连续碳纤维数量增加,从而增强样件的拉伸强度。

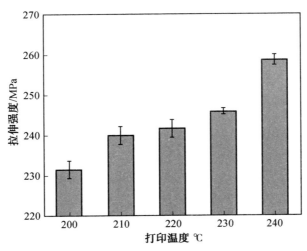

图 8.19 打印温度对拉伸强度的影响

(2)打印温度对成形件弯曲强度的影响。

为探究打印温度对成形件弯曲强度的影响,以打印温度为变量,测试样件的弯曲强度,打印温度对弯曲强度的影响如图 8.20 所示。可以看出,随着打印温度的增加,样件的弯曲强度先增大后减小,当打印温度为 220 ℃时,样件的弯曲强度为207.89 MPa,而当打印温度为 200 ℃时,样件的弯曲强度为 186.25 MPa,降低了10.41%。这是因为打印温度的增加导致PLA的黏度降低,流动性增强,提高了样件的道间、层间粘接性能,减少了样件中的孔隙和翘曲现象,提高了样件的打印质量,从而增强了样件抵抗弯曲破坏的能力。当打印温度大于220 ℃时,随着温度的增加,样件的弯曲强度逐渐降低,当温度为240 ℃时,样件的弯曲强度为197.76 MPa,降低了4.87%。这是因为PLA的热分解温度为260 ℃,当打印温度接近260 ℃时,PLA中的大分子链开始分解,降低了PLA的力学性能,从而降低了整个样件抵抗弯曲破坏的能力,导致弯曲强度降低。

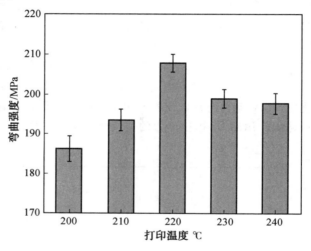

图8.20 打印温度对弯曲强度的影响

总体来说,成形温度对增材修复影响显著。不同成形温度下样件的力学性能测试结果见表8.3,其中成形层厚均为0.2 mm。可以看出,随着成形温度升高,试件拉伸模量及缺口冲击强度呈现先上升后下降的趋势,成形温度为220 ℃时,拉伸模量达到最大的3 301.7 MPa,缺口冲击强度最大为32.7 kJ/m^2。断裂伸长率则出现先降后升的趋势,当成形温度为240 ℃时,断裂伸长率达到最大值6.4%。弯曲强度及弯曲模量均呈现上升趋势,其中弯曲强度上升幅较明显,成形温度从190 ℃增至240 ℃时,弯曲强度及弯曲模量增幅分别为13.4%和10.6%。可以看出,标准热熔融沉积工艺制备的样件,通过合理设计打印参数,可提高样件的拉伸强度及缺口冲击强度,两种工艺所制备样件弯曲强度相差较小。

(3)成形温度对断口形貌的影响。

图8.21所示为不同成形温度样件的断口形貌图。可以看出,随着成形温

度的升高,层与层之间融合性越来越好。当成形温度为 190 ℃时,从断口形貌图中可明显看出层与层之间的界限,而且在垂直和拉伸方向,因脱粘而发生的复合材料层裂特征明显;随着成形温度的升高,当成形温度为 220 ℃时,界面之间可以看到明显的融合过渡,分层现象越来越模糊,层与层之间的结合越来越好;当成形温度提高到 240 ℃时,基本上看不出层与层之间的界面,相互已经融合,层与层之间结合强度的提高必然提升增材制造样件的抗拉强度,与表 8.4 中拉伸强度的变化趋势一致。

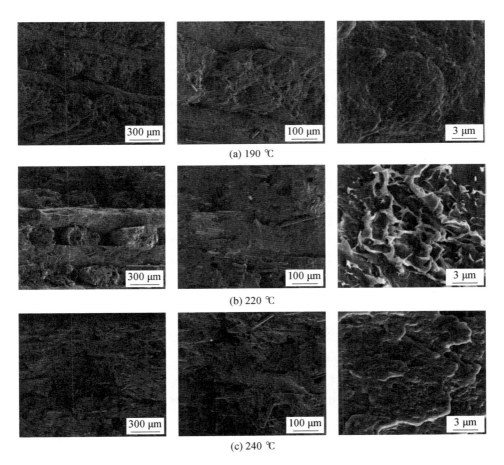

图 8.21 不同成形温度样件的断口形貌图

表 8.4 不同成形温度下样件的力学性能测试结果

序号	测试项目	测试标准	打印温度		
			190 ℃	220 ℃	240 ℃
1	拉伸强度/MPa	ASTMD638	30.1	31.4	33.2
2	拉伸模量/MPa	ASTMD638	3 011.3	3 301.7	3 268.2
3	断裂伸长率/%	ASTMD638	5.7	4.9	6.4
4	弯曲强度/MPa	ASTMD790	56.9	64.1	64.5
5	弯曲模量/MPa	ASTMD790	1 285.6	1 399.5	1 421.8
6	悬臂梁无缺口冲击/(kJ·m^{-2})	ASTMD256	26.4	32.7	31.4

从断口形貌看，三个温度下断口都比较粗糙，显示出明显的韧性断裂的特征。但是在成形温度为 190 ℃时，表面相对光滑，表面几乎没有位错受阻抬升的台阶状出现；当温度为 220 ℃时，表面最粗糙，有明显的撕裂的多韧窝特征，说明在成形温度为 220 ℃时，样件的断裂伸长率较大；当温度为 240 ℃时，表面出现明显的位错受阻抬升而产生的阶梯状特征。

综上所述，在选择打印温度参数时，需要考虑到承担应力的主要因素，其中样件在受拉伸力作用时，连续纤维起主要作用，因此温度的增大会提高树脂与连续纤维的浸渍程度，从而提高拉伸强度。而样件受弯曲力作用时，PLA 基体承受主要弯曲应力作用，温度升高提升样件整体的粘接性能，从而提高样件的弯曲强度，但是 PLA 材料的热分解温度为 260 ℃，温度过高会降低 PLA 基体的性能，导致弯曲强度降低。

8.5.4 打印间距对成形件力学性能影响

打印间距是相邻道之间的中心距，为保证相邻道之间有接触，道与道之间一定要有重叠部分，当样件层厚为 0.2 mm，打印间距低于 0.50 mm 时，由于搭接率增大导致层厚增大，因此打印出来的样件中出现纤维磨损和断裂的现象，以至于无法成形样件。而当打印间距大于 1.10 mm 时，样件道与道之间几乎没有搭接现象，出现间隙，从而导致样件成型质量较差，因此选择打印间距参数的具体数值为 0.50~1.10 mm。

(1) 打印间距对成形件拉伸强度影响。

为探究打印间距对成形件拉伸强度的影响，以打印间距为变量，测试样件的拉伸强度，打印间距对拉伸强度的影响如图 8.22 所示。可以看出，随着打印间距的增加，连续纤维增强复合材料样件的拉伸强度先上升后下降。当打印间距为 0.65 mm 时,复合材料样件的拉伸强度达到 248.05 MPa;当打印间距小于 0.65 mm 时,随着打印间距的减少,复合材料样件的拉伸强度逐渐降低,打印间距为 0.50 mm 时样件的拉伸强度,比打印间距为 0.65 mm 时样件的拉伸强度降低 7.23%;当打印间距大于 0.65 mm 时,复合材料样件的拉伸强度也比打印间距为 0.65 mm 时复合材料样件拉伸强度低,并且随着打印间距的增加,拉伸强度逐渐降低;当打印间距为 1.10 mm 时,拉伸强度为 131.02 MPa,降低了 47.18%,这是因为打印间距决定了样件的打印道数,打印间距越大,对应的打印道数越少,在样件拉伸过程中起到承担拉伸力作用的连续纤维数量就越少,从而降低了拉伸强度。

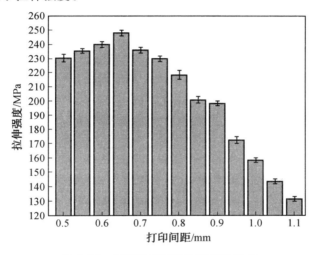

图 8.22 打印间距对拉伸强度的影响

虽然打印间距为 0.70 mm、0.75 mm、0.80 mm 时,打印道数相同,但是打印间距的增大使道间的搭接率降低,减弱了打印头对丝束的挤压作用,从而降低了丝束中连续碳纤维的展开程度,减少了树脂浸渍丝束中原本未被树脂浸渍的连续碳纤维的数量,使得实际承担拉伸力作用的连续碳纤维数量减少,因此样件拉伸强度降低。而当打印间距为 0.50 mm、0.55 mm、0.60 mm 时,由于打印间距的降低,道间搭接率增大,打印头对丝材的压力增大,因此打印间距为 0.50 mm、0.55 mm、0.60 mm 的样件在打印过程中受压磨损,出现少量纤维磨损和刮断的现象,在一定程度上降低了复合材料的拉伸性能,同时打印间距为 0.50 mm、0.55 mm、0.60 mm 的样件有翘曲现象存在,样件成形质量较差,这也是造成样件拉伸强度降低的原因。

(2)打印间距对成形件弯曲强度影响。

为探究打印间距对成形件弯曲强度的影响,以打印间距为变量,不同打印间距对应的打印道数见表 8.5。测试样件的弯曲强度,打印间距对弯曲强度的影响如图 8.23 所示。可以看出,随着打印间距的增加,连续纤维复合材料样件的弯曲强度呈先增加后减少的趋势。当打印间距为 0.65 mm 时,复合材料样件的弯曲强度为 201.87 MPa;当打印间距为 0.70 mm、0.75 mm、0.80 mm、0.95 mm、1.10 mm 时,样件的弯曲强度相比于打印间距为 0.65 mm 样件的弯曲强度降低,并且随着打印间距的增加,样件的弯曲强度逐渐降低;当打印间距为 1.10 mm 时,样件的弯曲强度为 92.66 MPa,下降了 54.10%。这是因为打印间距的增加会降低道间的搭接率,从而使得打印头对丝材的压力降低,道间粘接性能降低。同时,道间搭接率降低导致样件层间的压力降低,层间粘接性能下降。样件道间和层间粘接性能降低,增加样件中的孔隙,这就减弱了整个样件抵抗弯曲变形的能力,从而使得样件的弯曲强度降低。当打印间距为 0.50 mm、0.55 mm、0.60 mm 时,复合材料样件的弯曲强度低于打印间距为 0.65 mm 样件的弯曲强度,这是因为当打印间距为 0.50 mm、0.55 mm、0.60 mm 时,样件出现纤维磨损、断裂和翘曲的现象,样件成形质量较差,影响了整个样件抵抗弯曲变形的能力,从而降低了样件的弯曲强度。

表 8.5 不同打印间距对应的打印道数

打印间距/mm	0.50	0.55	0.60	0.65	0.70	0.75	0.80	0.95	1.10
打印道数/道	60	54	52	50	40	40	40	36	24

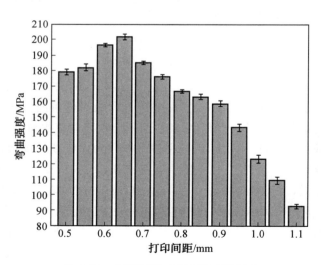

图 8.23 打印间距对弯曲强度的影响

(3)打印间距对成形件层间剪切强度影响。

为探究打印间距对成形件层间剪切强度的影响,以打印间距为变量,测试样件的拉伸强度,打印间距对层间剪切强度的影响如图 8.24 所示。可以看出,随着打印间距的增加,连续纤维复合材料的层间剪切强度先增加后减少。当打印间距为 0.65 mm 时,连续纤维复合材料样件的层间剪切强度为 6.81 MPa;当打印间距大于 0.65 mm 时,层间强度随着打印间距的增大逐渐降低;当打印间距为 1.10 mm 时,层间剪切强度为 3.22 MPa,相比于 0.65 mm 的样件,层间剪切强度降低了 52.72%。这是因为打印间距增大,减少打印道数,使道间搭接率降低,从而降低了层间压力,导致样件层间粘接性能下降。因此,随着打印间距的增加,样件的层间强度逐渐降低。而当打印间距小于 0.65 mm 时,样件的层间剪切强度也低于 0.65 mm 的样件层间剪切强度,这是因为打印间距的减少增加了道间搭接率,同时增加了打印头对丝材的压力,加剧了打印头与连续纤维丝材的磨损,使样件出现了纤维断裂的情况,纤维的磨损、断裂降低了层间的粘接性能,因此样件在受到层间剪切力作用时,抵抗层间剪切力破坏的能力有所下降。

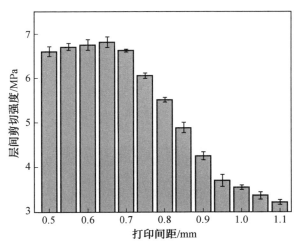

图 8.24 打印间距对层间剪切强度的影响

综上所述,在打印间距参数选择时,既要考虑增大道间搭接率来提高成形件力学性能的影响,又要避免搭接率过大导致的样件磨损现象产生。

8.5.5 层高对样件力学参数的影响

不同成形层高样件的力学性能见表 8.6。可以看出,拉伸强度随着层高的增大略有升高,但是拉伸模量随着层高的增大而降低。在层高为 0.1 mm 时,最大拉伸模量为 3 267.6 MPa,而断裂伸长率和弯曲强度则呈现相反的趋势。层高对弯曲模量及缺口冲击强度不具有线性关系。层高为 0.15 mm 时,样件呈现较高的弯曲模量即 1 412.5 MPa;层高为 0.1 mm 时,样件缺口冲击强度最高为 39.9 kJ/m²。采用热熔融沉积工艺制备的复合材料样件,通过合理设计层厚,增材制造样件的弯曲强度及冲击强度有所提高,而拉伸强度和弯曲模量变化不大。

表 8.6 不同成形层高样件的力学性能

序号	力学性能	测试标准	层厚		
			0.1 mm	0.15 mm	0.2 mm
1	拉伸强度/MPa	ASTMD638	31.2	32.6	33.64
2	拉伸模量/MPa	ASTMD638	3 267.6	3 190.1	3 031.2
3	断裂伸长率/%	ASTMD638	6.2	4.9	4.2
4	弯曲强度/MPa	ASTMD790	69.2	65	64.1
5	弯曲模量/MPa	ASTMD790	1 390.5	1 412.5	1 399.5
6	悬臂梁无缺口冲击/(kJ·m⁻²)	ASTMD256	39.9	32.7	31.9

成形速度及倾斜角对样件表面粗糙度、翘曲、宏观形变产生影响。不同成形速度试样宏观形貌如图 8.25 所示。可以看出,在 50～70 mm/s 成形速度下,成形样件表面光洁平整;当成形速度超过 110 mm/s 时,样件表面出现明显不平整现象。

图 8.25 不同成形速度试样宏观形貌

在成形倾斜角小于50°的情况下,无须支撑结构,增材制造样件可以正常跨接,但底面(悬空面)存在热收缩现象,结构略不平整。在成形倾斜角小于40°的情况下,底面(悬空面)形状规则,不同成形倾斜角试样宏观形貌如图8.26所示。

图 8.26 不同成形倾斜角试样宏观形貌

图8.27所示为不同层高样件的断口形貌图。可以看出,随着层高的增加,层与层之间的融合性越来越好。当层高为0.1 mm时,可以明显看出层与层之间的分层,随着层高的增加,当层高为0.15 mm和0.2 mm时,界面之间可以看出明显的融合过渡,分层现象越来越模糊,层与层之间的结合越来越好,层与层之间结合强度的提高必然导致增材制造样件的抗拉强度提升,断口形貌从多韧窝形貌的韧性断裂向光滑脆性形貌转变。层高为0.1 mm时,断口表面粗糙,分布大量韧窝,高倍下可以看出鱼鳞状裂纹扩展形貌,对应的力学性能为断裂伸长率较大。随着层高的增加,当层高为0.15 mm和0.2 mm时,断口表面光滑,为明显的脆性断裂特征,对应的力学性能为断裂伸长率降低,为典型脆断特征,裂纹扩展很快。

综上分析,可以得到以下结论。

(1)优化打印参数能够有效地改善连续纤维增强复合材料的力学性能。打印间距减少,增加样件打印道数,提高复合材料样件的拉伸、弯曲和层间剪切强度,而打印间距过小,产生的连续纤维磨损、断裂现象则会降低样件的拉伸、弯曲和层间剪切强度。打印温度230 ℃,层厚0.9 mm,打印速度6 mm/s,打印间距在0.50~1.10 mm时,样件的拉伸、弯曲、层间剪切强度随着打印间距的增加先增大后减小,在打印间距为0.65 mm时,样件的拉伸强度达到248.05 MPa,弯曲强度达到201.87 MPa,层间剪切强度达到6.81 MPa。

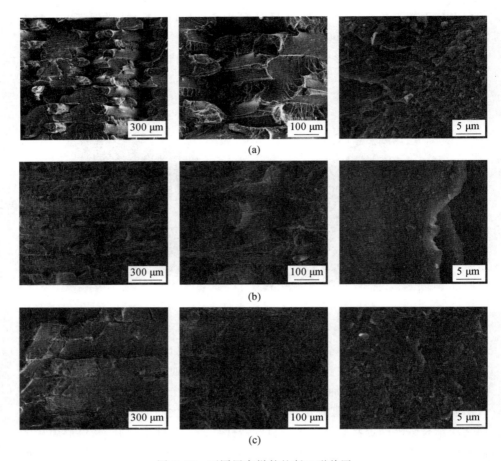

图 8.27　不同层高样件的断口形貌图

(2)打印温度升高,降低聚乳酸的黏性,提高其流动性,使其浸渍更多连续纤维,减少层间与道间孔隙,从而提高拉伸、弯曲强度,而温度过高则会降低 PLA 性能,减弱样件抵抗弯曲变形的能力,减小其弯曲强度。打印间距 0.65 mm,层厚 0.9 mm,打印速度 6 mm/s,打印温度在 200~240 ℃时,随着温度的增加,样件的拉伸强度逐渐增大,弯曲强度先增大后减小,在 240 ℃时,样件的拉伸强度为 258.68 MPa;在 220 ℃时,样件的弯曲强度为 207.89 MPa。在样件增材制造过程中,成形速度最优为 70 mm/s,倾斜临界角设定小于 40°,倾斜角度过大则需添加相应支撑结构。

(3)在进行无人机结构件修复或再造过程中,对于拉伸强度要求较高的零件,选用 0.2 mm 层高进行增材制造较适合;对于冲击强度及弯曲强度要求较高的零件,则需采用 0.1 mm 层高进行增材制造,拉伸强度最大为 33.64 MPa,

拉伸模量最大为 3 267.6 MPa,弯曲强度最大为 69.2 MPa,弯曲模量最大为 1 412.5 MPa。

连续纤维热塑性复合材料增材制造技术是复合材料成形、增材制造领域的交叉研究方向,该技术可实现纤维复合材料复杂结构零件的一体化成形,为多功能、非均质、复杂结构的无人机纤维增强复合材料件的现场增材维修与再制造提供了可能性。短纤维复合材料增材制造技术发展较早,实现方法简单,技术成熟,但存在纤维的同向性差、复合材料整体性能提高有限等问题,无法满足无人机复合材料结构件损伤修复性能要求。连续纤维增强复合材料增材制造技术能够有效提高整体的力学性能,并且可以通过控制纤维分布方向设计工件的力学性能,但是技术发展缓慢,基本停留在原理验证阶段,其增材制造工艺尚不明确,工艺对成型工件的形貌和力学性能的影响关系更不清楚。本节在阐述典型无人机复合材料结构件 3D 打印维修与再制造技术的基础上,通过实验的方法,研究纤维增强复合材料增材制造过程中的工艺参数对纤维增强复合材料增材制造的成形工件的表面形貌和力学性能的影响。该技术未来有望应用于无人机复合材料结构件的快速维修与再制造,这将大幅提升无人机结构件损伤修复的效率,具有广阔应用前景。

本章参考文献

[1] 刘磊,刘柳,张海鸥. 3D 打印技术在无人机制造中的应用[J]. 飞航导弹, 2015(7):11-16.

[2] 张肖男. 短纤维增强复合材料打印装置及工艺研究[D]. 北京:机械科学研究总院,2019.

[3] 方鲲,向正桐,张戬,等. 3D 打印碳纤维增强塑料及复合材料的增材制造与应用[J]. 新材料产业,2017(1):31-37.

[4] 卢秉恒,李涤尘. 增材制造(3D 打印)技术发展[J]. 机械制造与自动化, 2013,42(4):1-4.

[5] 苏少岩. 3D 打印技术应用及发展前景[J]. 信息记录材料,2017,18(12): 5-6.

[6] 靳一帆,万熠,刘新宇,等. 基于 FDM3D 打印技术在医疗临床中的应用[J]. 实验室研究与探索,2016,35(6):9-12.

[7] 杨明. FDM 快速成形机的结构设计及优化研究[D]. 武汉:华中科技大学,2009.

[8] 刘洋子健,夏春蕾,张均,等. 熔融沉积成型 3D 打印技术应用进展及展望

[J]. 工程塑料应用,2017,45(3):130-133.

[9] SKOWYRA J,PIETRZAK K,ALHNAN M,et al. Fabrication of extended-release patient-tailored prednisolonetabletsvia fused deposition modelling(FDM) 3D printing[J]. European Journal of Pharmaceutical Sciences,2015,68:11-17.

[10] 唐通鸣,张政,邓佳文,等.基于 FDM 的 3D 打印技术研究现状与发展趋势[J].化工新型材料,2015(6):228-230.

[11] BERMAN B. 3-D printing:The new industrial revolution[J]. Business Horizons,2012,55(2):155-162.

[12] GEBART B. Permeability of unidirectional reinforcements for RTM[J]. Journal of Composite Materials,1992,26(8):1100-1133.

[13] YANG C,TIAN X,LIU T,et al. 3D printing for continuous fiber reinforced thermoplastic composites mechanism and performance[J]. Rapid Prototyping Journal,2017,23:209-215.

[14] JEONG C G,HOLLISTER S J. A comparison of the influence of material on in vitro cartilage tissue engineering with PCL,PGS,and POC 3D scaffold architecture seeded with chondrocytes[J]. Biomaterials, 2010,31(15):4304-4312.

[15] KARALEKAS D E. Study of the mechanical properties of nonwoven fibre mat reinforced photopolymers used in rapid prototyping[J]. Materials & Design,2003.24(8):665-670.

[16] GOYANES A,BUANZ A B M,BASIT A W,etal. Fused-filament 3D printing(3DP) for fabrication of tablets[J]. International Journal of Pharmaceutics,2014,476(1):88-92.

[17] WEI Q H,WANG Y E,LI X P,et al. Study the bonding mechanism of binders on hydroxyapitate surface and mechanical properties for 3DP fabrication bone scaffolds[J]. Journal of the Mechanical Behavior of Biomedical Materials,2016,57:190-200.

[18] UTELA B,STORTI D,ANDERSON R,et al. A review of process development steps for new material systems in three dimensional printing (3DP) [J]. Journal of Manufacturing Processes,2008,10(2):96-104.

[19] MATSUZAKI R,UEDA M,NAMIKI M,et al. Three-dimensional printing of continuous-fiber composites by in-nozzle impregnation[J]. Scientific Reports,2016(6):1-7.

[20] MAHAJAN C, CORMIER D. 3D printing of carbon fiber composites with preferentially aligned fibers [C]//Industrial and Systems Engineering Research Conference, 2015: 2953.

[21] SHIRINZADEH, CASSIDY G, OETOM D, et al. Trajectory generation for open-contoured structures in robotic fiber placement[J]. Robotics and Computer-Integrated Manufacturing, 2007, 23(4): 380-394.

[22] WU J, CHENG X H. Interfacial studies on the surface modified aramid fiber reinforced epoxy composites [J]. Journal of applied polymer science, 2006, 102(5): 4165-4170.

[23] KLIFT F V D, TODOROKI A, UEDA M, et al. 3D printing of continuous carbon fibre reinforced thermo-plastic(CFRTP) tensile test specimens[J]. Open Journal of Composite Materials, 2016, 6(1): 18-27.

[24] YANG C C, WANG B J, LI D C, et al. Modelling and characterisation for the responsive performance of CF/PLA and CF/PEEK smart materials fabricated by 4D printing[J]. Virtual and Physical Prototyping, 2017, 12(1): 69-76.

[25] ZHONG W H, LI F, ZHANG Z G, et al. Short fiber reinforced composites for fused deposition modeling [J]. Materials Science & Engineering A(Structural Materials: Properties, Microstructure and Processing), 2001, 301(2): 125-130.

[26] LI N, LI Y, LIU S. Rapid prototyping of continuous carbon fiber reinforced polylactic acid composites by 3D printing[J]. Journal of Materials Processing Technology, 2016, 238: 218-225.

[27] LAM C X F, MO X M, TEOH S H, et al. Scaffold development using 3D printing with a starch-based polymer [J]. Materials Science & Engineering C, 2002, 20(1-2): 49-56.

[28] 田小勇, 刘腾飞, 杨春成, 等. 高性能纤维增强树脂基复合材料3D打印及其应用探索[J]. 航空制造技术, 2016, 510(15): 26-31.

[29] TIAN X Y, LIU T F, YANG C C, et al. Interface and performance of 3D printed continuous carbon fiber reinforced PLA composites [J]. Composites Part A: Applied Science and Manufacturing, 2016(88): 198-205.

[30] YANG C C, TIAN X Y, LIU T F, et al. 3D printing for continuous fiber reinforced thermoplastic composites: mechanism and performance[J]. Rapid Prototyping Journal, 2017, 23(1): 209-215.

[31] TIAN X Y, LIU T F, WANG Q R, et al. Recycling and remanufacturing of 3D printed continuous carbon fiber reinforced PLA composites[J]. Journal of Cleaner Production, 2017(142): 1609-1618.

[32] HOU Z H, TIAN X Y, ZHANG J K, et al. 3D printed continuous fibre reinforced composite corrugated structure[J]. Composite Structures, 2018(184): 1005-1010.

[33] LI N Y, LI Y G, LIU S Y. Rapid prototyping of continuous carbon fiber reinforced polylactic acid composites by 3D printing[J]. Journal of Materials Processing Technology, 2016(238): 218-225.

[34] HAO W F, LIU Y, ZHOU H, et al. Preparation and characterization of 3D printed continuous carbon fiber reinforced thermosetting composites[J]. Polymer Testing, 2017(65): 29-34.

[35] ZHANG F, MA G F, TAN Y G. The nozzle structure design and analysis for continuous carbon fiber composite 3D printing[C]//International Conference on Advanced Design & Manufacturing Engineering, 2017: 193-199.

[36] TURNER B N, GOLD S A. A review of melt extrusion additive manufacturing processes: Ⅱ. Materials, dimensional accuracy, and surface roughness [J]. Rapid Prototyping Journal, 2015, 21(3): 250-261.

[37] 刘晓军. 基于熔体微分原理的3D打印设备优化与制品增强工艺研究[D]. 北京: 北京化工大学, 2018.

[38] OLAKANMI E O, COCHRANE R F, DALGARNO K W. A review on selective laser sintering/melting (SLS/SLM) of aluminum alloy powders: processing, microstructure, and properties[J]. Progress in Materials Science, 2015, 74: 401-477.

[39] GONZÁLEZ D S, BARNHART K, MIGNECO F, et al. Controllable mineral coatings on PCL scaffoldsas carriers for growth fact or release [J]. Biomaterials, 2012, 33(2): 713-721.

[40] JEONG C G, HOLLISTER S J. A comparison of the influence of material on invitro cartila get issue engineering with PCL, PGS, and

POC 3D scaffold architecture seed with chondrocytes [J]. Biomaterials, 2010,31(15):4304-4312.

[41] 夏正付. 纤维增强复合材料增材制造技术研究[D]. 哈尔滨：哈尔滨工业大学,2017.

第 9 章 无人机典型结构件维修与再制造

按照航空装备轻量化要求,纤维增强复合材料结构在无人机装备应用较为普遍,在严苛环境和高频次、长航时使用条件下,纤维增强复合材料损伤修复难以避免,个别损伤失效件需要换件修复。机械连接、胶接既可以用来连接热固性纤维复合材料,也可以用来连接热塑性纤维,但是焊接的方法只能用于连接热塑性的纤维增强复合材料,而不适用于热固性的纤维增强复合材料。对于损伤失效换件修复,现场再造是更适用于野外环境的方式。根据时机的划分原则和无人机技术状态,可以采用的维修方式有很多选择,主要考虑机械连接、胶接连接、复合贴片修补、原位增材修补和原件增材再造等多种维修方式。本章结合实装运用,对无人机典型结构件损伤进行实操作业,并明确具体维修与再制造流程及工艺。

9.1 机头罩损伤胶固修复作业流程

无人机机头罩属于硬壳式结构,由上、下两部分蒙皮合拢而成,没有纵向移件和横向构件。蒙皮通过胶膜或胶粘剂与蜂窝连接在一起,内外蒙皮用平纹玻璃布,夹心由高、边长均为 5 mm 纸蜂窝模制而成。上半部分内蒙皮为一层玻璃布,外蒙皮为两层玻璃布;下半部分内蒙皮为两层玻璃布,外蒙皮为三层玻璃布。由于机头罩曲率较大,玻璃钢面板和蜂窝夹层间有明显的胶接界面,因此在使用中常会发生面板分层、板芯脱胶、面板损伤和蜂窝塌陷等损伤。机头罩脱胶撕裂如图 9.1 所示。

9.1.1 修复方案制定

1. 常见修复方案

若面板只是脱胶而没有破损,并且内部蜂窝也没有损伤,可用注射树脂法直接进行粘接;若出现面板损伤而蜂窝没有破损的情况,则可用抽钉铆接法或挖补胶接法进行修理。

2. 修复方案选择

图 9.1 中机头罩玻璃钢面板已破损,应采用挖补胶接法进行修补。

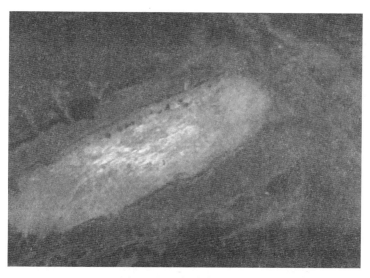

图 9.1 机头罩脱胶撕裂

9.1.2 工具/材料准备

1. 工具(设备)的选择及使用

使用的主要工具(设备)有便携式激光清洗设备(图 9.2)、刮刀、热风筒、热补仪设备等。

图 9.2 便携式激光清洗设备

2. 材料的选择及准备

准备的材料主要有生胶带、玻璃布或碳纤维布、固化剂、稀释剂、碳纤维辅材等。

9.1.3 实施步骤

(1) 用目视法确定损伤程度，用敲击法检查损伤区域大小，注意要检查水汽及其他污染物，划出修补区域。检查损伤区域图如图9.3所示。

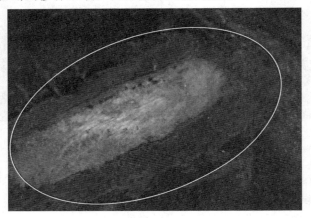

图 9.3　检查损伤区域图

(2) 按一定几何形状（如椭圆形、圆形、长方形）采用便携式激光清洗设备对划定区域进行清洁处理，将损坏的（分层的）铺层切掉。若无激光清洗设备，也可用刮刀对划定区域进行机械预处理（图9.4）。此外，应控制清洁工艺，防止过度清洁导致二次伤及基体的情况出现。

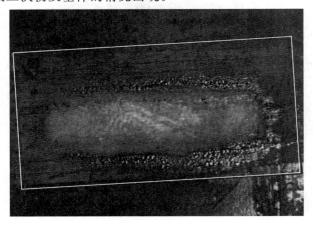

图 9.4　除去损坏的铺层

(3)用胶带粘贴在损伤区周边,保护未损伤区域,突出修理区。

(4)用无绒抹布或蘸有酒精、丙酮的擦拭纸修理区域,清洗完毕后擦干溶液。有条件的可以选择电吹风进行加热。清洁后的表面要注意保护,不要用手直接触碰清洁后的待修表面,否则会严重影响修理质量。修理人员需要佩戴手套完成后续操作,清洁结束后尽快完成修理工作,防止再度污染。

(5)裁剪两块尺寸合适的碳纤维布(面积递增,图9.5)。

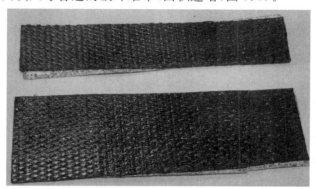

图9.5 裁剪碳纤维布

(6)准备并逐层铺设修理铺层(图9.6)。在铺设碳纤维布时一定要注意防止纤维布在铺设时产生褶皱,这将给后续工作带来极大的不便,强度也将受到影响。

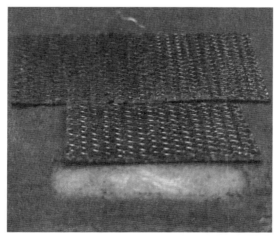

图9.6 逐层修理

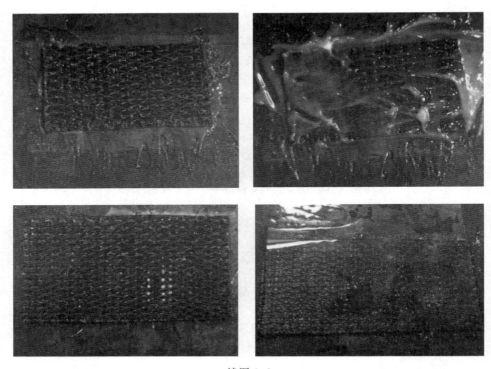

续图 9.6

铺设一层后开始铺设第二层,使用毛刷将混合好的固化剂均匀涂抹在铺设的第一层纤维布上,继续铺层。

(7)铺层修理完成后,使用透明胶带进行压紧封装,在使用透明胶带时注意层与层之间禁止重合,防止固化后对外观处理的难度增大。

用透明胶带进行压紧封装后,使用热风筒对修复部位进行加热(加快固化,还可以排出封装内的空气),进一步提高修理质量。热补仪固化是指在真空条件下,利用加热设备使复合贴片固化,牢固粘贴于损伤部位表面。为加快固化进程,可采用热补仪(图 9.7)对被粘件加速胶固,升温速率为 2~4 ℃/min,压力为接触压,小于 0.1 MPa。

(8)修整表面。固化完成后,取下透明胶带,对修复部位做最后处理,将修复部位进行打磨,直至表面光滑。修复效果如图 9.8 所示。

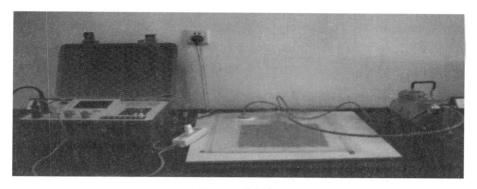

图 9.7 热补仪

图 9.8 修复效果

9.1.4 注意事项

(1)在粘接玻璃纤维布时,注意胶粘剂的用量要控制好,避免胶粘剂大量充填到蜂窝孔中,影响结构质量。

(2)注意铺贴的层数,避免安装时触碰机头舱的机载设备。

(3)铺贴的方向应与原面板纤维方向一致。

9.2 舵面破损损伤修复作业流程

舵面是控制无人机飞行姿态的重要控制件,属于非承力部件,力学强度不高,在飞行中可能会受到飞鸟或飞沙撞击导致破损。此外,在日常训练中,特别是在无人机移动过程中,破损也时有发生,由于操作人员违规操作,因此用手按压舵面会引起舵面破损,无人机平尾舵面出现破损(图9.9)。

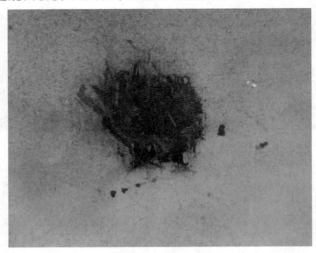

图9.9 平尾舵面破损

9.2.1 修复方案制定

通常舵面破损包括舵面扭曲和表曲破损。普通舵面扭曲采用电吹筒加热矫形,对相应部位进行加热,使其反向变形以恢复到原有形状。变形严重的,将工业绢在涂布油中浸湿充分后,绷在变形部位表面,通过绢在舵面表面产生的张力将舵面拉回原形。舵面破损可用碳纤维布修补的方法进行修复,如果不能有效修复,则应更换新的平尾舵面。

9.2.2 工具、材料准备

1. 工具(设备)的选择及使用

使用的工具(设备)主要有便携式激光清洗设备、刮刀、热风筒(热补仪)、烤灯、喷涂设备等。

2. 材料的选择及准备

使用的材料主要有纸杯、油漆、香蕉水、砂纸及腻子、生胶带、玻璃布或工业绢布等。工业绢布(碳纤维布)如图9.10所示。

图 9.10 工业绢布(碳纤维布)

9.2.3 实施步骤

1. 清理舵面的破损区域

清理破损部位时视情况保留或挖去损伤的表面,采用便携式激光清洗设备对划定区域进行清洁处理,将损坏的(分层的)铺层切掉。若无激光清洗设备,也可用刮刀对划定区域进行机械预处理,用砂布适当打磨修补区域,最后用棉纱蘸取适量丙酮擦洗干净。面积较大时,可以全部清理,整体粘接。激光清洗对舵面破损区域清理如图 9.11 所示。

图 9.11 激光清洗对舵面破损区域清理

2. 准备碳纤维布（也可使用玻璃布或工业绢布）

按需要的面积剪裁碳纤维布，碳纤维布的尺寸稍大于破损面积为宜，建议纤维布周边比损伤部位边界多 3~5 mm。碳纤维布剪裁如图 9.12 所示。

图 9.12　碳纤维布剪裁

3. 配置混合胶液

拿出纸杯，取适量的环氧树脂倒入杯中，按照 80%~95% 的比例倒入环氧树脂配用的固化剂，边混合边搅拌，确保混合均匀。如果不均匀，可能会导致维修部位脱胶或修复强度不能达到要求强度等情况，造成修复效果不佳。

冬季环氧树脂胶黏度较大，可用电吹风加热胶液使其黏度降低，也可用酒精灯等外加热源加热盛胶玻璃容器，并适当增加固化剂的比例。

4. 胶粘与固化

（1）胶粘。

在干净平台上用胶将纤维布浸透，将纤维布铺贴于修补区域。粘接时应在胶接面垂直方向施加一定压力，保证准确的胶接件位置及合适的胶接间隙。贴布时应保证胶液完全浸透碳纤维布。为增强胶体在界面的铺展，可采用电吹风加热提高胶液的流动性和浸透性。

（2）固化。

在室温条件下，至少固化 24 h，若作业环境温度低，应使用辅助加热设备。可采用热补仪对被粘件加速胶固，升温速率为 2~4 ℃/min，压力为接触压，小于 0.1 MPa。需要加压固化时，可采取重物法或胶带加压法进行。

5. 恢复表面漆层

待胶粘剂固化后，对损伤部位进行局部修整，即先清理表面余胶，再用砂纸打磨修补面，使其与原制件表面光滑过渡，清理粉屑。也可采用便携式激光清洗设备对修复部位进行清洁处理,但应将激光清洗的能量密度适当调低,防止激光烧蚀被修复表面。外形恢复后,最后进行喷漆。恢复表面漆层如图9.13所示。

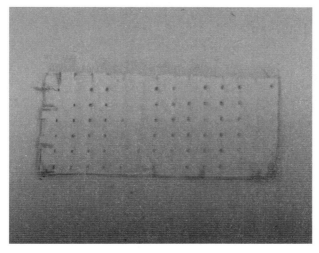

图 9.13　恢复表面漆层

9.2.4　注意事项

(1) 表面处理时,避免将舵面支撑破坏,尤其是采用刮刀等机械清洗时,应用力轻微,避免处理过程中带来的二次损伤。

(2) 用热风筒、烤灯等设备加热固化时,应注意对其他区域的保护,防止烧蚀完好部位。

(3) 若破损面积较大,应对舵面绢布整体进行清洁,重新铺贴舵曲,铺贴时要保证绢布有一定的张力。

(4) 平尾属于易损件,对于失效的平尾舵面,由于其力学强度不高,适用于整体现场增材再造,因此可选用的增材制造材料包括短碳纤维或连续碳纤维增强树脂基复合材料。

9.3　蒙皮裂纹胶固修复作业流程

无人机机体在着陆、回收或日常使用过程中会受到交变载荷作用,撞击、腐蚀、振动等容易导致蒙皮表面出现开裂现象,其主要表现形式是蒙皮玻璃钢层或铝合金表面出现裂纹或玻璃钢层与蜂窝体脱胶。蒙皮表面裂纹如图9.14所示。

图 9.14 蒙皮表面裂纹

9.3.1 修复方案制定

蒙皮裂纹修复采用挖补的方法。该方法具有快速性、可靠性、易成形、易操作、增重少的特点。由于蒙皮属于承力件,因此需采用专用胶体修复。采用 J-133C 环氧树脂结构胶结合碳纤维布进行贴补修复。J-133C 室温固化高强度结构胶粘剂是一种室温下固化的具有高粘接强度的环氧树脂结构胶粘剂,与 3M 公司 DP-460 的性能相当,主要适用于各种金属、非金属复材板-板、板-芯结构的粘接,胶粘剂可在-55~80 ℃下使用,满足无人机野外胶固修复温度要求。

J-133C 胶由甲、乙两种组分组成,分别单独密封包装,在干燥、避光条件下储存,使用后剩余胶粘剂应密封保存,保存期一年,超过储存期的产品经检验合格后仍可使用。

9.3.2 工具/材料准备

1. 工具(设备)的选择及使用

使用的工具(设备)包括便携式激光清洗设备、热风筒(热补仪)、刮刀、剪刀、刻刀、调胶桶、调胶棒、烤灯、砂纸、毛刷、卷布台等。

2. 材料的选择及准备

使用的材料主要有 J-133C 胶粘剂、碳纤维布等。

9.3.3 作业程序

J-133C 胶施工环境应清洁、明亮,相对湿度不大于 65%,温度以 (25±2) ℃为宜,按照以下 J-133C 胶粘剂使用流程操作(图 9.15)。

图 9.15　修复流程图

1. 表面损伤清洁处理

划定待修复区域,采用便携式激光清洗设备对划定区域进行清洁处理,根据需要,在激光清洗过程中也可对清洁表面进行粗化处理(图 9.16)。若无激光清洗设备或时间紧急、野外作业不便,也可用热风筒加热,使漆层软化,再用铲刀将漆层除去,还可边加热边去漆层。

图 9.16　激光清洗过程中对清洁表面进行粗化处理

无论是激光清洗还是刮刀机械清洁,在去漆层时,均应将损伤划定区域的漆层除尽,且应尽量保证区域规整。采用挖补修复的方法,需在裂纹周边划定区域用刻刀结合砂纸挖出深度约 0.5 mm 的体积缺陷,用碳纤维布贴覆后与整张蒙皮保持外观水平(图 9.17)。

2. 配胶

按比例准确称量 J—133C 胶(图 9.18)甲、乙两种组分,使用分析天平(图 9.19)秤取甲∶乙＝100∶50(质量比),充分搅匀,可根据施工要求加入固化剂和碳纤维增强辅料。此外,如果环境温度低,可采用辅助加热,利用边加热边搅拌的方式配胶。

3. 涂胶

将配好的胶液均匀涂于打磨清洁后的损伤表面,用胶量不足易引起局部缺胶,但也不是越多越好,以涂胶量 200～250 g/m² 最佳。粘接蜂芯时,涂胶量 300～350 g/m² 最佳。涂胶后,将裁剪好的碳纤维布贴覆在损伤划定区域。与

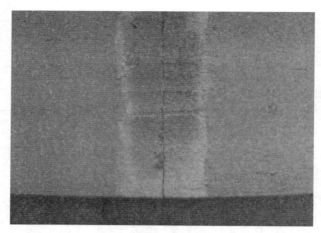

图 9.17 保证去漆层区域规整

图 9.18 J—133C 胶

平尾舵面修复类似,粘接时应在胶接面垂直方向施加一定压力。

4. 固化

固化不足(固化温度、时间、压力不够)或固化过度(温度过高、时间过长)均损害胶接质量,应按以下条件之一进行固化。

(1)室温固化。

室温(25±5)℃下,固化 24~48 h 后,达到一定强度,可脱离夹具,室温下自然固化,7 d 后力学性能达到最佳固化状态。

(2)加热固化。

试片合拢后,可于风干箱内加热(65±5)℃×(3~4 h)或 80 ℃×(1~2 h)固化。试片经室温固化 24~48 h 脱离夹具后,也可于(65±5)℃×(2~3 h)或 80 ℃×1 h 固化。还可采用热补仪对被粘件加速胶固,升温速率为 2~4 ℃/min,压力为接触压,小于 0.1 MPa。

图 9.19　分析天平(0.000 1 g)

(3)微波固化。

微波固化是一种依靠物体吸收微波能,将其转换成热能,使自身整体同时升温的加热方式,使复合贴片固化,牢固粘贴于损伤部位表面。采用复合材料微波固化仪(图 9.20)进行微波固化修复,J—133C 胶中添加 5% 微波吸收剂促进胶粘剂固化,100 ℃固化 40 min。

图 9.20　微波固化仪

5. 表面恢复

损伤部位碳纤维布完全固化后,将修补表面漆层恢复。表面恢复结果如图 9.21 所示。

图 9.21　表面恢复结果

9.3.4　注意事项

1. 修复方法应灵活

裂纹和划痕修复在日常使用中比较常见,应根据具体情况采用修复方法。较轻的损伤可直接喷漆,可不予修复;较重的划痕可采用蒙皮损坏的修复方法修复。

2. 注意调胶比例

调胶比例是经过科学计算和实践验证得到的,在使用过程中要严格按照比例进行,才能保证固化后的强度。

3. 适用期及配胶量

J－133C 胶粘剂的适用期 25 ℃时为每百克 1 h,一次配量不宜太多,一般不超过 100 g,配制的胶粘剂应在 30 min 内用于工件上。

4. 毒性及安全操作

J－133C 胶粘剂的乙组分为胺类化合物,常温时对呼吸道及皮肤有一定刺激性,故配胶时应戴口罩,并在通风良好的环境中进行。当溅落在皮肤上时,应用清水或 5% 的柠檬酸水溶液尽快清洗干净。

9.4 蜂窝破损胶固修复作业流程

无人机蜂窝夹层结构以轻质量、高强度等优点而被广泛应用,但该结构在制造或使用过程中会产生损伤,如果继续使用,损伤范围会不断扩大,修复难度较大。因此,加强对微小蜂窝损伤的修复非常重要。本作业流程以修复蜂窝破损(损伤区域为机翼外翼下表面)为例,面积为 1.5 cm×2.5 cm,蜂窝损伤状态如图 9.22 所示。

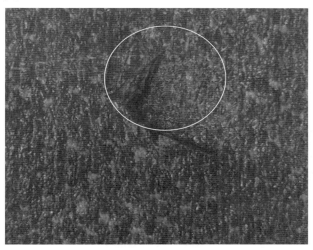

图 9.22 蜂窝损伤状态

9.4.1 修复方案制定

1. 确定损伤区域

表面凹陷区域面积为 1.5 cm×2.5 cm,蜂窝破损面积一般比凹陷的大。以凹陷区域为中心,用木制榔头向周围敲击,低沉声为损伤部位,听到清脆声则为无损伤部位。

2. 确定蜂窝修复方法

不能采用直接灌胶的方法修复,应将破损蜂窝清除,重新填充蜂窝,然后灌胶固化修复。若蜂窝结构是重要承力部位,则在灌胶后,应再进行表面碳纤维布贴片修复。

3. 确定修复面积

本例修复面积为 6 cm×7 cm。

4. 确定修复层数

外翼损伤,修复层数为 2,第一层 4 cm×5 cm,第二层 6 cm×7 cm。

5. 修复材料选择

选用 0.3 mm 碳纤维布、J—133C 胶粘剂和 5 mm 纸蜂窝。

9.4.2　工具/材料准备

1. 工具(设备)的选择及使用

选用的工具(设备)有便携式激光清洗设备、热风筒(热补仪)、铲刀、剪刀、刻刀、调胶桶、调胶棒、烤灯、砂纸、毛刷、卷布台等。

2. 材料准备

选用有材料有 J—133C 胶粘剂、碳纤维布、5 mm 纸蜂窝等。

9.4.3　实施步骤

1. 表面伤口处理

(1)清除破损蒙皮和蜂窝。

将损伤区域表面灰尘及污垢擦拭干净,并清除破损蒙皮和蜂窝,其目的是防止损伤处粘附物掉落进损伤蜂窝结构内部(图 9.23,图 9.24)。

图 9.23　清除破损蒙皮和蜂窝

图 9.24　清除效果

(2)去漆层。

划定表面预处理区域,用便携式激光清洗设备将划定损伤预处理区漆层除去(图 9.25)。若无激光清洗设备或时间紧急、野外作业不便,可用热风筒加热,使漆层软化,再用铲刀将漆层除去,也可边加热边去漆层。由于蜂窝结构表面层较薄且脆弱,因此清洁处理时应控制力度,防止二次损伤。

图 9.25　使用激光清洗设备去除漆层

去除漆层的范围应大于修复区面积,为方便操作,可先用记号笔画出轮廓。清洗时,对划定区域进行无损伤清洗,清洗后效果如图 9.26 所示。

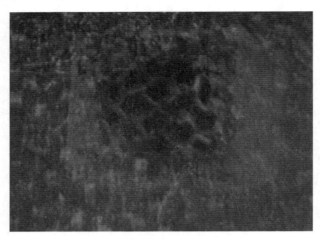

图 9.26 清洗后效果

2. 修复材料准备

(1) 裁剪碳纤维布。

第一层碳纤维布沿碳纤维布纹路 45°方向裁剪,面积为 4 cm×5 cm;第二层碳纤维布沿碳纤维纹路方向裁剪,面积为 6 cm×7 cm(图 9.27)。

图 9.27 裁剪碳纤维布

(2) 裁剪蜂窝。

根据损伤区大小裁剪蜂窝大小,注意应保证蜂窝的完整性(图 9.28)。

3. 蜂窝破损修复

(1) 填蜂窝。

将裁剪好的蜂窝填入破损区(图 9.29,图 9.30)。

(2) 填胶。

将调好的 J-133C 环氧树脂胶粘剂填入装好蜂窝的损伤区(图 9.31)。

第 9 章 无人机典型结构件维修与再制造

图 9.28 裁剪蜂窝大小

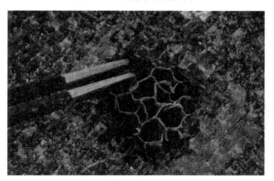

图 9.29 将蜂窝填入破损区

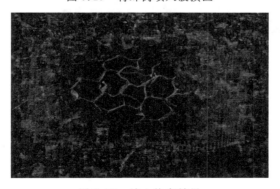

图 9.30 放入蜂窝效果

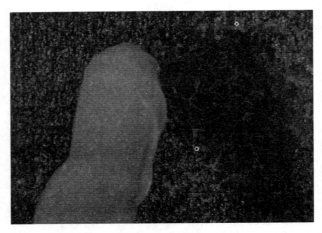

图 9.31 填胶

4. 损伤蜂窝结构修复

(1)碳纤维布涂胶。

将碳纤维布表面均匀涂覆 J—133C 胶粘剂,依次铺好第一层和第二层碳纤维布(图 9.32)。

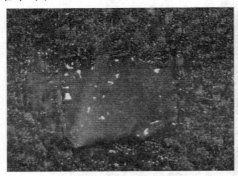

(a)粘贴完第一层后涂胶　　　　　(b)粘贴完第二层

图 9.32 铺碳纤维布

(2)刮胶。

用铲子将多余的 J—133C 环氧树脂胶粘剂刮掉(图 9.33)。

(3)固化。

采用蒙皮裂纹胶固修复中的固化工艺实施。

(4)喷漆。

将固化好的修复区多余毛边清除,然后对修复区进行打磨、补腻子,最后喷漆完成最后修复(图 9.34)。

图 9.33 刮胶

图 9.34 修复效果

9.4.4 注意事项

(1)清理破损蜂窝时,应尽量将破损蜂窝清除干净,方便填补蜂窝的操作。
(2)裁剪的蜂窝格应尽量完整,使蜂窝强度够大。
(3)填补蜂窝时,应尽量将蜂窝格拉开,这样蜂窝格受力性能最好。
(4)填补蜂窝时,应注意蜂窝高度,不能让蜂窝凸出,影响蒙皮表面气动性。

9.5 无人机螺旋桨现场增材修复与再制造

无人机螺旋桨是无人机结构件中损伤失效较多的零部件。在服役过程中，无人机桨叶结构件容易出现断裂、变形、缺损等损伤失效，结构件轻微伤现场快速修复或失效件现场快速再制造十分契合无人机现场维修的需要。探索现场等密度增材制造高强韧树脂复合材料结构以修复或替代损伤失效原件，开发环境适应性广、性能可靠、作业迅即的损伤结构件野外情况下复杂修复工艺替代或整体再造替代技术，解决当前无人机易损结构件级维修中轻伤修复不便、替换件不足等难题。本作业流程主要针对损伤无人机螺旋桨的现场增材修复与再制造。

9.5.1 修复方案制定

针对结构件不同的损伤程度与损伤形式，可以选择体积缺损原位增材修复或失效件再造换件修复两种方案。如果结构件属于微小损伤，则优先选择体积缺损原位增材修复方法；如果结构件属于严重损伤失效，则选择失效再制造换件整体再造替代技术。下面以旋翼无人机螺旋桨的增材修复与再制造为例，采用丝材3D打印的形式进行工艺阐释。

9.5.2 工具/材料准备

1. 工具(设备)的选择及使用

主要使用的工具(设备)有便携式激光清洗设备、3D打印设备(适用于碳纤维增强环氧树脂复合材料)、刮刀、热风筒、热补仪设备等。

2. 材料的选择及条件

准备的材料主要有生胶带、玻璃布或碳纤维布、固化剂、稀释剂、碳纤维辅材、3D打印耗材等。

根据耗材种类不同，打印喷头加热温度不同，打印床的预热温度也不同。常见3D打印耗材推荐打印温度及加热床温度见表9.1。

表 9.1 常见 3D 打印耗材推荐打印温度及加热床温度

丝材种类	打印温度/℃	加热床温度/℃
PLA	180～200	20～60
ABS	210～250	80～110
PETG[①]	220～250	50～75

续表 9.1

丝材种类	打印温度/℃	加热床温度/℃
尼龙	240～260	70～100
TPU②	210～230	30～60

①PETG 为聚对苯二甲酸乙二醇酯-1,4-环己烷二甲酸酯(非结晶型共聚酯)。
②TPU 为热塑性聚氨酯弹性体。

9.5.3 实施步骤

1. 体积缺块修复中的修复前预处理

针对形状较规则且非主要承力件或受力载荷较小部件的体积缺块,采用原位增材制造的方式进行修复。修复前首先划定表面预处理区域,对待修复部位进行表面处理,用便携式激光清洗设备将划定损伤预处理区覆层清除,若无激光清洗设备或时间紧急、野外作业不便,可使用清洗剂去除断口油污杂质,将缺口打磨成规则形状以增加断口粗糙度,提高丝材与基体的附着力,但应便于原位增材结构设计及增材设备喷头移动,提高增材制造的成功率。现场原件增材再制造时不需要进行预处理。

2. 导入螺旋桨叶模型

将无人机螺旋桨的 stl(3D 打印文件格式,Stereolithogtaphy 的缩写)等可识别格式模型导入切片软件,核对模型参数,如桨直径和桨螺距等,确保参数与需要增材再制造的螺旋桨一致。此外,在模型导入时,应尽可能使所需增材模型平放在打印平台上,这样可以大幅缩短增材修复所需时间。

3. 选择合适的切片模型及增材修复参数

根据原位增材修复或现场整件再制造场景不同,结合修复或再制造件服役性能要求,在模型切片时准确设置相关切片参数及增材时的增材修复参数。

4. 层高确定

模型层高代表每层的高度,值越高则打印速度越快,分辨率越低。如果追求高增材速度,可以在增材设备喷头直径允许的范围内提高切片模型的层高;如果对增材修复分辨率及增材精度有较高要求,可以在增材设备承受范围内尽可能选择小的增材层高。

5. 确定填充参数

填充参数分为填充密度和填充图案。填充密度对增材制造模型内部填充密度和最终质量有显著影响。填充密度越大,模型内部填充越紧实,应根据具体需求选择合适的填充率。填充图案是指增材填充材料在三维空间上的镂空结构,可以降低增材制造耗材成本,不同的填充图案影响模型各个方向上的强度分布。

6. 确定支撑选项

支撑选项可以在模型的悬垂部分生成支撑结构,防止模型在增材修复时倒塌。对于无人机螺旋桨来说,支撑格外重要,能够防止增材再造叶片薄弱边缘在成形过程中堆叠失败,大幅提高增材修复成功率。

7. 确定增材平台附着类型

启用增材修复平台附着不仅可以防止在增材修复初始阶段熔融丝材挤出过多影响增材成形,还可以防止成形件卷曲翘边。尤其是当使用如 ABS 等冷却收缩量大的材料时,选择边缘型(brim)的附着方式可以在基座周围添加单层平面区域,以防止卷翘。

8. 保存并导出增材参数

设置完一系列参数后,需要将结果导出。一般选择 gcode 格式导出增材制造能够直接识别的格式。将保存导出的文件存入增材制造设备存储中,为增材修复开始做好准备。

9. 装填耗材

装填耗材前,需要将喷头预热至耗材软化,同时将耗材的末端剪成楔形,便于齿轮更好地与耗材咬合。装填耗材时需要持续开启进给料齿轮,不断向喷头内送入丝材,直至喷头处挤出 5 cm 左右丝材,完成装填丝材。

10. 开始增材

为便于耗材更好地附着在增材修复床上,可以在增材区域涂抹适量固体胶。使用增材设备执行之前保存的 gcode 文件进行模型的增材修复。

11. 成型后处理

增材任务执行完毕后,待增材制造床温度冷却,使用铲刀等薄片状工具铲下增材制造床的结构。当增材结构存在模型支撑时,需要首先去除增材支撑材料。若支撑材料为聚乙烯醇纤维(PVA)材料,可以将增材结构浸入热水中,等待 PVA 材料溶解即可。如果对所增材修复的无人机螺旋桨表面粗糙度存在要求,可以使用 3D 打印抛光液对模型进行处理。表面抛光时,建议采用毛刷蘸取抛光液涂刷在增材成形结构表面 3~5 s,随后使用清水冲洗表面,即可得到表面光洁的无人机桨叶。

9.5.4 典型案例解析

针对无人机螺旋桨结构件不同的损伤程度和损伤形式,提出体积缺块修复和失效件再造两种修复方案。

1. 体积缺块修复

(1) 表面预处理。

对体积缺块部位进行表面处理,采用激光清洗设备对修复表面进行清洁及毛化预处理。

(2) 零件定位。

根据待修复零件的结构特点,设计支撑结构及缺块修复结构,并在模型中设置定位点,将打印喷头调整到增材定位参考点,然后将体积缺块的零件置于增材制造平台上,对准定位参考点并使用胶水固定。

(3) 增材打印。

将预先编写好的 gcode 文件导入增材制造设备,运行 gcode 增材制造文件控制打印头在体积缺块部位进行增材制造,修补破损零件。

(4) 后处理。

将原位增材修复完毕的无人机结构件从增材制造平台上取下,去除相应支撑,对于对表面粗糙度存在要求的零件也可再使用抛光液进行抛光处理。

2. 失效件再造

针对失效件再制造方案,选取无人机桨叶作为研究对象进行失效件再造(图 9.35),根据待修复原件密度与再制造材料密度相对大小情况设计了以下两种不同的修复方法。

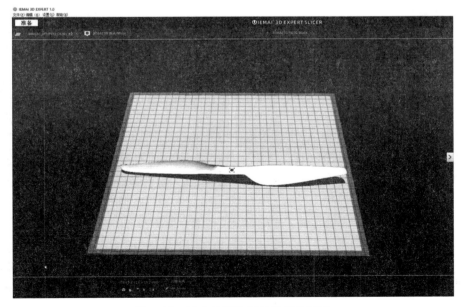

图 9.35　无人机桨叶增材再制造模型

(1) 方法一。

对于无人机原结构材料密度小于增材修复丝材密度,采用镂空结构达到等密度的要求。对比不同材料、不同结构对增材修复结构件强度的影响。实验采用碳纤维增强 PLA 和碳纤维增强 ABS 丝材对结构件进行增材修复。参考无人机结构件所采用材料的密度,对比增材制造丝材的密度,在打印时采取 87% 填充率。为达到等密度的效果,在计算填充率时依据公式

$$D = \frac{\rho_r}{\rho_m}$$

式中 ρ_r——原材料密度;
　　　ρ_m——增材制造丝材密度。

同时,选取四种不同的镂空结构,分别为螺旋二十四面体、交叉 3D 箭头纹路、四面体、八角形(图 9.36),根据确定的镂空结构类型进行无人机桨叶增材再制造(图 9.37),并制作标准拉伸式样进行力学性能测试。

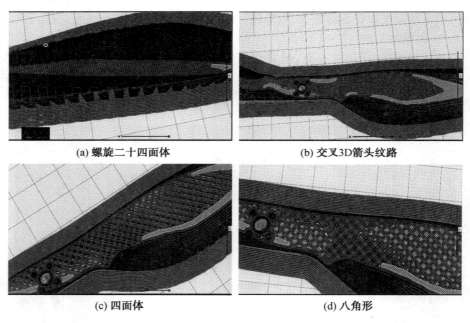

图 9.36　无人机桨叶不同镂空设计结构

对增材再制造零部件力学性能进行检测,拉伸试验机在进行拉伸试验时,使用设置为标准量程 50 000 N,拉伸速度为 5 mm/min,采用复合材料拉伸样件专用夹具,复合材料板材为标准样件。

经过拉伸试验及数据分析,得到以下结论。

图 9.37　使用碳纤维增强丝材进行再制造

①再制造丝材为碳纤椎(CF)－ABS 的试验抗拉强度优于 CF－PLA 丝材制造的试样。

②当填充图案为螺旋二十四面体和四面体时,试验抗拉强度相对于其他两种填充图案有较大提升。此方法再制造的无人机桨叶所需时间短,符合应急状态紧急替代的要求。同时,再制造的桨叶也具备一定的强度,符合应急条件下再制造无人机桨叶一次性使用的强度要求。

(2)方法二。

无人机原结构件密度大于增材修复丝材密度,在增材制造镂空结构基础上,对增材制造结构件表面黏附高密度碳纤维布,以便达到等密度的要求。在方法一的实验结果基础上,针对填充结构为螺旋二十四面体、交叉 3D 箭头纹路、四面体的方案,计算达到等密度修复所需胶水和碳纤维复合贴片的质量。本节采用 J－133C 室温快速固化高强度结构胶粘剂将碳纤维布与镂空结构复合板材进行黏接,按照 200 g/m^2 的涂胶量进行黏附,在 70 ℃恒温烘箱中进行烘干干燥,使结构胶发挥应有强度。粘有碳纤维布的复合材料板材制作完成后,放置于拉伸试验机上进行拉伸试验,测试其拉伸强度,拉伸实验结果见表 9.2 及图 9.38。

表 9.2　拉伸实验结果

序号	填充结构类型	抗拉强度/MPa	宽度/mm	厚度/mm
试样 1	CF－ABS 螺旋二十四面体碳纤维布	98.839	25	2.5
试样 2	CF－ABS 四面体碳纤维布	63.495	25	2.5
试样 3	CF－PLA 交叉 3D 碳纤维布	55.884	25	2.5

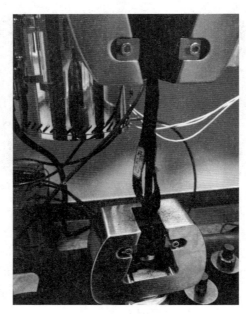

图 9.38　拉伸实验

针对不同使用环境和性能要求,通过力学性能分析,采用体积损伤原位增材修复、失效件等密度再造的方式进行修复或换件修复非常契合无人机野外使用过程中的现场应急修复场景。通过增材修复或原件再造力学性能测试可以发现,在控制增材成形过程的前提下,增材修复或再造件满足无人机结构件(如螺旋桨等)损伤失效的修复要求,可以用于无人机结构件常态化修复或应急整件再造换件修复。

9.5.5　注意事项

(1)在确定不同修复方案后,应综合考虑所修零件密度、性能等具体要求,合理选择镂空类型和修复方法,进而正确选择增材修复的材料和设备。

(2)应全流程控制增材修复工艺,尤其是体积缺块修复时,必须对待修复部位进行彻底的清洁和毛化处理;增材修复时若出现耗材中断,需及时停机,以避免耗材的浪费;出现模型基座脱离打印床时,应及时停机。

(3)零件整件再制造主要用于应急状态下的替代性换件修复,不能作为原件使用,在结束应急状态后,应及时更换原件。

(4)增材修复可以与其他常规修复方式结合运用,如可以在增材制造件表面胶固贴覆碳纤维布,增强再制造件的力学性能,更好地满足无人机飞行需要。

(5)增材修复后,应重视成型后处理,并做好成型及后处理后的性能检测和使用过程的性能监测。

本章参考文献

[1] 张青,常新龙,张有宏,等,碳纤维/环氧树脂复合材料微波固化试验[J].宇航材料工艺,2018(6):58-62.
[2] 张晓龙.树脂基复合材料层合板胶接修补的热固化研究[D].广汉:中国民用航空飞行学院,2022.
[3] 刘晓东.热固性树脂基碳纤维增强复合材料胶接表面处理工艺及机理研究[D].上海:上海交通大学,2018.
[4] 王雨峰,冯园.3D打印在无人机维修专业教学中的应用[J].技术与应用,2018(11):114-115.
[5] 孙曼灵.环氧树脂应用原理与技术[M].北京:机械工业出版社,2003.
[6] 侯良衡.3D打印技术及其应用[J].电子制作,2019(12):53-55.